LE FLUOR

ET SES COMPOSÉS

PAR

M. Henri MOISSAN

DE L'INSTITUT

PARIS

G. STEINHEIL, ÉDITEUR

2, RUE CASIMIR-DELAVIGNE, 2

1900

LE FLUOR

ET SES COMPOSÉS

IMPRIMERIE A.-G. LEMALE, HAVRE

Henri Moissan

LE FLUOR

ET SES COMPOSÉS

PAR

M. Henri MOISSAN

DE L'INSTITUT

PARIS

G. STEINHEIL, ÉDITEUR

2, RUE CASIMIR-DELAVIGNE, 2

1900

A L'UNIVERSITÉ DE PARIS

Je dédie ce livre,

HENRI MOISSAN.

A
B

PRÉFACE.

Nous avons réuni, dans ce volume, l'ensemble de nos recherches sur le fluor et ses composés, recherches publiées dans différents recueils et dont certaines devaient être complétées.

Pendant ce long travail, nous avons eu souvent l'occasion de reconnaître combien l'étude des composés du fluor était incomplète. Nous savons peu de choses sur les fluorures de métalloïdes, peu de choses sur les fluorures métalliques et nos connaissances sur les composés organiques du fluor sont très limitées. Trop confiants dans le parallélisme des réactions, nous ne nous servons, le plus souvent, pour préparer de nouveaux composés du fluor, que de l'analogie qu'ils doivent présenter avec les composés chlorés, bromés et iodés. Nous n'employons pas la méthode expérimentale dans toute sa rigueur. Le fluor possède des propriétés spéciales qui, tout en le laissant en tête de la famille des halogènes, le placent un peu à part et lui donnent un caractère particulier. Ce sont surtout les différences et non pas les analogies qui devraient nous attirer. A ce point de vue, l'étude des composés fluorés réserve encore bien des surprises.

Nos recherches sont devenues, du reste, plus faciles lorsque nous avons su manier le fluor en quantité un peu notable.

Dans la première partie de ce travail, nous avions porté tous nos efforts sur l'isolement du fluor et ce n'est que par la suite, en reprenant ces expériences, que nous sommes arrivé à obtenir, dans la préparation de ce corps gazeux, un rendement plus satisfaisant.

Dès lors, de nouvelles recherches s'imposaient : détermination de quelques constantes physiques du fluor, combinaisons avec les métalloïdes et les métaux, composés organiques fluorés. Toutes ces questions étaient intéressantes et nous en avons poursuivi l'étude pendant plusieurs années. Elles ne présentaient pas toutes la même importance, mais nous devions les approfondir pour compléter ce chapitre du fluor et de ses composés.

La recherche d'un nouveau corps simple est toujours très captivante.

Si nous ajoutons qu'il s'agissait ici d'un élément d'une activité et d'une énergie de combinaison tout à fait exceptionnelles, on comprendra que le plaisir de la recherche en ait encore été augmenté.

En vérité, il était un peu honteux pour les Chimistes de notre époque de ne pas connaître ce puissant minéralisateur, ce corps simple si répandu dans la nature. Maintenant que le fluor se prépare avec facilité, on est surpris que son isolement ait été aussi long et aussi laborieux. Il en est du reste toujours ainsi. Dans quelques années, sa préparation paraîtra toute simple, et pour peu qu'on lui trouve quelque application industrielle, on l'obtiendra en grande quantité et l'on oubliera les efforts que son isolement a pu coûter.

D'ailleurs, la grande découverte qu'il y aurait à réaliser aujourd'hui serait, non pas d'accroître d'une unité le nombre de nos éléments, mais au contraire de le diminuer, en passant, d'une façon méthodique, d'un corps simple à un autre corps simple.

Resterons-nous toujours en présence des mêmes éléments augmentés encore par les découvertes futures, sans jamais pouvoir passer des uns aux autres ? Au contraire, arriverons-nous enfin à cette transformation des corps simples les uns dans les autres, qui jouerait en Chimie un rôle aussi important que l'idée de combustion, saisie par l'esprit pénétrant de Lavoisier ?

Que ces différents corps élémentaires dérivent d'une matière primordiale unique ou de la combinaison de deux substances, peu importe encore aujourd'hui. Le point important serait de pouvoir transformer les corps simples d'une même famille naturelle comme nous le faisons maintenant pour les variétés allotropiques d'un même élément.

L'ensemble considérable des recherches entreprises depuis un siècle sur la chimie du carbone prouve l'importance de la polymérisation et le rôle immense qu'elle peut jouer.

Nos différents éléments ne nous présentent-ils pas un phénomène analogue ? On doit concevoir nos corps simples comme résultant des phénomènes astronomiques qui ont donné naissance à notre soleil et à ses planètes. A la surface de la terre, nous ne rencontrons qu'un certain nombre de ces éléments. Ils répondent aux conditions géologiques de la formation de la terre. Rien ne nous dit que le centre de notre planète et celui du soleil ne renferment pas des éléments inconnus polymères des premiers, produits dans des conditions de température et de pression qui nous échappent encore actuellement.

Rappelons-nous que l'analyse spectrale du soleil nous fournit un très grand nombre de raies, dont un certain nombre, un tiers environ, n'ont pas été identifiées avec les corps simples que nous manions à la surface de la terre.

Une température élevée ne donne pas toujours le corps le plus simple et si l'ozone se produit à froid, nous ne devons pas oublier qu'il peut se former aussi à une température de 800°. Et ce n'est même qu'à cette dernière température qu'il peut subsister indéfiniment en équilibre stable avec l'oxygène. Nos recherches dans cette direction n'ont pas encore une grande étendue.

Si nous savons en effet atteindre aujourd'hui des températures très élevées, nous ne pouvons ni les mesurer, ni les utiliser dans des conditions variées puisque le matériel expérimental nous fait défaut. Au four électrique, le graphite, qui est le corps le plus réfractaire que nous possédions, occupe l'état gazeux. Nous ne pouvons cependant ni le manier ni le recueillir sous forme de gaz.

D'autre part, la pression joue un rôle important et encore bien incomplètement étudié dans la combinaison en général, et, en particulier, dans la polymérisation. Or, cette pression, nous n'en sommes point maîtres. Lorsque nous avons atteint la pression de 10,000 atmosphères, nous avons dépassé la limite d'élasticité de l'acier ; ce métal se réduit en poussière et nous n'avons plus de corps résistant, nous permettant de pousser plus loin nos expériences.

Du reste, bien avant cette pression limite, qui nous semble excessive, les expériences sont très difficiles à conduire.

Cependant, que sont de semblables pressions, en comparaison de celles que les phénomènes géologiques et astronomiques peuvent fournir ?

Enfin, dans ces polymérisations ou dans ces combinaisons, les phénomènes électriques ont dû intervenir. Ici encore, la comparaison entre les forces mises en jeu dans le laboratoire, et celles que nous rencontrons dans les phénomènes naturels nous fait comprendre que nos essais ne sont qu'à leur début.

De grandes questions restent à résoudre. Et cette chimie minérale, que l'on croyait épuisée, n'est encore qu'à son aurore. Mais je m'arrête, car, sur un sujet aussi délicat, comme l'a fait remarquer Dumas, on risque toujours d'en trop dire, quelque peu que l'on en dise.

Paris, 24 février 1900.

LE FLUOR
ET SES COMPOSÉS.

CHAPITRE PREMIER.

ISOLEMENT DU FLUOR.

GÉNÉRALITÉS.

Nous sommes parti dans ces recherches d'une idée préconçue. Si l'on suppose, pour un instant, que le chlore n'ait pas encore été isolé, bien que nous sachions préparer les chlorures métalliques, l'acide chlorhydrique, les chlorures de phosphore et d'autres corps similaires, il est vraisemblable que les chances d'isoler cet élément seront augmentées, si nous nous adressons aux composés que le chlore peut former avec les métalloïdes.

Il nous semblait que l'on obtiendrait plutôt du chlore en essayant de décomposer le pentachlorure de phosphore ou l'acide chlorhydrique qu'en s'adressant à l'électrolyse du chlorure de calcium ou d'un chlorure alcalin.

Ne doit-il pas en être de même pour le fluor ?

Enfin le fluor étant, d'après les recherches antérieures et particulièrement celles de Davy et de Fremy, un corps doué d'affinités énergiques, on devait, pour arriver à recueillir cet élément, opérer à des températures aussi basses que possible.

Telles sont les considérations générales qui nous ont amené à reprendre, d'une façon systématique, l'étude des combinaisons formées par le fluor avec les métalloïdes.

Nous nous sommes adressé tout d'abord au fluorure de silicium, et nous avons été frappé, dès nos premières recherches, de la grande stabilité de ce composé. Sauf les métaux alcalins, qui, au rouge sombre, le dédoublent avec facilité, peu de corps agissent sur le fluorure de silicium. Il est facile de se rendre compte de cette propriété, si l'on remarque que sa formation est accompagnée d'un grand dégagement de chaleur. M. Berthelot a démontré depuis longtemps que les corps composés sont d'autant plus stables qu'ils dégagent plus de chaleur au moment de leur production. M. Guntz a calculé cette chaleur de formation du fluorure de silicium et il l'a estimée égale à $+ 134^{Cal},7$.

Nous pensions donc, à tort ou à raison, avant même d'avoir isolé le fluor, que, si l'on parvenait jamais à préparer ce corps simple, il devrait se combiner avec incandescence au silicium cristallisé. Et chaque fois que, dans ces recherches, nous espérions avoir mis du fluor en liberté, nous n'avons pas manqué d'essayer cette réaction ; on verra plus loin qu'elle nous a parfaitement réussi.

Après ces premières expériences sur le fluorure de silicium, nous avons entrepris l'étude des composés du fluor et du phosphore. Ces corps avaient été peu étudiés depuis Humphry Davy, qui regardait le fluorure de phosphore comme un corps liquide. Cependant M. Thorpe avait, dans ces dernières années, indiqué un procédé de préparation du pentafluorure de phosphore qui, d'après lui, était gazeux. Nous avons étudié, d'une façon aussi complète que possible, ces différents composés; nous avons découvert et analysé le trifluorure et l'oxyfluorure de phosphore qui sont gazeux, puis nous avons essayé, en modifiant de toutes façons les expériences, quelle était l'action de l'étincelle d'induction sur ces corps.

Le pentafluorure de phosphore put seul être dédoublé en fluor et trifluorure par l'emploi de fortes étincelles d'induction. Les conditions mêmes de l'expérience, qui se faisait dans une éprouvette de verre, fermée par du mercure, ne permettaient pas d'isoler la petite quantité de fluor produite, noyée d'ailleurs dans un excès de trifluorure de phosphore.

Dans un autre ordre d'idées, l'action du platine au rouge sur les fluorures de phosphore nous a fourni des résultats intéressants, mais qui n'avaient pas une netteté suffisante pour résoudre la question de l'isolement du fluor.

En même temps que se poursuivaient ces études, nous préparions le trifluorure d'arsenic, qui avait été obtenu par Dumas dans un grand état de pureté; nous déterminions ses constantes physiques, ainsi que quelques propriétés nouvelles, et nous apportions tous nos soins à étudier l'action du courant électrique sur ce composé.

Le fluorure d'arsenic AsF^3, corps liquide à la température ordinaire, composé binaire formé d'un corps solide, l'arsenic, et d'un corps vraisemblablement gazeux, le fluor, paraissait devoir se prêter dans d'excellentes conditions à des expériences d'électrolyse.

Nous avons dû, à quatre reprises différentes, interrompre ces recherches sur le fluorure d'arsenic, dont le maniement est plus dangereux que celui de l'acide fluorhydrique anhydre et dont les propriétés toxiques nous avaient mis dans l'impossibilité de continuer ces expériences. Nous sommes arrivé cependant à électrolyser ce composé en employant le courant produit par 90 éléments Bunsen, et l'on verra plus loin que, si cette expérience ne nous a pas donné le fluor, elle nous a cependant fourni de précieux renseignements sur l'électrolyse des composés fluorés liquides. C'est elle qui nous a conduit à la décomposition de l'acide fluorhydrique anhydre, rendu conducteur au moyen du fluorhydrate de fluorure de potassium.

Cette dernière expérience nous a donné le résultat cherché. Au pôle négatif nous avons obtenu de l'hydrogène, et au pôle positif un corps gazeux doué de propriétés nouvelles, d'une activité chimique des plus puissantes, et que l'on doit considérer comme étant le radical des fluorures, comme étant le fluor.

HISTORIQUE.

Dès 1768, Margraff (1) étudia l'action de l'huile de vitriol sur la fluorine ; mais ce fut Scheele (2) qui caractérisa l'acide fluorhydrique, en 1771, sans arriver toutefois à l'obtenir à l'état de pureté. En 1809, Gay-Lussac et Thenard (3) reprirent l'étude de cette préparation, qui avait été le sujet d'une discussion scientifique entre Bergmann, Wiegleb, Bucholz et Meyer ; ils arrivèrent à produire un acide assez pur, très concentré, mais qui était encore loin d'être anhydre. L'action de l'acide fluorhydrique sur la silice et les silicates fut alors parfaitement élucidée.

En 1813 et 1814, Sir Humphry Davy (4) publia plusieurs Mémoires importants sur ce sujet.

(1) MARGRAFF. *Transactions de Berlin*, 1768.

(2) SCHEELE. Examen du spath fluor et de son acide, *Mémoires de l'Académie des Sciences de Stockholm*, année 1771, 2e trimestre, et *Mémoires de chimie*, t. I, p. 1.

(3) GAY-LUSSAC et THENARD. Mémoire sur l'acide fluorique, *Annales de Chimie et de Physique*, t. LXIX, p. 204 ; 1809.

(4) H. DAVY. Some experiments and observations on the substances produced in

Peu de temps auparavant, Ampère, dans deux lettres adressées à Humphry Davy, avait émis cette opinion que l'acide fluorhydrique pouvait être considéré comme formé par la combinaison de l'hydrogène avec un corps simple inconnu, le fluor; en un mot, que c'était un acide non oxygéné, un hydracide.

Davy, qui partageait cette idée, chercha donc tout d'abord à démontrer que l'acide fluorhydrique ne renfermait pas d'oxygène. Pour cela, de l'acide fluorhydrique fut neutralisé par de l'ammoniaque pure, et le fluorhydrate obtenu fortement chauffé dans un appareil de platine. On ne put recueillir dans la partie froide de l'appareil que du fluorhydrate d'ammoniaque sublimé : aucune trace d'eau ne s'était formée. La même expérience, répétée avec un acide oxygéné, fournit une notable quantité d'eau.

Humphry Davy agrandit alors la question et chercha à isoler le radical de cet acide fluorhydrique, qu'il considérait désormais comme l'analogue de l'acide chlorhydrique, composé résultant de l'union du chlore et de l'hydrogène.

On peut, d'une façon générale, diviser les recherches entreprises sur le fluor en deux grandes séries :

1° Expériences faites par voie électrolytique s'adressant soit à l'acide, soit aux fluorures ;

2° Expériences faites par voie sèche.

Dès le début de ces études, je prévoyais que le fluor décomposerait l'eau quand on pourrait l'isoler ; par conséquent, toutes les tentatives qui ont été faites par la voie humide, depuis les premiers travaux de Davy, le furent sans aucune chance de succès. Je ne m'y arrêterai pas dans cet historique.

different chemical processes on Fluor spar, *Philosophical Transactions of the Royal Society of London*, t. CIII, p. 263; 1813. — An account of some new experiments on the Fluoric compounds, *Ibid.*, t. CIV, p. 62; 1814. — Mémoire sur la nature de l'acide fluorique, lu à la Société Royale de Londres, le 8 juillet 1813, *Annales de Chimie et de Physique*, 1re série, t. LXXXVIII, p. 271; 1813.

Humphry Davy a fait beaucoup d'expériences électrolytiques, et ces expériences, il les a exécutées dans des appareils en platine ou en chlorure d'argent fondu, et au moyen de la puissante pile de la Société royale.

Il a reconnu que l'acide fluorhydrique se décomposait tant qu'il contenait de l'eau, et qu'ensuite le courant semblait passer avec plus de difficulté. Il a essayé aussi de faire jaillir des étincelles dans l'acide concentré et il a pu, dans quelques essais, obtenir par cette méthode une petite quantité de gaz. Mais l'acide, bien que refroidi, ne tardait pas à se réduire en vapeurs : le laboratoire devenait rapidement inhabitable.

Davy fut même très malade pour s'être exposé à respirer les vapeurs d'acide fluorhydrique, et il conseille aux chimistes de prendre de grandes précautions pour éviter l'action de cet acide sur la peau et sur les bronches.

On sait que Gay-Lussac et Thenard avaient eu également beaucoup à souffrir de ces mêmes vapeurs acides.

Les autres expériences de Davy (je ne puis les citer toutes) ont été faites surtout en faisant réagir le chlore sur les fluorures. Elles présentaient de très grosses difficultés, car on ignorait à cette époque l'existence des fluorhydrates de fluorures, et l'on ne savait pas préparer un grand nombre de fluorures anhydres.

Ces recherches de Davy sont, comme on pouvait s'y attendre, de la plus haute importance, et une propriété remarquable du fluor a été mise en évidence par ce savant. Dans les recherches où il avait été possible de produire une petite quantité de ce radical des fluorures, l'or ou le platine des vases, dans lesquels se faisait la réaction, était profondément attaqué. Il s'était formé dans ce cas des fluorures d'or et de platine. Le verre avait été attaqué aussi, avec formation de fluorure de silicium et dégagement d'oxygène.

Davy a varié beaucoup les conditions de ses expériences. Il a répété l'action du chlore sur un fluorure métallique dans des vases de soufre, de charbon, d'or, de platine, etc.; il n'est jamais arrivé à un résultat satisfaisant. Il fut ainsi conduit à penser que le fluor devait posséder une activité chimique beaucoup plus grande que celle des corps simples déjà connus.

Et, en terminant son Mémoire, Humphry Davy conclut que ces expériences pourraient peut-être réussir si elles étaient exécutées dans des vases en fluorine. Nous allons voir que cette idée a été reprise par différents expérimentateurs.

En 1833, Aimé (1) soumit le fluorure d'argent à l'action du chlore dans un vase de verre enduit d'une mince couche de caoutchouc. Ce dernier fut charbonné, et l'expérience ne fournit pas de meilleurs résultats que celle de Davy.

G. Knox et Th. Knox, membres de l'Académie royale d'Irlande (2), reprirent cet essai et voulurent décomposer le fluorure d'argent par le chlore dans un appareil en fluorure de calcium. La principale objection à faire à leurs expériences repose sur ce fait, que le fluorure d'argent employé n'était pas sec. Il est en effet très difficile de déshydrater complètement les fluorures de mercure et d'argent. De plus, nous verrons, par les recherches de Fremy, que l'action du chlore sur les fluorures tend plutôt à former des produits d'addition, des fluochlorures, qu'à chasser le fluor et à le mettre en liberté.

En 1846, Louyet (3), en opérant aussi dans des appareils en

(1) AIMÉ. Note sur le fluor, *Annales de Chimie et de Physique*, 2e série, t. LV, p. 443; 1834.

(2) G.-J. KNOX et TH. KNOX. On Fluorine, *Proceedings of the Royal Irish Academy*, t. I, p. 54; 1841. *Ibid.*, *London and Edinburg Philosophical Magazine and Journal of Science*, t. IX, p. 107; 1836.

(3) LOUYET. Nouvelles recherches sur l'isolement du fluor, *Comptes rendus de l'Académie des Sciences*, t. XXIII, p. 960; 1846. — De la véritable nature de l'acide fluorhydrique, *Comptes rendus de l'Académie des Sciences*, t. XXIV, p. 434; 1847.

fluorine, étudia une réaction analogue : il fit réagir le chlore sur le fluorure de mercure. Les objections que l'on peut faire aux recherches des frères Knox s'appliquent aussi aux travaux de Louyet. Fremy a démontré que le fluorure de mercure, préparé par le procédé de Louyet, renfermait encore une notable quantité d'eau; aussi les résultats obtenus furent-ils assez variables. Le gaz recueilli était un mélange d'air, de chlore et d'acide fluorhydrique, dont les propriétés se modifiaient suivant la durée de la préparation.

Ces recherches de Louyet comportaient d'ailleurs une erreur qui a passé inaperçue jusqu'ici. Pour avoir de l'acide fluorhydrique anhydre, Louyet traitait l'acide fluorhydrique hydraté et concentré, par l'anhydride phosphorique. Dans ces conditions, il obtenait un gaz fumant et sans action sur le verre. Ce gaz, qui n'a pas été analysé, n'était pas de l'acide fluorhydrique; il était formé en majeure partie d'oxyfluorure de phosphore, car nous démontrerons plus loin, que l'acide fluorhydrique réagit sur l'anhydride phosphorique, à la température ordinaire pour donner le composé gazeux PF^3O.

C'était ce soi-disant acide fluorhydrique déshydraté qui servait à Louyet à la préparation de ses fluorures. Il n'y a donc pas lieu de nous étonner s'il est arrivé aux conclusions suivantes : « Relativement à la nature du fluor, j'ai tout-à fait rejeté l'hypothèse d'Ampère, c'est-à-dire que j'ai trouvé que ce corps présentait beaucoup plus d'analogies avec l'oxygène, le soufre, corps amphigènes, qu'avec le chlore, le brome, l'iode, corps halogènes. »

De même que Davy, les frères Knox se plaignirent beaucoup de l'action de l'acide fluorhydrique sur les voies respiratoires, et, à la suite de leurs travaux, l'un d'eux rapporte qu'il a été forcé de passer trois années à Naples et qu'il en est revenu encore très souffrant. Quant à Louyet, entraîné par ses recherches, il ne prit pas assez de précautions pour éviter cette action irritante des vapeurs d'acide fluorhydrique, et il paya de sa vie son dévouement à la Science.

Les publications de Louyet ont amené Fremy à reprendre, vers 1850, cette question de l'isolement du fluor. Fremy (1) étudia d'abord les fluorures métalliques ; il démontra l'existence de nombreux fluorhydrates de fluorures, indiqua leurs propriétés et leur composition. Puis il fit réagir un grand nombre de corps gazeux sur ces différents fluorures ; l'action du chlore, de l'oxygène fut étudiée avec soin. Enfin toute son attention fut attirée sur l'électrolyse des fluorures métalliques.

La plupart de ces expériences étaient faites dans des vases de platine, à des températures assez élevées. Lorsque, après cette étude générale des fluorures, Fremy reprit l'action du chlore sur les fluorures de plomb, d'antimoine, de mercure et d'argent, il montra nettement la presque impossibilité d'obtenir à cette époque ces fluorures absolument secs. Aussi l'on comprend que, dans ses recherches électrolytiques, ce savant se soit adressé surtout au fluorure de calcium.

Ayant vu avec quelle énergie les fluorures retiennent l'eau, il revient toujours à cette fluorine qu'on trouve parfois dans la nature dans un grand état de pureté et absolument anhydre. C'est ce fluorure de calcium, maintenu liquide à une haute température, que Fremy va électrolyser dans un vase de platine. Dans ces conditions, le calcium se porte au pôle négatif, et l'on voit, autour de la tige de platine qui constitue l'électrode positive et qui se ronge avec rapidité, un bouillonne-

(1) Fremy. Recherches sur les fluorures, *Annales de Chimie et de Physique*, 3e série, t. XLVII, p. 5 ; 1856.

ment indiquant la mise en liberté d'un nouveau corps gazeux. Ce corps gazeux déplace l'iode des iodures; mais, aussitôt que l'on tente quelques essais, le métal alcalino-terreux, mis en liberté, perce la paroi de platine et tout est à recommencer; l'appareil a été mis hors d'usage en quelques instants.

Loin de se décourager par les insuccès, Fremy apporte au contraire, dans ces recherches, une persévérance incroyable. Il varie ses expériences, modifie ses appareils et les difficultés ne font que l'encourager à poursuivre son étude.

Deux faits importants se dégagent tout d'abord de ses travaux : l'un qui est entré immédiatement dans le domaine de la Science; l'autre qui semble avoir frappé beaucoup moins les esprits.

Le premier, c'est la préparation de l'acide fluorhydrique anhydre, de l'acide fluorhydrique pur. Jusqu'aux recherches de Fremy, on avait ignoré l'existence de l'acide fluorhydrique véritablement privé d'eau.

Ayant préparé et analysé le fluorhydrate de fluorure de potassium, Fremy s'en sert aussitôt pour obtenir l'acide fluorhydrique pur et anhydre.

Il prépare ainsi un corps, gazeux à la température ordinaire, qui se condense dans un mélange réfrigérant en un liquide incolore très avide d'eau.

Voilà donc un résultat d'une grande importance: préparation de l'acide fluorhydrique pur.

Le second fait, qui a passé je dirai presque inaperçu et qui m'a vivement intéressé, surtout à la fin de mes recherches, c'est que le fluor a la plus grande tendance à s'unir à presque tous les composés par voie d'addition (1).

(1) Louyet avait déjà mentionné cette tendance du fluor à former des composés doubles.

En un mot, le fluor forme avec facilité des composés ternaires et quaternaires. Faisons réagir le chlore sur un fluorure ; au lieu d'isoler le fluor, nous préparerons un fluochlorure. Employons l'oxygène, nous ferons un oxyfluorure. Cette propriété nous explique l'insuccès des tentatives de Louyet, des frères Knox et d'autres savants. Même en agissant sur des fluorures secs, dans une atmosphère de chlore, de brome ou d'iode, nous aurons plutôt des composés ternaires que du fluor libre. Ce point a été nettement mis en évidence par Fremy. Et le Mémoire de ce savant comportait un si grand nombre d'expériences, qu'il semble avoir découragé les chimistes, arrêté l'essor de nouvelles études. Depuis 1856, date de la publication du Mémoire de Fremy, les recherches sur l'acide fluorhydrique et sur l'isolement du fluor sont peu nombreuses. La question paraît subir un temps d'arrêt.

Cependant, en 1869, un chimiste anglais, M. Gore, reprend avec méthode l'étude de l'acide fluorhydrique. Il part de l'acide fluorhydrique anhydre préparé par la méthode de Fremy ; il détermine son point d'ébullition, sa tension de vapeur aux différentes températures, enfin ses principales propriétés. Il étudie ensuite l'électrolyse de l'acide fluorhydrique, soit pur, soit additionné d'autres acides ; enfin, il cite un grand nombre d'observations relatives à l'action de l'acide fluorhydrique anhydre sur les métalloïdes, les métaux et différents sels. Son Mémoire est d'une exactitude remarquable.

Je dois rappeler qu'antérieurement Faraday avait démontré, d'une façon très nette, que l'acide fluorhydrique absolument anhydre ne conduisait pas le courant. Dans le cas où l'acide renfermait une petite quantité d'eau, la décomposition électrolytique de ce dernier liquide se produisait seule, et, lorsque l'eau avait disparu, l'acide fluorhydrique anhydre arrêtait complètement le courant. Ces expériences avaient été reprises et vérifiées par M. Gore.

Dans une deuxième série de recherches, M. Gore (1) étudie avec beaucoup de détails le fluorure d'argent, l'électrolyse de ce fluorure fondu et l'action que ce composé exerce sur différents métalloïdes. Il indique aussi la formation d'un certain nombre de composés ternaires et quaternaires formés par voie d'addition.

Enfin, Kammerer (2) a fait réagir l'iode à 60° sur le fluorure d'argent dans un tube de verre scellé, après avoir expulsé l'air par un courant de vapeur d'iode. Dans ces conditions on obtiendrait, après vingt-quatre heures, un gaz sans action sur l'iode, qu'il serait possible de recueillir et de manier sur la cuve à mercure (3), gaz qui n'attaquerait pas le verre et qui serait immédiatement absorbé par une solution alcaline. Kammerer estimait que ce gaz pouvait être le fluor.

Pfaundler (4), qui a repris ces expériences, regarde le gaz obtenu comme un mélange de fluorure de silicium et d'oxygène.

Pour terminer cet historique déjà bien long, je rappellerai aussi les publications si intéressantes de M. Guntz (5) sur la chaleur de neutralisation de l'acide fluorhydrique par les bases, et sur la chaleur de formation des fluorures.

(1) Gore. On fluoride of Silver, *Philosophical Transactions of the Royal Society of London*, t. CLX, p. 227, et t. CLXI, p. 321; 1870 et 1871. *Ibid. Bulletin de la Société chimique de Paris*, t. XIV, p. 38, t. XV, p. 187, et t. XVII, p. 33.

(2) Kammerer. Notizen über Brom- und Iodsaüre sowie über Fluor, *Journal für praktische Chemie*, t. LXXXV, p. 452; 1862.

(3) Nous verrons plus loin que le fluor est absorbé par le mercure à la température ordinaire.

(4) Pfaundler. Beiträge zur Kenntniss einiger Fluorverbindungen, *Sitzungsberichte der Kaiserlichen Akademie der Wissenschaften, Wien*, t. XLVI, p. 258; 1863.

(5) Guntz. Recherches thermiques sur les combinaisons du fluor avec les métaux. *Annales de Chimie et de Physique*, 6e série, t. III, p. 5; 1884.

Nous diviserons l'exposé de nos recherches sur l'isolement du fluor en quatre parties :

1° Action de l'étincelle d'induction sur quelques gaz fluorés;

2° Action du platine au rouge sur les fluorures de phosphore et le fluorure de silicium ;

3° Électrolyse du fluorure d'arsenic ;

4° Électrolyse de l'acide fluorhydrique. Préparation du fluor.

ACTION DE L'ÉTINCELLE D'INDUCTION SUR QUELQUES GAZ FLUORÉS.

La haute température fournie par l'étincelle de la bobine de Ruhmkorff, produisant souvent un dédoublement partiel des composés binaires, nous avons pensé qu'il était intéressant d'étudier cette action sur un certain nombre de gaz fluorés.

Fluorure de silicium.

Nous avons employé, dans ces recherches, le dispositif si commode indiqué par M. Berthelot [1]. Dans une éprouvette de verre placée sur la cuve à mercure se trouve un certain volume de fluorure de silicium. Ce gaz, qui a été desséché au moment de la préparation, est laissé pendant cinq à six heures en présence d'une baguette de potasse fondue au creuset d'argent, afin d'être certain qu'il ne renferme plus d'humidité.

Deux tubes recourbés, remplis de mercure, donnent passage aux fils de platine conducteurs du courant (*fig.* 1). Nous nous sommes servi dans ces expériences d'une bobine actionnée par trois éléments Grenet, pouvant donner facilement dans l'air des étincelles de $0^m,04$.

On avait soin de bien faire jaillir l'étincelle entre les fils de platine maintenus au milieu de l'éprouvette, de telle sorte que

(1) BERTHELOT. Essai de Mécanique chimique, t. II, p. 340.

cette étincelle ne pût s'étaler sur une paroi de verre. Enfin le mercure, l'éprouvette et les tubes avaient été desséchés avec le plus grand soin.

Lorsque l'étincelle a passé pendant une heure, on arrête l'expérience et on laisse le gaz reprendre la température du laboratoire. Il ne s'est produit aucun dépôt de silicium, l'éprou-

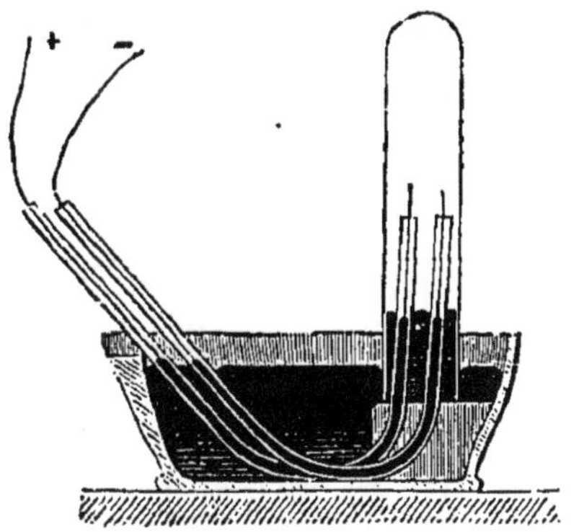

Fig. 1.

vette de verre n'a pas été dépolie, le volume est resté constant et les propriétés du gaz n'ont pas varié.

La même expérience, répétée sur un mélange à volumes égaux de fluorure de silicium et d'oxygène, a donné des résultats identiques.

Trifluorure de phosphore.

L'action de l'étincelle d'induction sur le trifluorure de phosphore sera décrite avec détails dans la suite de cet ouvrage. Nous rappellerons donc ici seulement un certain nombre de résultats d'une manière rapide.

Si le gaz trifluorure de phosphore est absolument sec, le volume diminue, il se dépose du phosphore sur la paroi de l'éprouvette et l'on obtient finalement un mélange gazeux de trifluorure non décomposé et de pentafluorure de phosphore. Comme il n'y a pas formation de fluorure de silicium (l'éprouvette n'est pas dépolie), il faut admettre que le fluor, mis en liberté, se porte aussitôt sur le trifluorure en excès pour donner du pentafluorure de phosphore.

$$5PF^3 = 3PF^5 + 2P.$$

Si le trifluorure de phosphore contient une trace d'humidité, le mélange gazeux peut renfermer, après l'expérience, $\frac{1}{5}$ de son volume de fluorure de silicium. Cela tient à ce que l'hydrogène de la petite quantité d'eau, contenue dans le gaz, fournit, avec le fluor du fluorure de phosphore, de l'acide fluorhydrique qui réagit sur le verre en produisant du fluorure de silicium et de l'eau.

$$SiO^2 + 4HF = SiF^4 + 2H^2O.$$

Cette nouvelle quantité d'eau est décomposée à son tour et l'action se continue. Une très petite quantité de vapeur d'eau peut ainsi, sous l'action de l'étincelle, transformer une quantité relativement très grande de fluorure de phosphore en fluorure de silicium. Après l'expérience, la surface intérieure de l'éprouvette est complètement dépolie.

Si cette action de l'étincelle dure plusieurs heures, la décomposition se ralentit. Le fluorure de silicium formé n'est pas détruit par l'étincelle, il entrave l'expérience et vient la limiter.

Nous avons réalisé aussi cette expérience à laquelle avait songé Humphry Davy : faire brûler un fluorure de phosphore dans l'oxygène. Un mélange de 4^{vol} de trifluorure de phosphore et de 2^{vol} d'oxygène placé dans une éprouvette de verre sur la cuve à mercure est soumis à l'action de l'étincelle d'induction. Une violente détonation se produit ; il n'y a pas formation d'acide phosphorique ni mise en liberté de fluor, comme l'espérait le savant anglais, mais le trifluorure et l'oxygène s'unissent pour produire un nouveau corps gazeux, l'oxyfluorure de phosphore.

$$PF^3 + O = PF^3O.$$

C'est là un nouvel exemple de la facilité que possède le fluor de fournir des produits d'addition.

Pentafluorure de phosphore.

M. Thorpe n'avait pas réussi à dédoubler le gaz pentafluorure de phosphore, sous l'action de l'étincelle d'induction. Nous avons répété cette expérience en prenant les plus grandes précautions pour n'agir que sur un gaz bien privé d'humidité. Nous avons vu précédemment que le pentafluorure de phosphore sec, produit dans la décomposition du trifluorure par l'étincelle, n'attaque pas le verre.

L'éprouvette graduée, dans laquelle doit se faire la décomposition, est portée à 200°, puis refroidie vers 80° et remplie alors de mercure sec. On la retourne aussitôt sur la cuve à mercure, en ayant bien soin de prendre le métal, au moment même de l'expérience, dans un flacon à robinet renfermant de l'acide sulfurique. La cuve à mercure en porcelaine a été desséchée à l'étuve, ainsi que les fils de platine et les tubes de verre.

Du pentafluorure de phosphore, entièrement absorbable par l'eau et bien exempt de fluorure de silicium, est introduit dans l'appareil ; on dispose les fils de platine dans l'axe de l'éprouvette, de telle sorte que l'étincelle ne puisse jaillir sur la paroi du verre, puis, au moyen d'un fil de platine, on fait passer au milieu du gaz un morceau de potasse fondue au creuset d'argent, afin d'enlever l'humidité provenant de la manipulation de l'appareil. La potasse est retirée plusieurs heures après ;

on note le niveau du mercure dans l'éprouvette, la pression et la température ; on fait alors passer une série d'étincelles d'induction entre les deux fils de platine.

Lorsque l'on se sert d'une bobine fournissant dans l'air des étincelles de $0^{m},04$, on n'obtient aucune décomposition. Après refroidissement, le volume est resté le même, les parois de l'éprouvette n'ont pas été attaquées, le mercure a conservé toute sa netteté et les propriétés du gaz ne sont en rien changées. C'est bien là le résultat obtenu par M. Thorpe (1).

Il n'en est plus de même si l'on emploie une forte bobine pouvant donner dans l'air des étincelles de $0^{m},20$. Dans ces conditions, l'expérience étant disposée comme précédemment, on ne tarde pas à voir l'éprouvette se dépolir, la surface du mercure s'attaquer et perdre son brillant. Dans nos expériences, nous faisions le plus souvent passer l'étincelle pendant une heure. On abandonnait ensuite l'appareil de façon à laisser refroidir l'éprouvette qui s'était beaucoup échauffée. On notait enfin la température et la hauteur du mercure ; le volume du gaz avait diminué.

Si l'on fait l'analyse de ce gaz après le passage des étincelles, on voit qu'il a subi une assez profonde modification. Mis en présence de l'eau, il abandonne de la silice, ce qui indique la formation de fluorure de silicium ; enfin il reste un gaz (parfois jusqu'à 15 pour 100) qui n'est plus absorbable immédiatement par l'eau, mais qui l'est par une solution alcaline et présente toutes les réactions du trifluorure de phosphore.

Sous l'action de puissantes étincelles d'induction, le pentafluorure s'est donc dédoublé en trifluorure et en fluor :

$$PF^5 = PF^3 + F^2.$$

(1) THORPE. On phosphorus pentafluoride, *Proceedings of the Royal Society of London*, t. XXV, p. 122 ; 1877.

Ce dernier corps a attaqué le mercure et le verre, il s'est produit du fluorure de silicium et du fluorure de mercure. En même temps le volume du fluorure a légèrement diminué ; cela tient, pensons-nous, à ce qu'une partie du pentafluorure de phosphore, sous l'action surtout de l'élévation de température, s'est combinée aux alcalis du verre. L'éprouvette lavée avec de l'eau distillée donne une solution de fluorures et de phosphates alcalins.

Voici les résultats de deux expériences (1) :

	cc
Volume initial du pentafluorure	98,60
Volume final	95,25
Volume du trifluorure......................	14,22
Trifluorure formé, pour 100..................	14,62
Volume initial du pentafluorure...............	72,30
Volume final..............................	70,26
Volume du trifluorure......................	10,06
Trifluorure formé, pour 100	13,91

En résumé, le pentafluorure de phosphore ne présente pas le facile dédoublement du pentachlorure qui permet d'employer avec succès ce composé à la chloruration des corps organiques. Il est beaucoup plus stable et ne se dédouble que sous l'action de très fortes étincelles d'induction. L'expérience, qui se fait dans des vases de verre, en présence du mercure, ne peut pas servir à caractériser le fluor, car, dans ces conditions, il se produit immédiatement du fluorure de silicium et du fluorure de mercure.

Fluorure de bore.

Soumis à l'action de l'étincelle d'induction, le fluorure de bore n'a pas présenté de propriétés nouvelles. Le volume est

(1) Tous les volumes ont été ramenés à 0° et 760mm.

resté constant et la paroi de verre n'a pas été attaquée. Il ne s'était pas produit de fluorure de silicium.

Fluorure d'arsenic.

Le trifluorure d'arsenic AsF^3 a été préparé par Dumas, qui, après avoir été blessé en recueillant une certaine quantité de ce produit, a cependant étudié et décrit ses principales propriétés (1).

Mac Ivor (2) a déterminé la densité, le point d'ébullition, et indiqué une nouvelle méthode de préparation de ce fluorure d'arsenic.

A la suite de nos recherches sur les fluorures de phosphore, nous avons été amené à reprendre l'étude des propriétés de ce composé.

Le trifluorure d'arsenic, qui bout à + 63°, peut facilement être maintenu à l'état gazeux et soumis, comme les corps précédents, à l'action de fortes étincelles d'induction. Le haut de l'éprouvette de verre dans laquelle se fait l'expérience est alors entouré d'un manchon qu'on peut faire traverser par un courant de vapeur d'eau. Cette éprouvette est placée sur la cuve à mercure et l'on dispose les fils conducteurs dans des tubes de verre, courbés comme précédemment. On fait passer dans l'éprouvette remplie de mercure sec une petite ampoule de fluorure d'arsenic, dont on brise la pointe au moyen d'un agitateur, et l'on fait circuler ensuite le courant de vapeur d'eau. Cet appareil a déjà été indiqué par M. Berthelot pour étudier l'action de l'étincelle d'induction sur les corps liquides

(1) Dumas. Note sur quelques composés nouveaux, extraite d'une Lettre de M. Dumas à M. Arago, *Annales de Chimie et de Physique*, 2e série, t. XXXI, p. 433 ; 1826.

(2) Mac Ivor. On arsenic fluoride, *Chemical News*, t. XXX, p. 169, et t. XXXII, p. 232 ; 1874 et 1875.

facilement vaporisables. On ne doit pas oublier dans cette expérience que le fluorure d'arsenic est un composé dangereux à manier et que, mis en contact avec la peau, il y produit des ulcérations profondes et douloureuses.

L'expérience dure une heure. On laisse ensuite refroidir l'appareil ; on ferme avec soin les tubes qui ont permis l'arrivée et la sortie de la vapeur d'eau, puis on transvase sur la cuve à mercure le gaz produit. Ce dernier est formé, en grande partie, de fluorure de silicium; cependant quelques-unes de ses propriétés peuvent laisser croire qu'une trace de fluor a pu échapper à l'action du verre. Ce gaz attaque, en effet, légèrement le mercure lorsqu'il vient d'être préparé. Il déplace l'iode d'une solution d'iodure de potassium, de façon à colorer très nettement en rose quelques centimètres cubes de chloroforme. Ce sont là des réactions intéressantes, mais réalisées sur de trop petites quantités de matière pour pouvoir être considérées comme tout à fait concluantes.

Les fils de platine étaient recouverts, après l'expérience, d'une couche noire d'arsenic; la paroi de l'éprouvette avait été dépolie, mais ne présentait pas de dépôt d'arsenic.

L'étincelle d'induction se comporte bien dans ces conditions comme le ferait la chaleur.

Sous l'action de la chaleur, dans une cloche de verre, le trifluorure de phosphore se dédouble en phosphore, acide phosphorique et fluorure de silicium. La quantité d'oxygène abandonnée par l'acide silicique n'est pas suffisante, en effet, pour transformer la totalité du phosphore en acide phosphorique.

$$4PF^3 + 3SiO^2 = 3SiF^4 + 3O^2 + 4P.$$

Au contraire, dans les mêmes conditions, le trifluorure d'arsenic en présence de silicates alcalins ne produit pas de dépôt d'arsenic ; ce corps est complètement transformé en acide arsénieux par l'oxygène de la silice.

$$4AsF^3 + 3SiO^2 = 3SiF^4 + 2As^2O^3.$$

ACTION DU PLATINE AU ROUGE SUR LES FLUORURES DE PHOSPHORE ET LE FLUORURE DE SILICIUM.

Depuis les recherches de Fremy, on sait que le fluorure de platine, produit accidentellement dans l'électrolyse des fluorures alcalins, se décompose sous l'influence d'une température élevée, et qu'il ne reste finalement dans l'appareil que de la mousse de platine. Il était donc logique de penser que, si l'on pouvait combiner, au rouge sombre, un fluorure gazeux à la mousse de platine, il serait possible d'en séparer le fluor en portant rapidement la masse au rouge vif.

Afin de s'assurer par un premier essai si le platine au rouge exerçait une action sur les fluorures de phosphore, nous avons fait l'expérience suivante :

Trois éléments Bunsen affaiblis ont été disposés de façon à obtenir un courant aussi constant que possible et l'on a fermé le circuit. Grâce à une dérivation, on pouvait à volonté faire passer le courant, soit dans le fil de cuivre qui réunissait les pôles, soit dans un fil de platine d'un diamètre tel que, entouré d'air, il était porté au rouge à une température bien inférieure à celle de son point de fusion.

Le fil de platine était ensuite placé dans une atmosphère de trifluorure de phosphore, et l'on y faisait passer à nouveau le même courant. On voyait aussitôt le platine fondre rapidement. Cette expérience, répétée dans le pentafluorure de phosphore, a donné des résultats un peu différents. Au moment de la fusion du platine, le volume a augmenté brusquement, puis il a diminué, et la surface du mercure est devenue noire.

En résumé, le platine au rouge détruit les fluorures de phosphore et un composé assez fusible se forme, probablement du phosphure de platine. En même temps la paroi de l'éprouvette dans laquelle se faisait l'expérience était dépolie et la surface du mercure s'était ternie.

Le dispositif était à peu près le même que celui employé par M. Berthelot pour l'électrolyse des gaz ; les fils de cuivre traversant le mercure étaient entourés de gutta-percha.

Nous avons alors repris cette expérience en employant un appareil qui permît de mettre en réaction une plus grande quantité de ces gaz fluorés. Ces recherches ne pouvaient être tentées que dans des vases ne contenant pas de silice et dans des conditions où il serait possible de faire varier la vitesse du courant gazeux.

Voici comment l'expérience était disposée. De la mousse de platine préparée avec soin était lavée à l'acide fluorhydrique, puis à l'eau distillée, de façon à lui enlever toute trace de silice, et enfin calcinée. On plaçait cette matière sèche au milieu d'un tube de platine de 80^{cm} de longueur et de $1^{cm},5$ de diamètre.

La partie de l'appareil qui devait être maintenue au rouge était placée dans un tube de porcelaine bien vernissé (*fig.* 2). Deux tubes de verre passaient au travers des bouchons et permettaient de faire circuler un courant d'azote dans l'espace annulaire. Les extrémités du cylindre de platine portaient un pas de vis dans lequel s'engageait un tube de platine beaucoup plus petit servant au dégagement du gaz.

L'appareil étant chauffé, on commence par faire passer dans le tube intérieur un courant d'hydrogène pur, de façon à entraîner tous les gaz étrangers. Une heure après, l'hydrogène est remplacé par un courant d'azote et la mousse de platine se refroidit dans ce gaz inerte.

Pendant toute la durée de l'expérience, de l'azote pur et sec traverse l'espace annulaire. En employant cet artifice, on peut chauffer le tube sans craindre que les gaz du foyer puissent pénétrer au travers de la paroi de platine.

Enfin le gaz qui doit arriver dans le tube de platine est

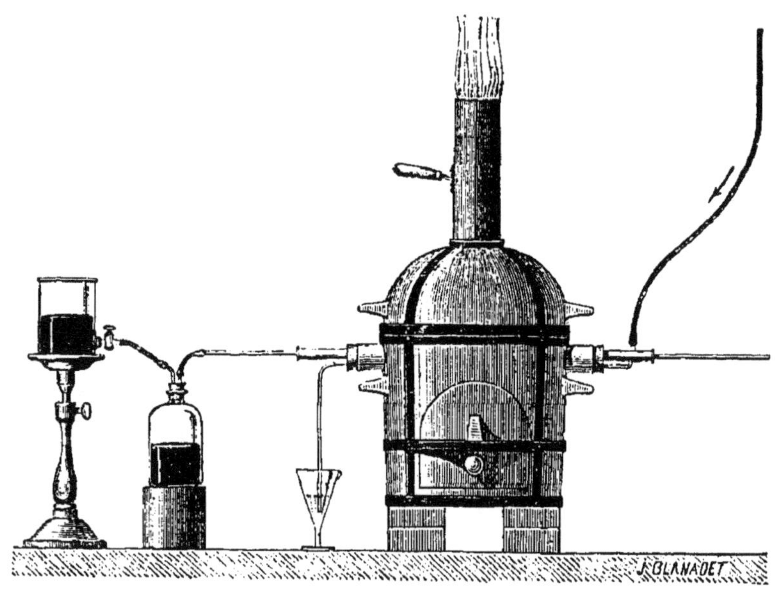

FIG. 2.

déplacé du flacon qui le renferme au moyen de mercure sec, en employant les précautions indiquées par M. Berthelot dans ses études de calorimétrie. La figure montre nettement la disposition très simple qui permet à volonté d'arrêter ou de régler le courant gazeux.

Dans quelques expériences, faites avec le trifluorure de phosphore et le fluorure de silicium, l'appareil producteur de gaz pur et sec pouvait être mis en communication directe avec le tube de platine; mais, dans ce cas, un robinet à trois voies placé sur le passage du gaz pouvait servir à un moment donné à isoler l'appareil de platine. Le courant gazeux de trifluorure de phosphore ou de fluorure de silicium se rendait alors sur une petite cuve à mercure qui n'est pas indiquée sur la figure précédente.

Trifluorure de phosphore.

Lorsque l'appareil est monté, ainsi que nous l'avons indiqué précédemment, on porte le tube de platine au rouge et l'on déplace lentement, par le mercure, du gaz trifluorure de phosphore, desséché au moyen de potasse caustique refondue au creuset d'argent. L'appareil étant rempli de trifluorure, si l'on arrête le courant gazeux, un vide partiel se produit; le fluorure phosphoreux est absorbé par le platine.

L'expérience est différente si l'on emploie un courant rapide de gaz ; il se produit alors une petite quantité de pentafluorure de phosphore, instantanément absorbable par l'eau, ce qui indique qu'une partie du fluor mis en liberté s'est reportée sur l'excès de trifluorure. La réaction semble donc tout d'abord être la même que celle produite par l'étincelle d'induction sur le trifluorure de phosphore.

Cependant le gaz que l'on obtient dans ces conditions présente quelques réactions particulières. Il décompose de suite une solution d'iodure de potassium et y met en liberté de l'iode, qui colore fortement le chloroforme; il attaque le mercure. Enfin, recueilli dans une ampoule de verre desséchée, il la dépolit en peu de temps. Si l'on ouvre ensuite cette ampoule, il se forme sur l'eau un léger dépôt de silice, indiquant l'existence d'une petite quantité de fluorure de silicium. Le gaz employé, essayé avant l'expérience, ne fournissait pas trace de silice en présence de l'eau. Nous insisterons plus loin sur les précautions à prendre pour éviter les composés du silicium dans la préparation du trifluorure de phosphore.

Si l'on fait passer le gaz qui a traversé le tube de platine dans une solution d'iodure de potassium additionnée d'empois d'amidon, il se produit une intense coloration bleue. Mais ici nous devons faire des réserves. La décomposition d'un semblable mélange est produite par un grand nombre de réactifs. Il fallait donc étudier tout d'abord l'action des deux fluorures de phosphore sur cet iodure de potassium.

Le trifluorure de phosphore, en présence du mélange d'empois d'amidon et d'iodure de potassium s'absorbe très lentement; il ne donne une coloration qu'après quelques heures. Le pentafluorure fournit une teinte rouge lie de vin, qui finit par passer au violet. Enfin un mélange de ces deux gaz renfermant un excès de trifluorure ne donne pas de coloration instantanée, ce qui a lieu avec le gaz dont nous parlions plus haut. Malgré cela, je ne regarde pas cette expérience comme concluante : cette réaction colorée est produite si facilement, comme je le disais plus haut, qu'il est bon de s'en défier. Ce qui nous a semblé le plus net est encore l'attaque du mercure et du verre.

Je ne pense pas, du reste, que cette réaction puisse jamais fournir un dédoublement complet en fluor et en phosphore; en voici la raison. Cette expérience sur l'action du platine m'a démontré que, non seulement le phosphore était fixé par le métal et qu'il se formait un phosphure de platine, mais encore que le fluor était retenu aussi, même à haute température. Si l'on prend la mousse de platine, qui a été chauffée dans le trifluorure de phosphore, on voit qu'elle a changé d'aspect. Elle est lourde, en partie fondue; vient-on à la chauffer dans un vase de plomb, en présence de l'acide sulfurique, il se dégage de l'acide fluorhydrique.

Il y a donc eu fixation, non seulement du phosphore, mais aussi du fluor. C'est ce qui explique que, lorsque l'expérience marche lentement, la pression du gaz diminue dans l'appareil. Si le courant gazeux est rapide, une petite quantité de fluor mise en liberté est entraînée, quitte la paroi chauffée où est la mousse de platine, et peut alors être décelée.

Le phosphure, ou plutôt le fluophosphure de platine fondu, qui reste après l'expérience, renferme environ de 70 à 80 pour 100 de platine.

Chaque expérience exige un nouveau tube de platine. Aussitôt qu'il s'est produit quelques grammes de phosphure, l'appareil est perdu. Il arrive parfois, si la température n'est pas très élevée, que le métal se recouvre d'une matière cristalline ; dès qu'on le porte au rouge vif, il fond alors sur une longueur de plusieurs centimètres.

L'action du trifluorure de phosphore sur la mousse de platine a été répétée trois fois dans un tube de même métal. Les résultats ont toujours été identiques. Pour bien se rendre compte de la formation du pentafluorure de phosphore, on a repris cette expérience dans un tube de cuivre rouge contenant, comme précédemment, de la mousse de platine. Dans ce cas, le gaz recueilli n'attaque plus le mercure, mais il est encore formé d'un mélange de trifluorure et de pentafluorure. Il est facile de doser ce dernier corps en mettant le gaz, recueilli sur le mercure, au contact d'une petite quantité d'eau. Dans ces conditions, le pentafluorure de phosphore est de suite absorbé et, si l'on ajoute de la potasse, le trifluorure disparaît à son tour.

Voici deux analyses du gaz ainsi recueilli :

	cc	cc
Gaz recueilli sur le mercure..............	45,0	48,0
Après absorption par l'eau................	39,2	40,1
Après action de la potasse................	0,4	0,5

Le résidu était formé d'azote et ne renfermait pas d'oxygène. La petite quantité de ce dernier gaz qui pouvait se trouver dans l'appareil avait en effet été transformée en oxyfluorure de phosphore PF^3O absorbable par l'eau.

On voit donc que, par son passage sur la mousse de platine, le trifluorure nous a fourni 12,80 pour 100 de pentafluorure de phosphore.

Pentafluorure de phosphore.

Les résultats fournis par l'action du pentafluorure de phosphore sur le platine au rouge sont beaucoup plus nets que ceux donnés par le trifluorure. J'ai obtenu dans ces expériences un certain nombre de réactions importantes sur lesquelles tout d'abord je n'ai rien publié, car leur explication ne pouvait être donnée avec certitude que lorsqu'on connaîtrait les propriétés du fluor.

Le gaz pentafluorure de phosphore employé dans ces recherches avait été préparé par l'action du brome sur le trifluorure de phosphore. Ce gaz était absolument sec, car il n'attaquait pas le verre des flacons dans lesquels il était conservé.

Il était pur, entièrement absorbable, sur la cuve à mercure, par l'eau privée d'air, sauf un onglet presque imperceptible ; enfin, le liquide obtenu dans ces conditions ne contenait pas de brome.

L'appareil avait été disposé comme précédemment et l'on avait eu soin de ne répartir la mousse de platine que sur une longueur de 10^{cm} environ, de façon que cette substance soit entièrement portée au rouge. De plus, un serpentin en plomb, traversé par de l'eau à 0°, refroidissait le tube de platine aussitôt sa sortie du fourneau. Ce dernier était fortement chauffé par un feu de coke en menus morceaux, activé par un bon tirage.

Voici les conditions dans lesquelles on a fait l'expérience. Le tube plein d'azote renfermant la mousse de platine était porté au rouge vif; on balayait l'appareil par un rapide courant de pentafluorure de phosphore, puis on modérait l'arrivée du gaz. Cinq minutes plus tard, on faisait passer le pentafluorure avec une vitesse plus grande et l'on étudiait alors les propriétés du gaz qui se dégageait à l'extrémité du tube de platine. Pour cela on avait placé au préalable plusieurs corps solides dans des tubes de verre portant un petit renflement sphérique à leur extrémité. Ces tubes à essais avaient un diamètre tel que l'ajutage de platine qui terminait l'appareil pouvait pénétrer avec facilité jusqu'à la sphère, c'est-à-dire au contact même du corps solide à étudier. Ces petits tubes, séchés d'abord à l'étuve à 100°, avaient été placés ensuite sous une cloche contenant de la potasse caustique. On en prenait un au moment même de faire chaque expérience.

Si l'on place un fragment d'iodure de potassium sec au contact du gaz qui se dégage par le petit tube de platine, il devient immédiatement noir: de l'iode est mis en liberté.

Le silicium cristallisé perd aussitôt son brillant, noircit nettement, sans présenter cependant aucun phénomène d'incandescence. Seulement le tube à essai retiré, bouché avec le doigt, puis porté sur la cuve à eau, indique la présence du fluorure de silicium. Le pentafluorure de phosphore analysé précédemment ne donnait pas de dépôt de silice au contact de l'eau.

Du phosphore sec s'est enflammé au contact du gaz.

Du mercure brillant a noirci ; enfin le verre a été attaqué avec formation de fluorure de silicium.

Cette expérience de la décomposition partielle du pentafluorure de phosphore a été répétée deux fois dans un tube de platine et les résultats ont été les mêmes.

Tous ces caractères indiquent bien que le gaz obtenu présente des réactions plus énergiques que celles du pentafluorure de phosphore. L'attaque lente du silicium, l'inflammabilité du phosphore, l'attaque du mercure différencient nettement les propriétés de ce gaz de celles du pentafluorure. Mais, en réalité, le nouveau gaz actif dégagé dans cette décomposition est noyé dans un excès de pentafluorure.

C'est d'ailleurs grâce à cela qu'il a pu échapper à l'action du platine chaud, de telle sorte que, si ces expériences étaient faites pour nous encourager, elles étaient loin cependant de résoudre la question de l'isolement du fluor. Elles semblaient démontrer plutôt l'inutilité des réactions entreprises à haute température.

Fluorure de silicium.

Il était à espérer qu'au rouge vif le fluorure de silicium pourrait, en présence de la mousse de platine, former du siliciure de platine facilement fusible et du fluorure de platine qui, grâce à la température élevée, se dédoublerait en platine et en fluor.

Cette expérience a été réalisée avec le dispositif précédent et a fourni un gaz dont une seule propriété semblait différente de celles du fluorure de silicium. Le mélange gazeux attaquait en effet légèrement le mercure : 100^{cc} mesurés dans une éprouvette de verre ont diminué de 2^{cc} en douze heures au contact du mercure et la surface brillante de ce dernier a été noircie et couverte de crasse. En même temps la paroi de l'éprouvette était dépolie.

Le fluorure de silicium employé dans ces expériences était préparé dans un vase de verre à parois épaisses, par l'action de l'acide sulfurique pur sur un mélange de fluorure de calcium et de silice, cette dernière provenant de la préparation de l'acide fluosilicique. Le gaz obtenu, qui renfermait encore de l'acide fluorhydrique, passait dans un tube rempli de coton de verre et maintenu au rouge sombre. Grâce à cette disposition, on peut obtenir avec facilité du fluorure de silicium exempt de vapeurs d'acide fluorhydrique.

Cette expérience a été variée de différentes façons : on a fait passer, par exemple, sur de la mousse de platine portée au rouge, un mélange de fluorure de silicium et d'oxygène préparé par le bioxyde de manganèse et l'acide sulfurique. Le gaz recueilli n'était pas doué de propriétés nouvelles.

Nous avons alors reporté à nouveau nos efforts vers l'action du courant électrique sur quelques composés fluorés liquides, étude qui fait le sujet des paragraphes suivants.

ÉLECTROLYSE DU FLUORURE D'ARSENIC.

Ainsi que je le faisais remarquer dans les généralités de cet ouvrage, le fluorure d'arsenic, corps liquide à la température ordinaire, composé binaire formé d'un corps solide, l'arsenic, et d'un corps vraisemblablement gazeux, le fluor, paraissait devoir se prêter dans d'excellentes conditions à des expériences d'électrolyse. Aussi, dès le début de mes recherches sur les combinaisons du fluor et des métalloïdes, avais-je tenté cette expérience.

Du fluorure d'arsenic, bien pur, avait été placé dans un creuset de platine, qui servait d'électrode négative annulaire. Un fil de platine de petit diamètre, relié au pôle positif d'une pile, arrivait au milieu du creuset suivant son axe et s'arrêtait à un demi-centimètre du fond. Si l'on fait agir dans ces conditions le courant produit par 3 éléments Grenet, on voit l'arsenic former une couche noire sur la surface du creuset, mais aucun gaz ne se dégage au pôle positif. Cependant, si l'on trempe le fil de platine dans une solution d'iodure de potassium additionnée d'empois d'amidon, on obtient des stries bleues qui tombent lentement au fond du verre, indiquant la décomposition du sel et la mise en liberté de l'iode. Vient-on à répéter cette expérience, en plaçant dans le mélange d'iodure de potassium et d'amidon, l'électrode négative ou un fil de platine trempé dans le fluorure d'arsenic, on n'obtient aucune coloration violette. Cette expérience, répétée une quinzaine de fois, et avec des échantillons différents de fluorure d'arsenic, a toujours fourni des résultats identiques. Il se forme donc autour du fil de platine une petite gaine gazeuse ayant la propriété de décomposer l'iodure de potassium.

L'expérience étant disposée ainsi que nous venons de l'indiquer, nous avons alors fait agir sur le fluorure d'arsenic le courant fourni par 25 éléments Bunsen montés en série. L'arsenic se dépose rapidement sur le creuset, tandis qu'il se dégage bulle à bulle un corps gazeux autour du fil de platine. Malheureusement le fluorure d'arsenic conduit mal l'électricité, la réaction est assez lente ; de plus, l'arsenic qui se dépose sur le platine est un corps mauvais conducteur qui interrompt le courant et, par conséquent, la décomposition. Après quelques minutes, l'expérience s'arrête. La surface du fil de platine formant le pôle positif est corrodée par le gaz qui se dégage. On sait qu'il en était de même dans les expériences de Fremy, sur la décomposition des fluorures métalliques par l'électricité.

Encouragé par ce premier résultat, j'ai porté aussitôt tous mes efforts sur ces essais d'électrolyse du fluorure d'arsenic. J'ai essayé tout d'abord de rendre ce liquide meilleur conducteur en l'additionnant soit d'acide fluorhydrique anhydre, soit d'un fluorure métallique. Parmi les nombreux essais tentés dans cette voie, j'avais remarqué que le fluorhydrate de fluorure de potassium était le composé qui semblait donner les meilleurs résultats.

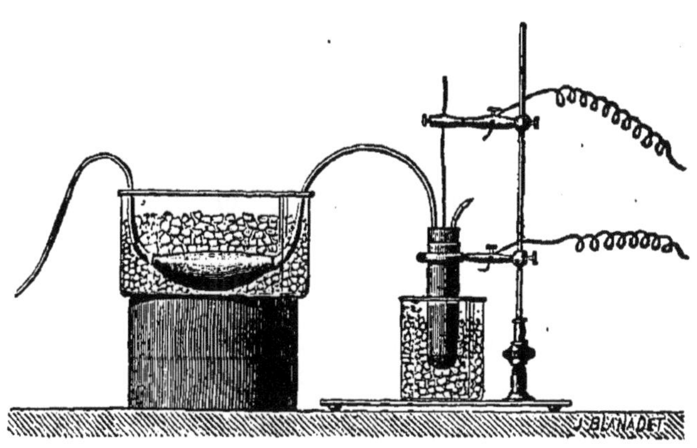

Fig. 3.

J'avais varié en même temps la disposition de l'appareil et je me servais à cette époque de vases de plomb, fermés, portant un tube abducteur, sur la forme desquels je n'insisterai pas.

J'ai interrompu plusieurs fois ces recherches sur le fluorure d'arsenic, mais j'étais cependant toujours ramené à cette question par l'espérance de vaincre les difficultés et de scinder le fluorure d'arsenic en arsenic solide et en fluor.

Finalement, je suis arrivé à électrolyser ce composé d'une façon continue, grâce au courant fourni par 70 à 90 éléments Bunsen.

L'appareil (*fig.* 3) dans lequel se fait l'expérience se compose d'un tube à essai en platine, fermé par un bouchon en liège paraffiné portant deux tubes de dégagement en platine. Le premier, simplement recourbé à angle droit, permettra de remplir l'appareil d'azote pur ; il sera fermé ensuite pendant la durée de l'expérience. Le second met le tube à essai en communication avec un petit réfrigérant en platine, de forme allongée, dans lequel se condenseront les vapeurs de trifluorure d'arsenic. Ce réfrigérant porte un autre tube de platine, deux fois recourbé à angle droit, qui peut amener le gaz sur une petite cuve remplie de mercure. Un anneau métallique, isolé par une tige de verre, entoure le tube à essai et permet de le mettre en communication avec le pôle négatif de la pile. Enfin une tige de platine, traversant le bouchon paraffiné et s'arrêtant à 1^cm^ environ du fond du tube à essai, servira d'électrode positive.

Le fluorure d'arsenic était préparé en chauffant dans une cornue de verre, en présence d'un excès d'acide sulfurique, un mélange à poids égaux d'acide arsénieux et de fluorure de calcium. On condensait les vapeurs dans un appareil de plomb et l'on rectifiait ensuite rapidement le liquide obtenu dans un alambic de platine, en ne recueillant que ce qui distillait entre 60° et 65°.

Lorsque ce fluorure était placé dans le tube à essai en platine, on entourait ce dernier, ainsi que le petit réfrigérant, de glace pilée. On faisait passer ensuite dans tout l'appareil un courant d'azote pur et sec, puis on fermait, en l'écrasant, le premier petit tube de platine, et l'appareil était alors prêt à fonctionner.

En employant le courant fourni par 70 à 90 éléments Bunsen, la décomposition est continue. Un bruissement assez fort se fait entendre dans l'appareil ; l'arsenic qui se dépose reste en suspension dans le liquide et n'adhère pas à la paroi du tube à essai, de sorte qu'il ne forme pas de couche mauvaise conductrice capable d'interrompre le courant.

Les résultats de l'expérience sont différents, suivant que le fluorure d'arsenic que l'on emploie a été ou n'a pas été rectifié après sa préparation. Nous n'avons pas besoin de rappeler que le fluorure d'arsenic doit être conservé à l'abri de l'humidité, que c'est un corps hygroscopique et miscible avec l'eau en toutes proportions.

Lorsque l'on soumet à un courant électrique intense le fluorure d'arsenic non rectifié, en même temps que l'arsenic se dépose, il se dégage, d'une façon continue, un corps gazeux n'agissant pas sur le silicium amorphe ou cristallisé et ne décomposant pas l'iodure de potassium sec ou en solution. Ce gaz présente toutes les propriétés de l'oxygène ; il est comburant, s'absorbe par le phosphore à froid et à chaud et se combine dans l'eudiomètre avec un volume double d'hydrogène pour former de l'eau.

Les analyses suivantes, exécutées sur des échantillons de gaz recueillis à la fin de l'expérience, démontrent bien que l'on obtient dans ce cas un dégagement lent, mais régulier, d'oxygène pur :

	I	II
Recueilli sur l'eau	17,2	24,6
Après action de la potasse	17,2	24,6
Après action du pyrogallate de potasse	0,3	0,6

Le gaz restant était incombustible.

Il a été possible, dans une semblable expérience, d'obtenir environ 300^{cc} à 400^{cc} d'oxygène. Comme le gaz recueilli ne renferme pas d'hydrogène, il est à penser qu'il existe, mélangé au trifluorure, un oxyfluorure d'arsenic qui se décompose dans cette électrolyse.

Si, en effet, l'on répète l'expérience avec du trifluorure d'arsenic bien rectifié et dont le point d'ébullition soit exactement de 63°, les résultats sont tout différents.

La décomposition du fluorure se produit bien d'une façon continue : nous trouverons dans le tube à essais un dépôt pulvérulent d'arsenic ; mais il ne se dégagera aucun gaz. Un manomètre, placé à la suite de l'appareil, n'indiquera pas d'augmentation de pression.

Pour nous rendre compte de cette expérience, nous avons alors repris le dispositif du creuset de platine que nous avons décrit au début de ce chapitre, et nous avons regardé ce qui se produisait. Aussitôt que le courant fourni par les 70 éléments traverse le liquide, l'arsenic se dépose sur la paroi de platine et d'abondantes bulles gazeuses se forment autour de la tige de platine. Seulement on peut voir ces bulles diminuer de diamètre à mesure qu'elles traversent le fluorure d'arsenic, de sorte que, lorsqu'elles arrivent à la surface du liquide, elles n'ont plus qu'un volume presque imperceptible.

La décomposition du fluorure d'arsenic se produit donc bien, mais le gaz formé autour de l'électrode négative est absorbé aussitôt par le trifluorure qui, sans doute, passe à l'état de pentafluorure.

L'expérience pourrait-elle être continuée avec succès lorsque la majeure partie du trifluorure sera transformée en pentafluorure? Cela n'est pas probable. Il est à croire que ce pentafluorure, si l'on pouvait ainsi le produire en assez grande quantité, réagirait à son tour sur l'arsenic pulvérulent qui est en suspension dans le liquide et l'attaquerait pour régénérer du trifluorure.

Nous étions arrivé dès lors à comprendre et à expliquer l'action du courant sur le trifluorure d'arsenic ; ayant essayé vainement de préparer par des procédés chimiques un pentafluorure d'arsenic, il ne nous restait plus qu'à continuer ces recherches sur un autre composé fluoré.

J'ajouterai que, si cette étude, poursuivie pendant longtemps, ne m'a pas donné le fluor, elle m'a fourni de précieux renseignements sur l'électrolyse des composés fluorés liquides ; elle m'a habitué à ces expériences délicates et m'a conduit enfin à la décomposition de l'acide fluorhydrique anhydre.

ÉLECTROLYSE DE L'ACIDE FLUORHYDRIQUE.
PRÉPARATION DU FLUOR.

Il était impossible d'utiliser, dans ces nouvelles recherches, l'appareil qui nous avait servi (*fig.* 3, *p.* 32) dans l'électrolyse du fluorure d'arsenic. L'acide fluorhydrique étant formé de deux corps gazeux, l'hydrogène et le fluor, il fallait les séparer au moment même de leur production. Nous avons alors employé un tube en U, en platine, dont chaque branche était fermée par un bouchon de liège enduit de paraffine. Ces deux bouchons portaient, suivant leur axe, une tige de platine qui amenait le courant et qui s'arrêtait à environ + 0^{cm},5 de la partie arrondie du tube en U. Sur chaque branche et au-dessous du bouchon était soudé un petit tube abducteur en platine, qui devait permettre aux gaz produits de se dégager. Enfin, comme l'acide fluorhydrique anhydre bout à + 19°,5 et qu'il était très important de faire passer le courant dans un liquide dont la température fût aussi éloignée que possible de son point d'ébullition, l'appareil était plongé dans un bain de chlorure de méthyle. On sait que cet éther se maintient en ébullition tranquille à — 23° et qu'en activant son évaporation par un courant d'air sec, on peut l'amener avec facilité à — 50°. Dans ces conditions, la différence de température entre + 19°,5 et — 50° est telle, que l'on peut tenter l'électrolyse sans craindre de noyer le gaz produit dans un grand excès de vapeurs d'acide fluorhydrique.

De plus, si le fluor est un élément possédant de grandes affinités chimiques, il est naturel de chercher à les atténuer autant que possible par un notable abaissement de température.

Lorsque l'acide fluorhydrique (et nous verrons plus loin quels soins demande sa préparation) renferme une petite quantité d'eau, soit par manque de précaution, soit qu'on l'ait ajoutée avec intention, il se dégage tout d'abord, au pôle positif, de l'ozone qui n'exerce aucune action sur le silicium cristallisé. Au fur et à mesure que l'eau contenue dans l'acide est ainsi décomposée, on remarque, grâce à un ampère-mètre placé dans le circuit, que la conductibilité du liquide décroît rapidement. Avec de l'acide fluorhydrique absolument anhydre, le courant ne passe plus. Dans plusieurs de nos expériences, nous sommes arrivé à obtenir un acide anhydre tel, qu'un courant de 35 ampères, fourni par 50 éléments Bunsen, était totalement arrêté.

Ce fait avait été établi d'ailleurs par Faraday puis vérifié par M. Gore et par d'autres savants.

En résumé, cette expérience nous démontre :

1° Que l'acide fluorhydrique anhydre ne conduit pas le courant ;

2° Que si l'acide fluorhydrique contient une petite quantité d'eau, cette dernière est décomposée tout d'abord et qu'il ne reste finalement dans l'appareil que de l'acide anhydre.

Nous souvenant alors des expériences tentées sur le fluorure d'arsenic, nous avons additionné l'acide fluorhydrique de fluorhydrate de fluorure de potassium bien sec. Nous rappellerons que les analyses de ce composé, faites par Berzélius, par

Fremy, par M. Gore et par M. Guntz, conduisent exactement à la formule KF, HF.

Si, dans un creuset de platine contenant l'acide anhydre, on ajoute des fragments de fluorhydrate, on les voit disparaître avec rapidité. Le fluorhydrate de fluorure de potassium est en effet très soluble dans l'acide fluorhydrique anhydre.

Plaçons ce liquide dans le petit appareil que nous avons décrit précédemment et faisons passer le courant. On remarque de suite qu'un corps gazeux se produit à chaque électrode. Un manomètre, mis en communication avec le tube abducteur de la branche positive, démontre nettement que le dégagement de gaz est continu. Cependant, le silicium cristallisé, placé auprès de l'ouverture du tube, ne prend pas feu.

Il se produit, par le petit tube de platine correspondant au pôle négatif, un dégagement régulier d'hydrogène pur, ne colorant pas une solution de pyrogallate de potasse.

Ce qui nous a frappé tout d'abord, dans cette expérience, c'est que, après quinze minutes, après soixante minutes, un courant de 35 ampères passait encore avec la même facilité : la décomposition était continue. Nous étions loin déjà de nos premières expériences sur le fluorure d'arsenic.

L'appareil fut démonté une heure plus tard ; le bouchon de liège, enduit de paraffine, qui se trouvait fermer la branche négative et qui avait été en contact d'hydrogène saturé de vapeurs d'acide fluorhydrique, était absolument intact. L'autre bouchon, au contraire, était carbonisé sur une profondeur de 1 cm. au moins. Cette expérience me parut très concluante ; il s'était dégagé, au pôle positif, un gaz qui avait agi sur le liège d'une façon beaucoup plus active que le chlore, qui l'avait détruit pour s'emparer de l'hydrogène. L'électrode positive de platine était fortement corrodée, mais la partie annulaire du tube de platine, se trouvant au-dessus du niveau de l'acide fluorhydrique, ne paraissait pas endommagée. La tige de platine du pôle négatif n'avait pas été attaquée ; on distinguait très bien à sa surface les stries parallèles dues à son passage à la filière.

Évidemment un corps gazeux, doué de propriétés énergiques, avait été produit au pôle positif. J'arrivai ainsi, après trois années de recherches, à la première expérience importante sur l'isolement du fluor.

Je fis faire aussitôt des bouchons en fluorine, qui entraient à frottement doux dans les branches du tube et qui laissaient passer, suivant leur axe, les électrodes de platine. Lorsque ces bouchons étaient ajustés, on les enduisait de gutta-percha fondue. Après avoir rempli le tube en U d'acide fluorhydrique comme précédemment, l'expérience fut répétée. Le courant passa tout aussi bien ; mais, après quelques minutes, la gutta-percha, qui se trouvait du côté de l'électrode positive, fut liquéfiée sur certains points et mise hors de service. On fit l'expérience à nouveau avec de la gomme laque : le résultat fut identique. On tenta différents essais, qui tous furent inutiles ; et, comme chaque expérience exigeait la préparation d'acide fluorhydrique anhydre pur et la mise en marche d'une pile de 30 à 50 éléments, on comprendra aisément le temps perdu par ces expériences préliminaires. L'acide fluorhydrique est en effet un liquide qui attire l'humidité de l'air avec tant d'énergie, qu'il est très difficile de le conserver à l'état anhydre dans un flacon de platine. Comme nous avions besoin dans ces expériences d'un acide absolument exempt d'eau, je m'étais donc arrêté au seul procédé possible, celui qui consiste à le préparer au moment même de chaque expérience.

N'espérant pas trouver d'isolant convenable, je pensai alors à employer une fermeture gazeuse et à visser les bouchons sur l'ouverture de chaque branche du tube en U. J'estimais que la gaine gazeuse, comprise dans le pas de vis, empêcherait le gaz actif, dégagé au pôle positif, de se rendre jusqu'au corps isolant, et j'espérais ainsi obtenir une fermeture hermétique ne présentant que des surfaces de fluorine et de platine.

Description de l'appareil. — L'appareil se compose d'un tube de platine (*fig.* 4), deux fois recourbé à angle droit, de $1^{cm},5$ de diamètre et d'une hauteur de $9^{cm},5$. Les deux extrémités sont

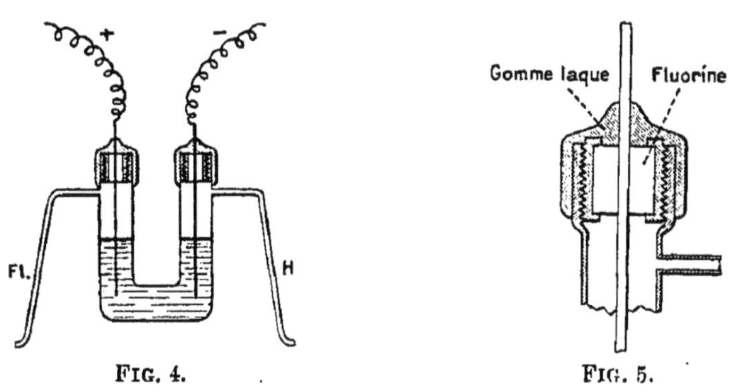

FIG. 4. FIG. 5.

fermées par des bouchons à vis formés d'un cylindre de spath fluor serti avec soin dans un cylindre creux de platine portant un pas de vis extérieur. Ce pas de vis compte 14 spires sur une hauteur de 12^{mm} (*fig.* 5). Chaque cylindre de fluorine laisse passer suivant son axe une tige carrée de platine de 2^{mm} de côté et de 12^{cm} de long, s'arrêtant à environ 3^{mm} du fond du tube. Cette tige, dans nos premiers essais, était en platine iridié à 10 pour 100 d'iridium, cet alliage étant un peu moins attaquable que le platine pur; elle plonge, par son extrémité inférieure, dans le liquide à électrolyser. Enfin deux tubes abducteurs en platine, soudés à chaque branche du tube en U, un peu au-dessous des bouchons et au-dessus par conséquent du niveau du liquide, permettaient au gaz dégagé par l'action du courant de s'échapper au dehors.

Cet appareil de platine est maintenu au moyen d'un bouchon de liège dans un vase cylindrique de verre, rempli de chlorure de méthyle (*fig.* 6). Deux tubes permettent, l'un l'arrivée d'un

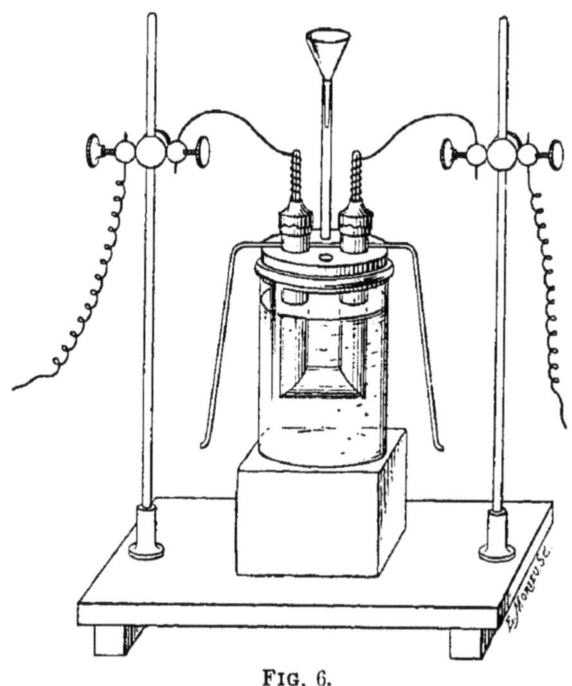

FIG. 6.

courant d'air sec, l'autre une aspiration plus ou moins rapide déterminée par une trompe. Lorsque le tube amenant l'air sec plonge dans le chlorure de méthyle, il est facile, en activant l'évaporation, d'obtenir un froid de — 50°; lorsque, au contraire, ce tube ne fait qu'affleurer le liquide et que le courant d'air est modéré, on maintient l'éther à une température constante de — 23°. Aussitôt que le niveau du chlorure de méthyle baissait dans le cylindre de verre, on détachait le tube de caoutchouc amenant l'air sec et, au moyen d'un entonnoir, on remplissait de nouveau l'appareil. On peut aussi, et cela est plus commode, réunir le siphon à l'appareil, au moyen d'un tube épais de caoutchouc, et le maniement de la vis du siphon permet d'amener le chlorure de méthyle liquide dans le cylindre de verre. On évite dans ce cas de répandre dans l'air d'abondantes vapeurs de chlorure de méthyle, qui finissent par incommoder, surtout lorsque l'expérience doit durer plusieurs heures. Nous ajouterons qu'il est indispensable de disposer l'appareil sous une hotte pourvue d'un bon tirage et dans une pièce suffisamment aérée.

Les deux tiges de platine iridié servant d'électrodes étaient mises en communication, au moyen d'un gros fil de platine contourné en spirale, avec les pôles de la pile. Deux tiges de verre, disposées ainsi que l'indique la figure, supportaient deux petits cylindres de cuivre qui, au moyen de vis de pression, réunissaient les fils conducteurs. Un commutateur Bertin permettait d'interrompre le courant à volonté, et un ampèremètre, placé dans le circuit, fournissait les indications nécessaires sur l'intensité du courant et sur la conductibilité du liquide.

Préparation du fluorhydrate de fluorure de potassium et de l'acide fluorhydrique anhydre. — Nous avons préparé l'acide fluorhydrique par le procédé de Fremy, en prenant les plus grandes précautions pour obtenir ce composé anhydre.

On prend un volume connu d'acide fluorhydrique du commerce, préparé avec soin, et l'on en neutralise le quart, au moyen d'une solution de potasse à l'alcool, ou mieux de carbonate de potasse pur, obtenu par le bicarbonate. Les deux parties sont ensuite mélangées, et l'on distille le tout au bain d'huile à 120° dans une cornue de plomb. A cette température le fluosilicate de potassium n'est pas décomposé et l'on recueille un acide débarrassé de la silice que l'acide fluorhydrique du commerce renferme en notable quantité.

Cet acide est alors divisé en deux parties, et l'on en sature exactement la moitié par du carbonate de potasse pur. La solution de fluorure neutre de potassium ainsi obtenue est additionnée de l'autre portion d'acide fluorhydrique et transformée en fluorhydrate de fluorure. Ce dernier sel est desséché au bain-marie à 100°, et la capsule de platine qui le contient est placée ensuite dans le vide en présence d'acide sulfurique concentré et de deux ou trois bâtons de potasse fondue au creuset d'argent. L'acide et la potasse sont remplacés tous les matins pendant quinze jours, et le vide est constamment maintenu dans les cloches à $0^m,02$ de mercure environ.

Il faut avoir soin, pendant cette dessiccation, de pulvériser de temps en temps le sel dans un mortier de fer, afin de renouveler les surfaces; lorsque le fluorhydrate ne contient plus d'eau, il tombe en poussière et peut alors servir à préparer l'acide fluorhydrique. Il est à remarquer que le fluorhydrate de fluorure de potassium bien préparé n'est pas déliquescent comme le fluorure.

Ce fluorhydrate sec est introduit rapidement dans un alambic en platine, que l'on a séché en le portant au rouge peu de temps auparavant. On le maintient à une douce température pendant une heure ou une heure et demie, de façon que la décomposition commence très lentement; on perd cette première portion d'acide fluorhydrique qui entraîne avec elle les petites traces d'eau absorbée par ce sel pendant la manipulation. Le récipient de platine est alors adapté à la cornue, et l'on chauffe plus fortement, tout en conduisant la décomposition du fluorhydrate avec une certaine lenteur (*fig.*7). On entoure ensuite le récipient d'un mélange de glace et de sel, et, à partir de ce moment, tout l'acide fluorhydrique est condensé et fournit un liquide limpide, bouillant à 19°,5, très hygroscopique et produisant, comme l'on sait, d'abondantes fumées en présence de l'humidité de l'air.

L'acide fluorhydrique obtenu avec cet appareil renferme

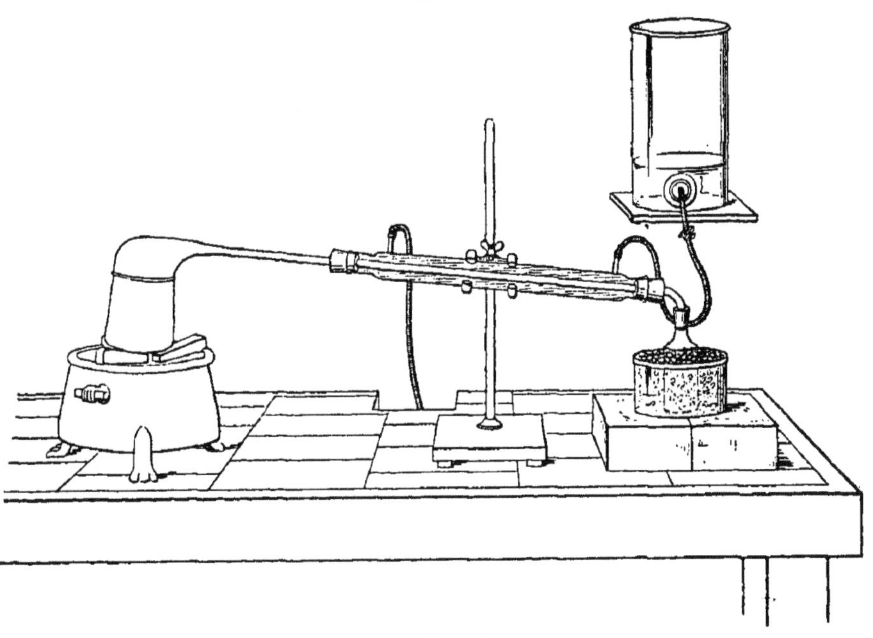

FIG. 7.

parfois une petite quantité de fluorure alcalin qui a été entraînée par les vapeurs acides au moment de la décomposition du sel. Nous n'avons pas cherché à éviter la présence de ce fluorure puisqu'il permet de rendre l'acide conducteur. Lorsque l'on veut obtenir l'acide fluorhydrique pur, il faut employer un alambic en platine beaucoup plus grand, mis en communication avec un long tube de platine que l'on ne refroidit pas et que l'on maintient incliné du côté de la cornue. Les vapeurs acides se rendent ensuite dans un flacon de platine dont la base seulement est entourée de glace.

Conduite de l'expérience. — Pendant la préparation de l'acide fluorhydrique, le tube en U en platine et les électrodes ont été desséchés à l'étuve à la température de 120°. On introduit ensuite dans l'appareil environ 6 à 7^{gr} de fluorhydrate de fluorure de potassium bien privé d'eau. Les bouchons sont vissés avec soin et recouverts d'une couche de gomme laque que l'on rend facilement uniforme en la chauffant avec une petite flamme effilée. Le tube en U est fixé au moyen d'un bouchon de liège dans le vase de verre cylindrique et, jusqu'au moment de l'introduction de l'acide fluorhydrique, les tubes abducteurs sont reliés à des éprouvettes desséchantes contenant de la potasse fondue. On fait enfin arriver le chlorure de méthyle, que l'on maintient en ébullition tranquille, c'est-à-dire à — 23°. Une température plus élevée, de — 10°, par exemple, est insuffisante; les gaz dégagés à chaque pôle sont alors noyés dans un excès de vapeurs acides.

Pour introduire l'acide fluorhydrique dans ce petit appareil, on peut le faire monter par un des tubes latéraux, au moyen de l'aspiration produite par une fontaine à mercure, soit dans le récipient même où il s'est condensé, soit dans un petit flacon de platine. Nous avons employé dans chaque expérience de 15^{gr} à 16^{gr} d'acide.

Dans quelques expériences, nous avons condensé directement l'acide fluorhydrique dans le tube en U, entouré de chlorure de méthyle ; mais, dans ce cas, on doit veiller avec soin à ce que les tubes ne s'obstruent pas par de petites quantités de fluorhydrate entraîné, ce qui amène infailliblement une explosion ou des projections toujours très dangereuses avec un liquide aussi corrosif.

Aussitôt que l'on fait passer le courant dans l'appareil, un dégagement gazeux régulier se produit à chaque pôle. Au pôle négatif, on obtient de l'hydrogène brûlant avec une flamme presque invisible, en fournissant de la vapeur d'eau, et dont les caractères peuvent être vérifiés avec facilité. Au pôle positif, il se dégage un gaz paraissant incolore, doué d'une très grande activité chimique, dont nous étudierons les propriétés dans le chapitre suivant (1).

Au début de ces recherches, nous avions employé le courant produit par 50 éléments Bunsen grand modèle. Nous nous sommes aperçu bien vite que des courants aussi forts étaient inutiles et même nuisibles par l'élévation de température qu'ils déterminent. Le courant fourni par 20 éléments Bunsen est suffisant. Je citerai comme exemple l'expérience suivante, qui a fourni de très bons résultats. Commencée à $11^h 30^m$, le courant donnait 21 ampères. En intercalant l'appareil dans le circuit, on ne trouvait plus que $4^{amp},5$. A $2^h 30^m$, le courant avait encore une intensité de 16 ampères et pendant la décomposition il s'abaissait à $3^{amp},5$.

Lorsque l'expérience a duré plusieurs heures et que la quantité d'acide fluorhydrique liquide restant au fond du tube n'est plus suffisante pour séparer les deux gaz, ils se recombinent à froid dans l'appareil avec une violente détonation.

Après l'expérience, si l'on démonte l'appareil, on voit que l'acide fluorhydrique contient en dissolution une petite quantité de fluorure de platine. De plus, une boue noire se trouve en

(1) L'expérience qui nous a permis d'isoler le fluor a été faite, pour la première fois, le 26 juin 1886.

suspension dans le liquide ; cette substance est formée d'un mélange d'iridium et de platine. L'électrode négative n'a pas été attaquée, mais la tige de platine formant le pôle positif est corrodée et se termine en pointe. En général, elle ne peut servir plus de deux fois.

Nous ajouterons aussi que, dans l'électrolyse de l'acide fluorhydrique, on peut obtenir à chaque pôle, en opérant dans de bonnes conditions, un rendement de 1^{lit},5 à 2^{lit} de gaz par heure. L'expérience peut durer facilement trois heures, en l'arrêtant de temps en temps, si l'on emploie une quantité suffisante d'acide fluorhydrique.

Nous avons vu précédemment que le courant n'avait pas d'action sur l'acide fluorhydrique pur. Aussitôt, au contraire, que ce liquide contient du fluorure de potassium en dissolution, la décomposition se produit. Il est probable que ce dernier sel est dédoublé en fluor qui se dégage au pôle positif, et en potassium qui se rend au pôle négatif. Ce métal, aussitôt sa mise en liberté, décompose une portion de l'acide fluorhydrique qui l'entoure, avec dégagement d'hydrogène et en régénérant du fluorure de potassium. C'est ainsi qu'un poids très faible de fluorhydrate de fluorure peut servir à décomposer une quantité relativement grande d'acide fluorhydrique.

Cependant, pour que l'électrolyse se produise dans de bonnes conditions, il est préférable d'ajouter une assez grande quantité de fluorhydrate de fluorure de potassium. Nous avons dit déjà que ce sel était très soluble dans l'acide fluorhydrique anhydre. Il se forme dans ce cas un composé cristallisé plus riche en acide fluorhydrique que le fluorhydrate de fluorure et qui n'abandonne pas d'acide à + 19°,5, température d'ébullition de l'acide anhydre. C'est cette combinaison que l'on doit toujours chercher à produire pour faire des expériences d'électrolyse ; elle est très soluble dans l'acide fluorhydrique, et le liquide ainsi obtenu est bon conducteur de l'électricité.

On pense bien qu'aussitôt les faits précédents établis, nous avons essayé d'électrolyser le fluorhydrate de fluorure de potassium. Ce sel, préparé avec soin, ne renfermant pas de fluorure, mais contenant un peu de sel de sodium, peut fondre à une température assez basse, voisine de + 140°. Il fournit alors un liquide incolore, un peu épais, se prêtant très bien à des essais d'électrolyse.

L'expérience peut se faire dans le tube en U que nous avons décrit plus haut, et l'on recueille au pôle positif un gaz se combinant au silicium avec incandescence. Seulement le fluorhydrate fondu se boursoufle beaucoup sous l'action du courant, une partie se dégage par les tubes abducteurs. De plus, à cette température de + 140°, le platine est très fortement attaqué, et nous avons dû arrêter la décomposition, de peur de mettre hors d'usage notre appareil en platine.

Si l'on fait plonger des fils de platine amenant le courant de 10 éléments Bunsen dans du fluorhydrate de fluorure de potassium, maintenu liquide dans une capsule de platine, on voit les gaz se dégager en abondance à chaque pôle, et, lorsqu'ils sont en contact, produire aussitôt, même à l'obscurité, une petite détonation. Les fils de platine sont rongés en quelques minutes.

A propos de la disposition même de notre appareil en platine servant à l'électrolyse de l'acide fluorhydrique, il était à prévoir que l'on pourrait faire, au point de vue physique, l'objection suivante : N'est-il pas à craindre que le courant, au lieu de traverser le liquide à électrolyser, ne passe entre la tige et la paroi de platine, et que, dans chaque branche du tube en U, il ne se dégage un mélange des deux gaz fluor et hydrogène ?

Pour répondre à cette objection, nous avons toujours eu soin que l'extrémité des tiges de platine soit à une distance du fond de l'appareil plus faible que la distance de l'axe du tube à la paroi de platine. Cependant, même lorsque cette précaution n'est pas prise, l'électrolyse de l'acide fluorhydrique fournit toujours au pôle négatif de l'hydrogène pur et au pôle positif un autre gaz dont les propriétés sont entièrement différentes de celle de l'hydrogène.

Si l'on vient, pour se rendre compte de la marche de l'appareil, à électrolyser, dans le tube en U, de l'eau rendue conductrice du courant par de l'acide sulfurique, les résultats sont tout différents. On obtient alors à chaque pôle un mélange d'oxygène et d'hydrogène, non pas dans le rapport des volumes qui correspondent à la composition de l'eau, mais tel que, du côté positif, il y a excès d'oxygène, et, du côté négatif, excès d'hydrogène.

Cette différence entre les deux expériences électrolytiques tient, selon nous, à deux causes. Lorsque l'on électrolyse de l'eau, le mélange d'hydrogène et d'oxygène, formé à chaque pôle, ne se combine pas et se dégage tel quel. Nous verrons plus loin que le gaz actif produit au pôle positif possède la propriété de se combiner à l'hydrogène à froid et à l'obscurité. Par conséquent, dans un semblable mélange, il ne pourra être mis en liberté que l'excès de l'un des deux gaz. Si, du côté négatif, en même temps que de l'hydrogène, il se dégage un peu de fluor, ce dernier prendra aussitôt ce qu'il lui faut d'hydrogène pour régénérer de l'acide fluorhydrique, et il ne sortira par le tube abducteur que l'excès d'hydrogène. Cette action secondaire diminuera alors le rendement, mais permettra d'obtenir des gaz purs à chaque pôle.

La seconde cause qui rend l'électrolyse possible est la suivante.

Quand on a soin d'ajouter dans l'acide fluorhydrique à électrolyser plusieurs grammes de fluorhydrate de fluorure de potassium, qui s'y dissolvent très bien, il se produit sur la paroi de platine, qui se trouve à — 23°, un dépôt cristallin d'une combinaison d'acide fluorhydrique et de fluorhydrate de fluorure, dépôt qui forme une gaine solide, à l'intérieur de laquelle l'électrolyse se produit. C'est ce qui explique que dans une seule expérience la tige de platine du pôle positif soit complètement corrodée, tandis que le tube de platine ne perd de son poids qu'une quantité inappréciable. Si, à la place de 6^{gr} à 7^{gr} de fluorhydrate, nous n'ajoutons dans l'acide à électrolyser que 0^{gr},1 de ce sel, la décomposition se produit encore, mais de petites détonations indiquent pendant toute la durée de l'expérience que le fluor et l'hydrogène se recombinent dans l'appareil, et les rendements, dans ce cas, sont excessivement faibles.

On se rend compte de l'existence de cette couche solide, déposée sur la paroi de platine, en démontant l'appareil au milieu d'une expérience, lorsqu'il est encore plongé dans le chlorure de méthyle.

A la suite de ces premières expériences, nous avons fait creuser un tube en forme de V dans un bloc de fluorine, et nous l'avons fermé, comme le petit tube en U de platine, au moyen de bouchons à vis portant les électrodes. Des tubes latéraux servaient aussi au dégagement des gaz. En électrolysant dans cet appareil, à la température de + 15°, de l'acide fluorhydrique contenant du fluorure de potassium, les gaz produits à chaque pôle étaient mélangés d'une telle quantité de vapeurs d'acide qu'aucune expérience nette n'était possible. Nous avons essayé alors l'électrolyse du fluorhydrate de fluorure de potassium maintenu liquide à + 180°, et en moins d'un quart d'heure la tige de platine du pôle positif était détruite et l'appareil mis hors de service, seulement le dégagement de fluor était beaucoup plus abondant que dans nos premiers essais.

Propriétés du gaz recueilli au pôle positif. — Ainsi que nous venons de le voir précédemment, la décomposition de l'acide fluorhydrique renfermant du fluorhydrate de fluorure de potassium se produit d'une façon continue sous l'action d'un courant électrique. Il se dégage alors : au pôle négatif, un gaz brûlant avec une flamme incolore, et présentant tous les caractères de l'hydrogène ; au pôle positif, un gaz semblant incolore, d'une odeur pénétrante, très désagréable, se rapprochant de celle de l'acide hypochloreux et irritant rapidement la muqueuse de la gorge et les yeux.

Ce gaz est doué de propriétés très actives.

Pour étudier son action sur les corps solides, il suffit de placer ceux-ci dans un petit tube de verre et de les approcher de l'extrémité du tube de platine voisin de l'électrode positive. On peut aussi répéter ces expériences en mettant de petits fragments des corps à étudier sur le couvercle d'un creuset de platine maintenu auprès de l'orifice du tube abducteur.

Le soufre fond et s'enflamme de suite au contact de ce gaz. Il en est de même du sélénium. Le tellure s'y combine avec incandescence, en produisant d'abondantes fumées. En même temps, ce dernier métalloïde se recouvre d'une couche de fluorure solide qui modère la réaction. Ce fluorure est volatil et très hygroscopique.

Le phosphore prend feu et le tube dans lequel se fait l'expérience, fermé avec le doigt, puis retourné sur le mercure, fournit un gaz absorbable par l'eau, oxyfluorure ou pentafluorure, et un gaz absorbable par la potasse seulement, trifluorure de phosphore.

L'arsenic et l'antimoine en poudre se combinent à ce corps gazeux avec incandescence. Dans le cas de l'arsenic, en prolongeant l'expérience quelques minutes, il se condense sur la partie froide du tube un liquide fumant, incolore, présentant les propriétés du trifluorure d'arsenic. Ce liquide dissout l'iode, attaque le verre à chaud, est décomposé par l'eau et l'on peut ensuite précipiter l'arsenic de cette dissolution par l'hydrogène sulfuré.

Un fragment d'iode mis en présence du gaz s'y combine avec une flamme pâle en perdant sa couleur. Dans une atmosphère de vapeurs d'iode, le gaz brûle avec flamme. La vapeur de brome perd aussi sa couleur foncée, et la combinaison se produit parfois avec détonation.

Le carbone amorphe non calciné prend feu à son contact, dès la température ordinaire.

Le silicium cristallisé, à froid, devient incandescent au contact de ce gaz ; il brûle alors avec beaucoup d'éclat, parfois avec étincelles. Le tube bouché avec le doigt et porté sur la cuve à eau indique la formation d'un gaz absorbable par l'eau avec dépôt de silice. L'expérience peut être faite différemment. On adapte à l'extrémité du tube abducteur un petit tube de platine deux fois recourbé à angle droit et rempli de cristaux de silicium, puis on recueille le gaz sur le mercure ; il fournit tous les caractères du fluorure de silicium. Si l'on arrête la réaction avant la disparition totale du silicium, on voit que les fragments qui restent sur la lame de platine ont été fondus.

Le bore pur préparé par l'acide borique et le magnésium devient rapidement incandescent, et le gaz produit fume fortement à l'air.

Nous avons vu précédemment que, lorsque l'acide fluorhydrique n'était pas en assez grande quantité dans l'appareil en platine, les gaz isolés dans chaque branche, hydrogène et gaz actif, se recombinaient aussitôt en produisant une violente détonation. L'expérience étant en marche, il suffit, du reste, d'intervertir le sens du courant pour amener de suite cette détonation. Aussitôt que l'hydrogène se trouve au contact du gaz actif, la combinaison s'effectue. Comme, dans cette expérience, on pouvait craindre que la réaction ne fût due à la présence du platine, nous l'avons répétée en opérant de la façon suivante : un tube à entonnoir, tel que ceux que l'on emploie pour la tubulure médiane d'un flacon de Woolf, était retourné et laissait échapper un courant continu d'hydrogène. La vitesse du courant dans la partie évasée du tube était donc assez faible. On approche, à la température ordinaire, l'orifice de ce tube à entonnoir, toujours retourné, de l'extrémité de l'ajutage en platine du pôle positif. Aussitôt une légère détonation a lieu et l'hydrogène s'enflamme. Il faut avoir soin, à ce moment, de bien refroidir le tube en U de façon que le gaz actif n'entraîne pas un excès de vapeurs acides. On peut encore, un instant avant de faire l'expérience, chauffer légèrement avec une flamme l'extrémité du petit tube de platine pour chasser l'acide fluorhydrique qui a pu s'y condenser.

Les métaux sont, en général, attaqués avec beaucoup moins d'énergie que les métalloïdes ; cela tient à la non-volatilité des combinaisons formées, la petite quantité de fluorure métallique produit empêchant l'attaque d'être plus profonde.

Le potassium et le sodium froids deviennent incandescents et fournissent les fluorures correspondants. Il en est de même du calcium pur qui s'entoure de suite d'une gaine blanche de fluorure insoluble.

Le magnésium et l'aluminium sont attaqués superficiellement, mais l'attaque ne paraît pas être énergique. Si l'aluminium est maintenu au rouge sombre, la combinaison se produit avec une vive incandescence. Le résidu examiné ensuite au microscope est formé de petits globules métalliques fondus recouverts d'une couche transparente de fluorure d'aluminium.

Le fer et le manganèse, réduits en poudre et légèrement chauffés, brûlent avec étincelles.

Le plomb est attaqué à froid avec formation de fluorure blanc. Il en est de même de l'étain bien décapé dont l'attaque est activée par une faible élévation de température.

En présence du mercure, absorption complète, à la température ordinaire, avec formation de protofluorure de mercure, de couleur jaune clair. Cette substance recueillie et chauffée dans un petit tube de verre fournit du mercure et du fluorure de silicium.

L'argent légèrement chauffé se recouvre d'une couche de fluorure, de couleur brune et d'aspect satiné, soluble dans l'eau.

A froid, l'or et le platine ne sont pas attaqués. Chauffé à une température de 300° à 400°, le platine se recouvre, en présence de ce gaz, d'une poussière de couleur marron. Ce composé, porté au rouge sombre, se détruit en laissant du noir de platine et régénérant un gaz capable de se combiner au silicium froid avec incandescence. L'or produit une réaction identique.

L'iodure de potassium solide, mis au contact de ce gaz, noircit aussitôt. L'iode mis en liberté peut être dissous par le chloroforme ou le sulfure de carbone, qui prennent de suite une coloration foncée. L'iodure de plomb et l'iodure de mercure sont décomposés avec incandescence. Il se dégage d'abondantes vapeurs d'iode, qui sont aussitôt transformées en fluorure, en même temps qu'il se produit du fluorure de plomb blanc dans le premier cas, et du fluorure de mercure jaune dans le second.

Un morceau de chlorure de potassium fondu est attaqué à froid avec dégagement de chlore. L'odeur de ce dernier gaz est très nette. On peut démontrer sa présence de la façon suivante : on enlève avec précaution le fragment de chlorure solide, puis on décante lentement le gaz dans un tube à essai plus grand. Quelques centimètres cubes d'eau distillée sont agités dans ce second tube et le liquide obtenu décolore une solution étendue de sulfate d'indigo, dissout de minces lames d'or et donne, en présence d'azotate d'argent acide, un précipité blanc, caillebotté, noircissant à la lumière, soluble dans l'ammoniaque, les cyanures et les hyposulfites alcalins. On sait que le fluorure d'argent est très soluble dans l'eau et les acides.

Le chlorure d'argent sec jaunit au contact de ce gaz.

Le bromure de potassium est décomposé, avec dégagement abondant de vapeurs de brome.

Le pentachlorure de phosphore est décomposé avec flamme ; il se produit d'épaisses fumées blanches.

Un cristal d'iodoforme prend feu au contact du gaz ; dégagement de vapeurs d'iode.

Le sulfure de carbone en présence de ce corps gazeux s'enflamme aussitôt.

Tous les composés organiques hydrogénés sont violemment attaqués. Un morceau de liège, placé auprès de l'extrémité du tube de platine par lequel le gaz se dégage, se carbonise aussitôt et s'enflamme. L'alcool, l'éther, la benzine, l'essence de térébenthine, le pétrole prennent feu à son contact.

L'eau est décomposée à froid en fournissant de l'acide fluorhydrique et de l'ozone. Pour faire cette expérience, on place l'extrémité de chaque tube abducteur de notre appareil dans une capsule de platine à moitié remplie d'eau. Des tubes à essais retournés et contenant de l'eau permettent de recueillir les gaz qui se dégagent à chaque électrode. Il est très important que les deux petits tubes de platine plongent dans le liquide de quantités égales; sans quoi les niveaux de l'acide fluorhydrique dans l'appareil ne sont plus sur un même plan horizontal, et les gaz produits à chaque pôle se recombinent avec explosion. Cette explosion, souvent assez forte, peut projeter de l'acide fluorhydrique sur l'opérateur, et, d'une façon invariable, elle réduisait en petits éclats les tubes à essais que souvent nous tenions entre les doigts.

Lorsque cette expérience est bien conduite, il se dégage au pôle négatif, comme nous l'avons dit plus haut, de l'hydrogène ne renfermant que des traces d'acide fluorhydrique. Au pôle positif, on recueille un gaz n'ayant pas d'action bien sensible sur le verre, n'agissant pas sur le silicium, enflammant une allumette qui ne présente plus qu'un point en ignition, absorbable entièrement par le pyrogallate de potasse, brunissant le papier à l'oxyde de thallium et colorant en bleu la solution d'iodure de potassium amidonné. Ce gaz est de l'ozone. Nous sommes en présence d'une nouvelle réaction qui produit l'oxygène à froid, et, comme dans les décompositions faites à basse température (permanganate de potassium et bioxyde de baryum), cet oxygène est ozonisé. En même temps, si l'on examine l'eau de la capsule de platine, on reconnaît facilement qu'elle renferme de l'acide fluorhydrique.

Ainsi, sous l'action de ce nouveau corps gazeux, l'eau froide a été décomposée; il s'est formé de l'acide fluorhydrique et il s'est dégagé de l'oxygène ozonisé.

Si nous répétons la même expérience en remplaçant l'eau de la capsule de platine voisine du pôle positif par du tétrachlorure de carbone, et le tube de verre par une petite éprouvette en fluorine, nous obtenons un dégagement régulier d'un gaz se combinant au mercure, lentement absorbable par l'eau, et qui présente tous les caractères du chlore. Le chlorure de carbone nous présente donc un intéressant phénomène de substitution, le gaz produit au pôle positif déplaçant le chlore de ce composé.

Discussion de l'expérience.— Voyons maintenant quelles sont les conclusions que nous pouvons tirer de cette action du courant sur l'acide fluorhydrique additionné de fluorure de potassium.

On peut faire, en effet, diverses hypothèses sur la nature du gaz dégagé au pôle positif ; la plus simple serait que l'on se trouve en présence du fluor ; mais il serait possible, par exemple, que ce fût un perfluorure d'hydrogène ou même un mélange d'acide fluorhydrique et d'ozone assez actif pour expliquer l'action si énergique que ce gaz exerce sur le silicium cristallisé.

Nous nous étions assuré, dès nos premières expériences sur l'électrolyse de l'acide fluorhydrique, que le fluorhydrate de fluorure employé ne renfermait ni acide azotique, ni chlore. D'ailleurs, une petite quantité de chlorure eût-elle été mélangée au fluorure de potassium, qu'on aurait encore obtenu de l'acide fluorhydrique pur. La différence entre le point d'ébullition de l'acide chlorhydrique — 80° et celui de l'acide fluorhydrique + 19°,5 est trop grande pour qu'il puisse rester une trace d'acide chlorhydrique en présence d'un grand excès d'acide fluorhydrique liquide.

Pour démontrer que le gaz recueilli dans nos expériences n'est pas un mélange d'ozone formé à basse température et de vapeurs d'acide fluorhydrique, on a préparé de l'oxygène ozonisé dans l'appareil de M. Berthelot, à une température de — 18°. L'effluve était produite au moyen d'une forte bobine, actionnée par 4 éléments Bunsen. L'ozone était amené ensuite dans un petit récipient de platine contenant de l'acide fluorhydrique liquide à — 20°. Le mélange gazeux que l'on obtient dans ces conditions n'agit pas sur l'iode, le soufre, le chlorure de potassium fondu ni sur le silicium cristallisé.

Ainsi un mélange d'ozone préparé à — 18° et de vapeurs d'acide fluorhydrique ne donne aucune des réactions indiquées plus haut.

Du reste, dans notre électrolyse de l'acide fluorhydrique, nous avons produit souvent un semblable mélange d'ozone et de vapeurs acides lorsque l'acide employé renfermait encore une petite quantité d'eau. Dans ce cas, au début de la décomposition, lorsque, au pôle positif, il se dégageait de l'ozone (ozone obtenu parfois à — 50°), jamais le silicium n'a été attaqué.

Dans une de nos expériences, nous avons ajouté une très petite quantité d'eau à l'acide; aussitôt nous avons eu au pôle positif, à une température de — 45°, un abondant dégagement d'ozone, ne ternissant pas le silicium, n'agissant à froid ni sur l'iode, ni sur le soufre, ni sur le chlorure de potassium fondu.

L'hypothèse que le gaz actif serait un mélange d'ozone et de vapeurs d'acide fluorhydrique doit donc être écartée.

Ce gaz pourrait être une combinaison d'hydrogène et de fluor plus fluorée que l'acide fluorhydrique. En un mot, ne se trouverait-on pas en présence d'un perfluorure d'hydrogène. On peut démontrer que le gaz obtenu dans nos expériences n'est pas une combinaison d'hydrogène et de fluor de la façon suivante. Admettons pour un instant que, sous l'action du courant, l'acide fluorhydrique se dédouble en hydrogène et en fluor.

$$\underbrace{2HF}_{4\text{ vol.}} = \underbrace{H^2}_{2\text{ vol.}} + \underbrace{F^2}_{2\text{ vol.}}.$$

Si nous recueillons dans de l'eau le gaz produit à chaque pôle, nous pourrons mesurer l'hydrogène formé au pôle négatif. Nous n'obtiendrons pas le gaz actif au pôle positif ; mais, comme nous l'avons vu précédemment, l'eau sera décomposée et il se dégagera de l'oxygène. Or, la décomposition sera différente suivant que nous ferons agir sur l'eau le fluor ou un perfluorure de formule HF^2 par exemple.

Dans le cas du fluor, nous aurons :

$$\underbrace{F^2}_{2\ \text{vol.}} + \underbrace{H^2O}_{2\ \text{vol.}} = \underbrace{2HF}_{4\ \text{vol.}} + \underbrace{O.}_{1\ \text{vol.}}$$

Dans l'hypothèse d'un perfluorure :

$$\underbrace{2HF^2}_{4\ \text{vol.}} + \underbrace{H^2O}_{2\ \text{vol.}} = \underbrace{4HF}_{8\ \text{vol.}} + \underbrace{O.}_{1\ \text{vol.}}$$

Le volume d'oxygène mis en liberté doit être le même dans les deux réactions, mais la quantité d'acide fluorhydrique produite est double dans la seconde, de telle sorte que si nous pouvions titrer cet acide fluorhydrique qui se dissout dans l'eau, au moment de la décomposition de ce liquide, la proportion varierait du simple au double, suivant que nous serions en présence du fluor ou d'un bifluorure d'hydrogène.

Cette expérience était assez délicate à réaliser. Nous avons vu plus haut, à propos de la décomposition de l'eau par le gaz produit au pôle positif quelles étaient les précautions à prendre pour maintenir les niveaux de l'acide fluorhydrique sur un même plan horizontal dans les deux branches du tube en U.

On commençait par laisser fatiguer la pile, de façon à avoir un courant bien constant et ne dépassant pas 16 ampères. Lorsque l'appareil avait marché pendant environ une heure, on remplissait complètement le cylindre de verre de chlorure de méthyle, et l'on amenait la température à environ — 40°, en activant son évaporation.

Deux tubes en verre, gradués en dixièmes de centimètre cube, avaient été, la veille, recouverts d'une couche de vernis, à l'intérieur et à l'extérieur, au moyen d'une solution alcoolique de gomme laque. Un courant d'air sec avait entraîné toute la vapeur d'alcool.

Ces tubes étaient remplis d'eau distillée et chacun d'eux retourné sur une capsule de platine contenant de l'eau. A un moment donné, les deux tubes étaient disposés en même temps au-dessus des ajutages de platine. On recueillait les gaz se dégageant à chaque pôle; puis, sans arrêter le courant, on enlevait simultanément les tubes gradués maintenus verticaux dans les capsules de platine.

On lisait le volume gazeux recueilli à chaque pôle, on levait les tubes de façon à laisser couler le liquide qu'ils contenaient; on rinçait chacun d'eux avec quelques centimètres cubes d'eau distillée et, après addition d'une goutte de phtaléine du phénol, l'acide fluorhydrique était titré dans chaque capsule de platine. Il n'y avait pas eu de contact entre le verre et l'acide fluorhydrique, car après lavage à l'alcool, les tubes n'étaient pas dépolis.

L'hydrogène qui s'était dégagé au pôle négatif s'était chargé d'une certaine quantité de vapeurs d'acide fluorhydrique; on peut admettre, la température de l'appareil étant uniforme, que la quantité d'acide ainsi entraînée est la même à chaque pôle, de sorte que, si nous retranchons le poids de l'acide entraîné par l'hydrogène de celui formé au pôle positif, nous aurons très approximativement l'acide fluorhydrique produit par la décomposition de l'eau.

Voici les résultats de cette expérience:

	cc
Au pôle +, gaz ramené à 0° et à 760mm............	9,6
Au pôle —, gaz ramené à 0° et à 760mm............	23,0

	Divisions.
Au pôle +, le liquide titrait	153
Au pôle —, le liquide titrait	33

Or 107 divisions de la liqueur alcaline correspondent à $0^{gr},1$ d'acide sulfurique, c'est-à-dire à $0^{gr},040816$ d'acide fluorhydrique; par suite, si nous cherchons quelle a été la quantité d'acide fluorhydrique produite au pôle positif par la décomposition de l'eau, nous voyons qu'à

$$153 - 33 = 120 \text{ divisions},$$

correspondent

$$\frac{120 \times 0,040816}{107} = 0,0467 \text{ d'acide fluorhydrique.}$$

Comparons maintenant les volumes gazeux recueillis à chaque pôle. Nous voyons que les chiffres $9^{cc},6$ et 23^{cc} ne varient pas du simple au double. La moitié de 23 est de 11,5 ; nous avons donc une différence de $11,5 - 9,6 = 1,9$. Cela tient à ce que, ainsi que nous l'avons démontré précédemment, le gaz recueilli au pôle positif est de l'oxygène ozonisé, de l'oxygène condensé. Si nous prenons en effet le volume 23^{cc} comme étant celui du fluor produit au pôle positif, volume qui sera alors égal à celui de l'hydrogène, nous allons pouvoir calculer la quantité d'acide fluorhydrique formé et voir si elle correspond à la quantité trouvée expérimentalement :

23^{cc} de fluor pèseraient $0^{gr},03948$,

ce qui correspondrait à

$0^{gr},0415$ d'acide fluorhydrique.

Dans le cas où le gaz dégagé au pôle positif aurait pour formule HF^2, 23^{cc} de ce gaz produiraient

0,0830 d'acide fluorhydrique.

En titrant la solution du pôle positif, nous avons trouvé qu'elle contenait 0,0467 d'acide fluorhydrique, ce qui se rapproche beaucoup plus du premier chiffre que du second. D'après cette expérience, le gaz actif serait bien le fluor et non un bifluorure d'hydrogène.

D'ailleurs, nous pouvons démontrer d'une autre façon que le gaz obtenu ne renferme pas d'hydrogène. Faisons passer ce corps gazeux sur du fer maintenu au rouge. Dans le cas du

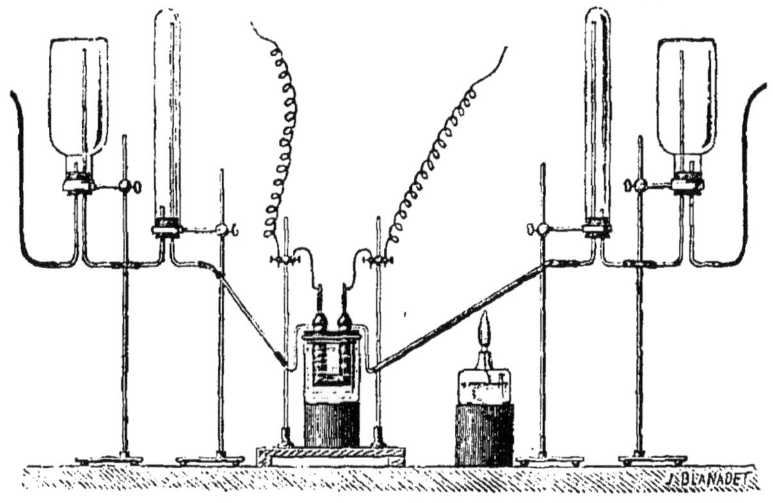

Fig. 8.

fluor, le gaz doit s'absorber entièrement ; si nous avons préparé, au contraire, une combinaison de fluor et d'hydrogène, ce dernier gaz sera mis en liberté et pourra être recueilli dans une atmosphère d'anhydride carbonique dont on se débarrassera toujours facilement au moyen d'une solution de potasse.

Voici comment, sur le conseil de M. Berthelot, l'expérience a été disposée. A la suite du tube de platine (*fig.* 8), par lequel le gaz actif se dégage, on place un tube de même métal de $0^m,20$ de longueur, réuni au précédent par un pas de vis, et rempli de petits fragments de fluorure de potassium absolument sec. Ce composé retient très bien les vapeurs d'acide fluorhydrique, qui produisent avec lui du fluorhydrate de fluorure de potassium. Un autre tube de platine de même longueur, s'ajustant à frottement doux sur le précédent et renfermant un faisceau de fils de fer, a été taré avant l'expérience. A ce dernier tube métallique se trouve réuni, au moyen d'une jointure en caoutchouc, un grand tube à essai en verre, puis un flacon, tous deux retournés et remplis d'anhydride carbonique pur. Cette partie de l'appareil a été traversée pendant cinq à six heures par un courant rapide d'anhydride carbonique pur et sec. Le gaz sortant a été analysé : 100^{cc} ne donnaient, après absorption par une solution de potasse, qu'une très petite bulle d'air dont le volume était négligeable.

Du côté de l'hydrogène, on a disposé un tube à essai et un flacon de 1^{lit}, réunis par des tubes de verre retournés et également pleins d'anhydride carbonique pur. Chaque extrémité de l'appareil est en communication avec l'air par un tube de caoutchouc de 2^{m} dont l'ouverture est relevée et placée au-dessus du niveau de l'anhydride carbonique dans les flacons. Grâce à ce dispositif, il est possible de recueillir sans pression et séparément les gaz qui se dégagent de l'appareil en platine, tant au pôle négatif qu'au pôle positif.

Lorsque toutes ces précautions sont prises, on fait passer le courant de 20 éléments Bunsen dans l'acide fluorhydrique entouré de chlorure de méthyle et refroidi à — 50° par un rapide courant d'air. Le tube de platine contenant le fer est chauffé aussitôt au rouge sombre, et l'on remarque, au travers du platine, par l'incandescence qui se produit à l'intérieur, la forme des fils de fer brûlant dans le gaz. On laisse la décomposition électrolytique se produire pendant dix minutes, en remplaçant le chlorure de méthyle s'il y a besoin. L'expérience est ensuite arrêtée; on démonte l'appareil et l'on pèse le tube de platine renfermant le fluorure de fer. Ce dernier se trouve à l'état de fluorure cristallisé d'un blanc légèrement verdâtre à la surface des fils métalliques ; il s'est produit aussi une petite quantité de fluorure de platine. On transporte alors sur la cuve à eau les deux parties de l'appareil remplies d'anhydride carbonique et l'on absorbe ce gaz par une solution de potasse. Le gaz restant est mesuré et analysé.

Première expérience.

Dans notre première expérience, le poids du fer avait augmenté de 0^{gr},130 ; le gaz venant du pôle négatif renfermait (ramené à 0° et à 760^{mm}) 78^{cc} d'hydrogène, brûlant avec une flamme pâle sans détonation.

L'appareil rempli d'anhydride carbonique placé au pôle positif n'a laissé comme résidu, après action de la potasse, que 10^{cc},2 d'un gaz incombustible renfermant environ un cinquième d'oxygène. Ce volume d'air représente à peu près le volume intérieur des deux tubes de platine employés qui ont été adaptés, remplis d'air, à l'appareil producteur de fluor.

L'analyse de ce gaz a donné :

	cc
Sur la cuve à eau	10, 2
Après action de la potasse	10, 2
Après action du pyrogallate de potasse	8, 0

D'autre part, 78^{cc} d'hydrogène pèsent 0^{gr},006942, ce qui, multiplié par le poids atomique du fluor 19, donnerait comme poids du fluor mis en liberté 0^{gr},132.

L'expérience nous a donné 0,130.

Le tube à essai retourné qui se trouvait du côté du pôle positif ne présentait pas trace d'humidité et n'a pas été attaqué.

En résumé, le gaz actif privé d'acide fluorhydrique par le

fluorure de potassium a été entièrement absorbé par le fer porté au rouge sombre, sans dégagement d'hydrogène, et il a fourni un poids de fluorure de fer correspondant très sensiblement au poids du fluor, d'après le volume d'hydrogène dégagé.

Seconde expérience.

	gr.
Poids du tube de platine + faisceaux fils de fer..	29,339
Poids du tube après l'expérience.............	29,477
	0,138

Après absorption de l'acide carbonique par la potasse, on a recueilli :

Au pôle négatif :

	cc
Hydrogène ramené à 0° et à 760mm...............	80,01

Au pôle positif :

Gaz mesuré sur la cuve à eau..................	11,40
Après action de l'acide pyrogallique.............	9,10

80cc,01 d'hydrogène pèsent 0gr,00712, ce qui, multiplié par 19, poids atomique du fluor, nous fournit 0,134.

Comme dans l'expérience précédente, le poids du fluorure de fer obtenu correspond à celui de fluor calculé d'après le volume de l'hydrogène produit et après passage du gaz sur le fer maintenu au rouge on n'a pas recueilli d'hydrogène.

Le gaz que nous avons produit au pôle positif de notre appareil est donc bien le fluor.

En résumé, le fluor est un corps gazeux, possédant une activité chimique supérieure à celle de tous les autres corps simples connus. A cause de ses puissantes affinités, il permettra évidemment d'importantes réactions. S'il n'avait pas encore été isolé, il est assez curieux de reconnaître que, grâce à l'étude de ses composés, sa place était marquée depuis longtemps dans la classification naturelle des métalloïdes. Les essais tentés jusqu'ici pour l'obtenir avaient fait prévoir quelques-unes de ses principales propriétés. Le jour où, par l'expérience, nous arrivons enfin à le retirer d'une de ses combinaisons, on s'aperçoit qu'il ne peut occuper que la place indiquée, en tête de la famille du chlore, et la classification des métalloïdes, établie par Dumas, se trouve encore une fois complètement justifiée.

CHAPITRE II.

NOUVEAUX APPAREILS PRODUCTEURS DE FLUOR.

Dans de nouvelles recherches, nous avons tenu à étudier avec plus de détails l'action du fluor sur un certain nombre de corps simples et de corps composés. Pour cela, nous avons dû modifier notre premier appareil, lui donner des dimensions beaucoup plus grandes, et faire tous nos efforts pour préparer le fluor à l'état de pureté.

Cette préparation s'est toujours faite par voie électrolytique; tous nos essais entrepris pour obtenir le fluor par un procédé chimique ont échoué. Nous estimons cependant que l'on pourrait y arriver, soit par la décomposition d'un fluorure d'or ou de platine, le jour où l'on saura préparer ces composés par voie détournée, soit par la dissociation d'un perfluorure susceptible d'être produit à basse température. L'étude complète des fluorures de manganèse, de plomb, de cuivre, de cérium, celle des fluorures doubles de platine et de phosphore, analogues aux composés découverts par Schützenberger (1), mériteraient d'être reprises à ce point de vue et fourniraient peut-être d'importants résultats. Nous ajouterons aussi, à ce propos, qu'il serait facile d'électrolyser, dans un vase de fluorine, le fluorure d'argent

(1) SCHUTZENBERGER. Sur une nouvelle classe de composés platiniques, *Annales de Chimie et de Physique*, 4e série, t. XXI, p. 350; 1870.

qui fond, d'après nos recherches, à la température de 435°, et qui conduit très bien le courant électrique.

Nous tenions à modifier notre premier appareil afin d'obtenir des rendements plus élevés, dans le but de déterminer d'abord les constantes physiques du fluor : densité, couleur, spectre, point d'ébullition, etc., et nous donnerons, dans un autre chapitre, les résultats obtenus.

De plus, dans de nouvelles expériences que nous exposerons plus loin, nous avons surtout cherché à obtenir des combinaisons par voie directe, c'est-à-dire en fixant le fluor sur les corps simples et sur les corps composés, substances qu'il avait été impossible de préparer jusqu'ici.

Nous nous sommes astreint à répéter souvent la même expérience; aussi avons-nous eu l'occasion de manier, dans ces recherches, plusieurs centaines de litres de gaz fluor. Lorsque l'on opère avec des corps gazeux et qu'il s'agit d'obtenir des liquides ou des corps condensés, les rendements sont très faibles, et, ainsi que nous le verrons plus loin, la préparation du fluor, comme la plupart des expériences de physique, est toujours délicate et demande beaucoup de soins.

Si cette deuxième série de recherches était peut-être moins entraînante que la première, nous avons pensé qu'elle était tout aussi utile, et nous estimons qu'il était indispensable de compléter l'étude de ce nouveau corps simple, le plus actif de tous ceux que nous possédons.

Fluorhydrates de fluorure de potassium. — Avant de reprendre cette étude, nous avons tenu à établir tout d'abord quels pouvaient être les composés que produisait le fluorure de potassium en présence de quantités variables d'acide fluorhydrique.

Lorsque, dans de l'acide fluorhydrique anhydre, on projette

du fluorhydrate de fluorure de potassium bien sec et en poudre, ce dernier disparaît avec rapidité et le liquide s'échauffe. En agitant le tout, on peut aisément dissoudre, en quelques instants, 5 à 6gr de fluorhydrate dans 10gr d'acide. Si l'on refroidit ensuite le mélange à — 23°, une partie cristallise. Les cristaux blancs, séparés de l'acide, sont essorés rapidement, entre des feuillets secs de papier à filtrer, et placés ensuite dans un tube de platine fermé par un bouchon de liège paraffiné. Un poids donné de ce composé, dissous dans l'eau distillée contenue dans une capsule de platine, fournit par titrage, en présence d'une goutte de phtaléine du phénol, la quantité d'acide que renferme la combinaison.

On voit ainsi que ces cristaux correspondent à la formule KF, 3HF. D'ailleurs, il est facile d'obtenir ce composé en prenant les poids de fluorhydrate et d'acide correspondant à la formule précédente. On les mélange avec précaution, de façon à éviter une élévation brusque de température, puis on porte le creuset de platine fermé dans un bain d'huile et l'on élève la température jusqu'à + 85°, c'est-à-dire bien au-dessus du point d'ébullition de l'acide fluorhydrique. Il ne se dégage pas de vapeurs acides et l'on obtient alors un liquide absolument limpide qui, par refroidissement, commence à cristalliser vers 68° et se prend à froid en une masse très dure de cristaux enchevêtrés.

L'analyse de ce produit de synthèse a conduit aussi à la formule KF, 3HF. Ces cristaux attirent l'humidité avec une grande énergie et émettent d'une façon constante des vapeurs d'acide fluorhydrique dans l'air humide. Mis au contact de l'eau, ils se dissolvent rapidement et, d'après M. Guntz (1), se décomposent

(1) GUNTZ. Sur les chaleurs de formation des fluorures de potassium, *Comptes rendus de l'Académie des Sciences*, t. XCVII, p. 256; 1883.

alors en acide et fluorure; cette dissolution produit un froid assez intense. Chauffés, ils se dédoublent en acide fluorhydrique et fluorure de potassium.

Maintenu en fusion à la température de 100°, ce sel ne réagit pas sur le silicium cristallisé ; mais chauffé brusquement, un semblable mélange devient incandescent et produit un violent dégagement de fluorure de silicium.

Le sel fondu attaque énergiquement la silice et décompose les carbonates.

A froid, ce trifluorhydrate est dédoublé instantanément par l'acide sulfurique monohydraté, avec dégagement tumultueux d'acide fluorhydrique. Une réaction très énergique se produit lorsqu'on laisse tomber des cristaux de ce composé dans une solution concentrée d'ammoniaque ou de potasse.

En variant les proportions de fluorhydrate et d'acide on peut obtenir, de même, le composé KF, 2HF, qui est liquide à la température de + 105° et qui donne à froid une masse cristalline dont les propriétés sont analogues à celles du composé précédent.

On a vérifié, au moyen de titrages, la formule énoncée ci-dessus.

Nous estimons que ces combinaisons riches en acide fluorhydrique, pouvant être maintenues liquides aux températures de + 65° et + 105°, permettront, dans certains cas, de faire réagir l'acide fluorhydrique avec facilité sur un certain nombre de composés minéraux et organiques.

Ces différents composés doivent être considérés comme analogues aux chlorhydrates de chlorures alcalins de M. Berthelot ou aux sels ammoniacaux à plusieurs molécules d'ammoniaque étudiés par M. Troost. Cependant nous ferons remarquer que le trifluorhydrate possède une certaine stabilité. L'expérience suivante le démontre suffisamment. Si l'on vient à maintenir dans le vide le composé KF, 3HF, le manomètre, dans l'espace de douze heures, ne baisse que de 0m,01. Dans l'air sec à la température de 15°, la décomposition est donc plus lente encore. Il n'en est plus de même en présence de l'humidité, ainsi que nous l'avons vu plus haut.

Le fluorure de potassium se combine donc à l'acide fluorhydrique en différentes porportions. On connaît maintenant les composés suivants :

KF, HF
KF, 2HF
KF, 3HF

L'existence de ces deux derniers composés solides à — 23°, en présence d'un excès d'acide fluorhydrique, nous explique pourquoi les tiges de platine servant d'électrodes sont usées beaucoup plus vite que les cylindres verticaux qui forment l'appareil. Ces composés, très peu solubles dans l'acide fluorhydrique anhydre, se déposent sur le métal et forment une gaine au milieu de laquelle se trouve une solution liquide de fluorure dans l'acide fluorhydrique. Cette dernière solution est seule électrisée. Au contraire, la tige de platine positive s'échauffe par le passage du courant et s'attaque au contact du fluor en fournissant du fluorure de platine qui est ensuite décomposé.

NOUVEL APPAREIL EN PLATINE.

Ayant eu besoin, dans nos nouvelles recherches, de produire une quantité assez considérable de fluor, nous avons donné à notre ancien appareil des dimensions beaucoup plus grandes. Le tube en U en platine, dans lequel se produit l'électrolyse, a une capacité de 160cc, et peut contenir pendant la préparation environ 100^{cc} d'acide fluorhydrique. La disposition des bouchons (*fig.* 9) restait à peu près la même que dans l'appareil employé dans nos précédentes recherches. Ils étaient formés d'un cylindre de fluorine entouré d'une feuille épaisse de platine portant le pas de vis qui devait les fixer à l'intérieur du tube. Les tiges de platine servant d'électrodes traversaient les

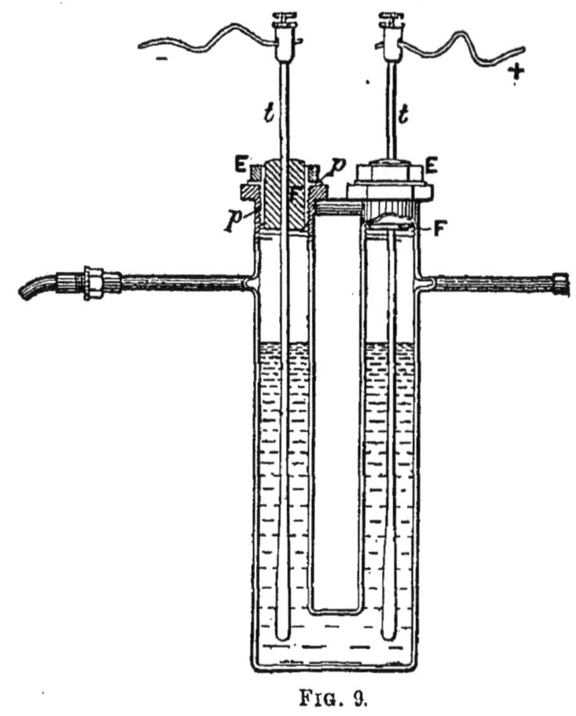

FIG. 9.

cylindres de fluorine qui les isolaient complètement de l'appareil. Le haut de chaque branche du tube en U, ainsi que la partie supérieure des bouchons en fluorine, étaient munis d'écrous en laiton, au moyen desquels on pouvait ouvrir ou fermer l'appareil. Une fermeture hermétique était obtenue en écrasant une bague de plomb entre les deux rebords métalliques supportés, l'un par le bouchon et l'autre par le tube. Les électrodes étaient en platine pur, bien que ce métal s'attaque un peu plus vite que l'alliage platine et iridium employé précédemment [1]. L'extrémité de chaque tige avait la forme d'une massue pour résister plus longtemps à l'action du fluor.

Comme ce nouvel appareil renferme une quantité assez notable d'acide fluorhydrique, on ne pouvait songer à utiliser tout cet acide dans une journée. Pour le conserver, on fermait chaque tube abducteur latéral au moyen d'un bouchon métallique à vis, et l'appareil était placé ensuite dans un grand vase de verre rempli d'air sec et conservé la nuit dans une cave ou dans une glacière à une température inférieure à 19°,5, point d'ébullition de l'acide fluorhydrique [2]. Il a été possible de garder ainsi pendant plusieurs semaines l'appareil rempli d'acide et prêt à fonctionner.

L'appareil à électrolyse était placé, comme précédemment, dans du chlorure de méthyle [3], maintenu en ébullition tranquille à — 23°. Les vases contenant le chlorure de méthyle étaient disposés dans des cylindres de verre renfermant quelques fragments de chlorure de calcium, afin de les entourer d'une couche d'air sec, mauvaise conductrice de la chaleur.

Si l'on veut éviter qu'il ne se produise des détonations à l'intérieur de l'appareil, il faut avoir grand soin d'empêcher

(1) Dans une de nos expériences, nous avons terminé la tige par un petit cylindre d'iridium soudé au platine au moyen du chalumeau oxhydrique. Le fluor produit dans l'électrolyse attaque l'iridium pur (iridium de la maison Matthey, de Londres) beaucoup plus rapidement que le platine pur ou que l'alliage platine-iridium.

(2) Ce chiffre de 19°,5 a été déterminé avec un thermomètre Baudin parfaitement vérifié. Il est très voisin de celui indiqué par M. Gore (19°,4) dans ses recherches sur l'acide fluorhydrique.

(3) Nous avons pu, dans un certain nombre de nos expériences, remplacer le chlorure de méthyle par un mélange, fait avec soin, de glace pilée et de sel marin en poudre fine bien refroidi. On obtient ainsi facilement une température de — 25°. Il faut avoir soin de maintenir l'appareil de platine dans une grande quantité de ce mélange réfrigérant et de le remplacer de temps en temps. On évite ainsi l'action des vapeurs de chlorure de méthyle, action toxique qui produit, à la longue, des céphalalgies intenses.

la rentrée des vapeurs de chlorure de méthyle. Au moment où l'on fait arriver ce liquide dans le cylindre en verre, il se répand une couche gazeuse de ce corps tout autour de l'appareil, et comme, en même temps, le tube de platine est refroidi, il rentre des vapeurs de chlorure de méthyle par les tubes abducteurs. Aussitôt que l'appareil est remis en marche, une détonation se produit. Pour éviter cet accident, dès que l'on arrête le courant électrique, au moment de renouveler le chlorure de méthyle, on fait pénétrer les tubes à hydrogène et à fluor dans des tubes de caoutchouc très longs. Ces tubes portent sur leur trajet un petit appareil à chlorure de calcium et amènent ainsi de l'air sec pris à un mètre au-dessus de l'appareil, en dehors de la cage à tirage, et ne contenant pas de vapeurs de chlorure de méthyle.

Il était indispensable, dans nos nouvelles expériences, d'avoir du fluor absolument pur, c'est-à-dire débarrassé des vapeurs d'acide fluorhydrique qu'il entraîne au moment de sa formation.

Pour obtenir ce résultat, nous avons disposé à la suite de l'appareil à électrolyse un petit serpentin de platine d'un volume de 40^{cc}, servant de condensateur et maintenu dans du chlorure de méthyle à aussi basse température que possible, environ — 50°. Comme l'acide fluorhydrique bout à 19°,5, la presque totalité de ce composé sera retenue à l'état liquide au fond du serpentin. Le gaz fluor n'entraînera que la faible quantité d'acide correspondant à la tension de vapeur de l'acide fluorhydrique à — 50°, c'est-à-dire à une température inférieure de 70° à son point d'ébullition.

A la suite de ce petit serpentin on plaçait deux tubes de platine remplis de fragments de fluorure de sodium fondu, sel qui n'attire pas l'humidité et qui doit être préféré au fluorure de potassium. Ce composé s'empare de l'acide fluorhydrique, à la

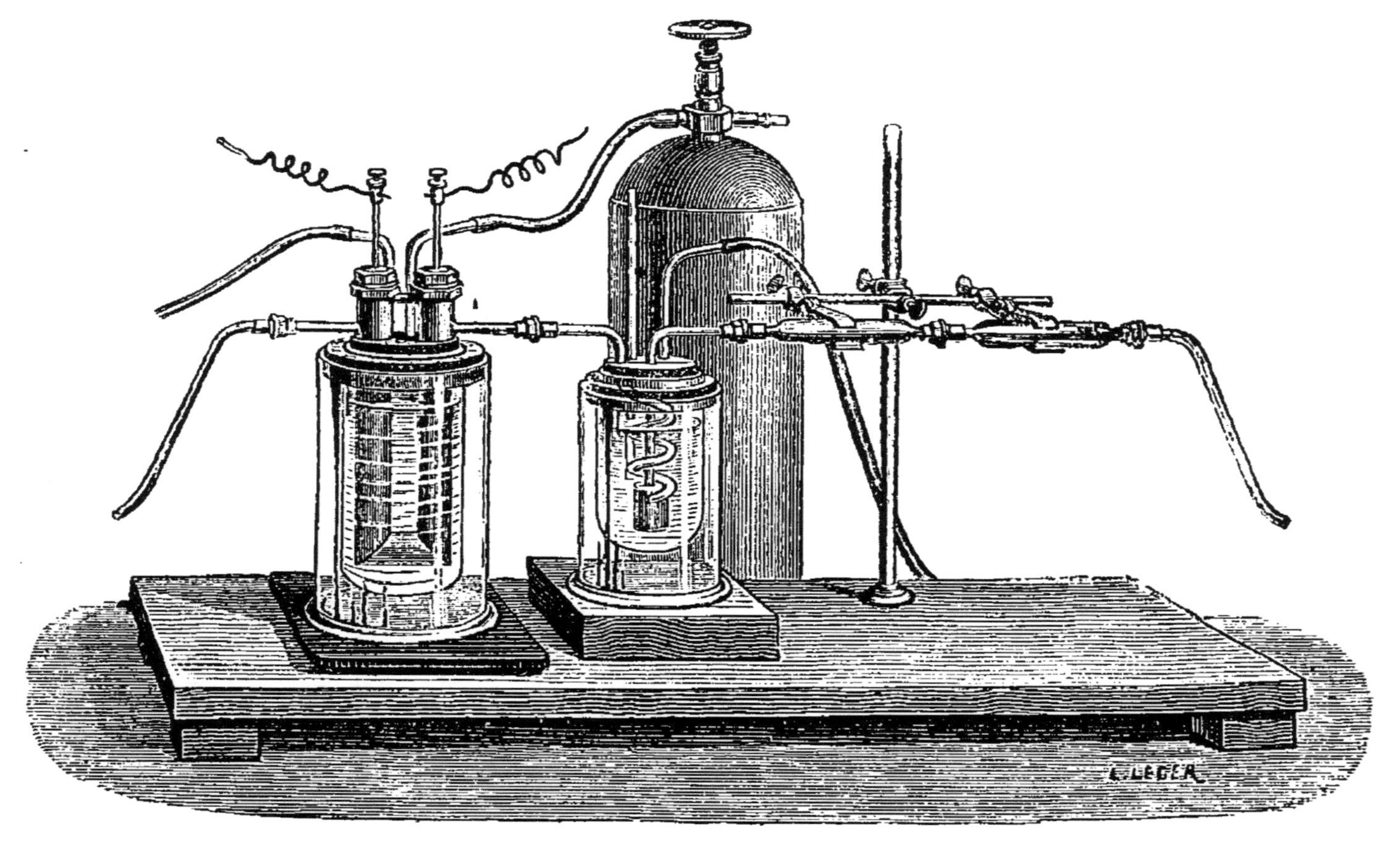

FIG. 10.

température ordinaire, avec une grande énergie en formant un fluorhydrate de fluorure.

Les différentes parties de l'appareil (*fig.* 10) sont réunies entre elles au moyen d'écrous et de vis de serrage, entre lesquelles sont écrasées des rondelles de plomb. Aussitôt que le fluor est en contact avec ce métal, l'attaque se produit à froid, et le plomb ne tarde pas à se recouvrir d'une couche blanche de fluorure de plomb. L'aspect de ce fluorure de plomb rappelle celui de la céruse préparée par le procédé hollandais. Et comme la rondelle augmente beaucoup de volume en se transformant en fluorure, on arrive facilement, surtout pour des tubes de petit diamètre, à avoir des fermetures hermétiques.

Ce procédé ne pouvait plus être employé lorsqu'il s'agissait d'un appareil que l'on devait fermer et peser ensuite, ou lorsque le platine pouvait s'échauffer, comme dans la préparation du fluorure de carbone. On utilisait alors des rondelles en mousse d'or agglomérée, mousse poreuse, obtenue par l'action ménagée de l'acide sulfureux sur une solution de chlorure d'or.

La pile employée était la pile Bunsen ; 26 à 28 éléments étaient montés en série, et le courant, avant d'arriver à l'appareil, traversait un ampèremètre et un commutateur Bertin.

Le courant électrique indiquait, dans une de nos expériences, 25 ampères et 52 volts. Aussitôt que l'appareil était placé dans le circuit, l'électrolyse se produisait, et nous n'avions plus aux appareils de mesure que 4 ampères et 38 volts.

Nous ne reviendrons pas sur les précautions à prendre pour la mise en marche de l'appareil. Nous avons indiqué, précédemment, comment il convenait de préparer et de manier l'acide fluorhydrique pur, qui a toujours été obtenu par la décomposition du fluorhydrate de fluorure de potassium (1).

La quantité d'acide employée chaque fois, dans ces nouvelles expériences, était de 90gr à 100gr; on l'additionnait de 20gr à 25gr de fluorhydrate de fluorure. Ce mélange était versé dans l'appareil refroidi, puis l'on vissait les bouchons de fluorine et l'on recouvrait leur surface extérieure d'une couche de gomme laque fondue.

Dans nos premières recherches, nous avons établi quelles étaient les conditions physiques dans lesquelles se faisait cette expérience. Cherchons maintenant à nous rendre compte de la façon dont se produit cette électrolyse au point de vue chimique.

Nous avions pensé au début de ces recherches que, sous l'action du courant, le fluorure de potassium en solution dans l'acide fluorhydrique se dédoublait en donnant, au pôle positif du fluor gazeux, et au pôle négatif du potassium.

$$KF = K + F.$$

En vertu d'une réaction secondaire, le potassium, mis en liberté au pôle négatif, décomposait l'acide fluorhydrique et dégageait un volume d'hydrogène correspondant à celui du fluor.

$$K + HF = KF + H.$$

Mais il suffit de suivre attentivement la décomposition, au moyen d'un voltmètre et d'un ampèremètre placés dans le circuit, pour voir que cette réaction n'est pas aussi régulière que la formule précédente semble l'indiquer. En effet, avec notre nouvel appareil, au début de l'électrolyse, la décomposition est

(1) Fremy. Recherches sur les fluorures, *Annales de Chimie et de Physique*, 3e série, t. XLVII, p. 13; 1856.

saccadée et elle n'acquiert une régularité relative qu'après une ou deux heures de marche.

Si l'on démonte alors l'appareil, on voit très nettement que la tige de platine sur laquelle le fluor se dégage est fortement corrodée. On trouve aussi au fond du liquide une boue noire, que nous avons d'abord prise pour du platine métallique, mais qui est un composé complexe renfermant, d'après l'analyse, un atome de potassium pour un atome de platine et une notable proportion de fluor ou d'acide fluorhydrique.

De plus, il est facile de s'assurer que l'acide fluorhydrique contient, en solution, une petite quantité de fluorure de platine.

En réalité, l'électrolyse est plus compliquée que nous ne le jugions au début. Le mélange d'acide et de fluorure alcalin fournit bien, tout d'abord, au pôle positif du fluor ; mais ce corps gazeux attaque le platine et produit du fluorure de platine. Ce dernier composé s'unit vraisemblablement aux fluorures alcalins, et ce n'est que quand la solution renferme ce sel double que l'électrolyse prend une certaine régularité.

Ainsi, l'acide fluorhydrique contient, après un certain temps, du fluorure de potassium et du fluorure de platine ; l'électrolyse de ce mélange salin, ou de cette combinaison, donne alors au pôle négatif de l'hydrogène et le composé complexe, dont nous avons parlé plus haut, renfermant tout à la fois du platine, du potassium et du fluor.

On comprend que ces différentes actions secondaires retirent à l'électrolyse de l'acide fluorhydrique une constance et une régularité qui se présentent dans d'autres décompositions électrolytiques.

Dans les conditions que nous venons d'indiquer, le rendement était d'environ 2^{lit} à 3^{lit} de fluor par heure.

Le fluor, obtenu au moyen de ce nouvel appareil, possède

toutes les réactions indiquées précédemment. Il ne produit pas de fumées au contact de l'air sec, et il peut être conduit, au moyen de petits tubes flexibles en platine, dans les appareils destinés à le recevoir.

PRÉPARATION DU FLUOR PAR ÉLECTROLYSE DANS UN APPAREIL DE CUIVRE.

Nous avons obtenu jusqu'ici le fluor par électrolyse d'une solution fluorhydrique de fluorure de potassium dans un appareil en platine. Dès le début de nos recherches, nous avons indiqué que le platine des électrodes et de l'appareil était attaqué, qu'une certaine quantité de ce métal entrait en dissolution, et qu'à partir de ce moment l'électrolyse devenait plus régulière. L'emploi du platine ainsi que l'usure des électrodes et du récipient, qui était assez rapide, rendaient donc cet appareil très coûteux.

Pour étudier s'il était possible de remplacer le platine par un autre métal, nous avons disposé divers échantillons de fils métalliques au fond de l'appareil à électrolyse, et la préparation du fluor a été effectuée ainsi que nous en avons l'habitude. Nous avons remarqué que, des différents métaux employés dans ces expériences, le cuivre était celui qui s'attaquait le moins, à la condition toutefois que l'acide fût bien exempt d'eau. Ce fait répond bien d'ailleurs aux propriétés du fluorure de cuivre étudié dans notre laboratoire par M. Poulenc [1].

Partant de ces expériences préliminaires, nous avons fait construire un tube en U, en cuivre, ayant à peu près la même forme (*fig.* 11) que celle de notre électrolyseur en platine. Son

(1) POULENC. Recherches sur les fluorures métalliques, *Annales de Chimie et de Physique*, 7e série, t. XI, p. 66; 1897.

volume était plus grand; il contenait environ 300^{cc} et permettait facilement d'électrolyser 200^{cc} d'acide fluorhydrique rendu conducteur par 50^{gr} de fluorhydrate de fluorure de potassium. La fermeture de l'appareil restait la même ; l'isolement se faisait encore au moyen de bouchons en fluorine, seulement la disposition des électrodes était changée. Dans nos expériences précédentes, nous nous étions servi de tiges cylindriques de platine dont l'extrémité avait la forme d'une massue. Voulant avoir une

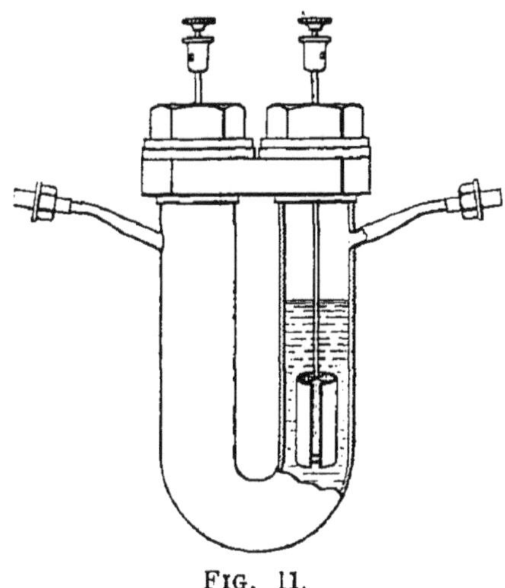

Fig. 11.

surface plus grande, nous avons pris comme électrodes des cylindres creux, ouverts suivant une de leurs génératrices ; nous avons augmenté la surface pour avoir un rendement supérieur.

Les électrodes étaient toujours en platine; nous n'avons pu, pour cette partie de l'appareil, employer du cuivre. C'est qu'en effet, dans les expériences faites avec des électrodes de cuivre, ce métal entre en dissolution dès le début de l'électrolyse et il se dépose bientôt, sur l'électrode positive, une couche de fluorure de cuivre, mauvais conducteur, qui arrête le courant. Si le mélange d'acide fluorhydrique et de fluorure de potassium est privé d'eau, l'électrolyse se produira très bien avec des électrodes de platine dans un vase de cuivre ; ce dernier, dans ces conditions, ne sera pas attaqué. Il est vraisemblable que le fluor, qui se trouve bientôt en solution dans l'acide fluorhydrique, produit à la surface du cuivre une petite couche de ce fluorure isolant, insoluble dans l'acide fluorhydrique, dont nous avons parlé précédemment.

Le rendement de ce nouvel appareil a été établi en mesurant le volume d'hydrogène dégagé au pôle négatif dans un temps déterminé. Dans une série d'expériences préliminaires, nous nous sommes assuré que le volume d'oxygène produit par l'action du fluor sur l'eau répondait bien au volume d'hydrogène mis en liberté au pôle positif, si l'on tenait compte toutefois de la proportion d'ozone formé.

Avec un courant de 50 volts et 15 ampères, nous avons obtenu un rendement qui peut aller jusqu'à 5[lit] environ par heure lorsque l'expérience ne dure que six à dix minutes. En employant un courant de 20 ampères sous le même voltage, le rendement peut s'élever jusqu'à 8[lit] ; mais, dans ce second cas, l'expérience ne saurait durer longtemps, car le liquide s'échauffe trop et malgré un refroidissement énergique, à — 50°, le gaz fluor entraîne des vapeurs abondantes d'acide fluorhydrique.

Il est important aussi de ne pas trop abaisser la température, sans quoi la combinaison d'acide fluorhydrique et de fluorure alcalin se prend en masse.

Dans ces dernières recherches, nous avons utilisé, comme mélange réfrigérant, de l'acétone tenant en suspension de l'anhydride carbonique solide. Ce mélange se manie avec beaucoup de facilité; il permet de descendre à — 80° et fournit de meilleurs résultats que le chlorure de méthyle.

Ce nouvel appareil en cuivre nous a donné de très bons rendements dans des expériences qui ont duré plusieurs heures ; il nous a permis d'aborder l'étude de quelques questions nouvelles dans lesquelles nous avions besoin d'un courant continu de fluor.

DISPOSITION DES EXPÉRIENCES.

Pour éviter des répétitions, qui s'étendraient sur plusieurs chapitres, nous croyons devoir indiquer dès maintenant le dispositif général que nous avons adopté dans nos expériences.

Les corps sur lesquels nous voulions faire réagir le fluor peuvent se diviser en corps solides, liquides et gazeux.

Si l'on veut voir quelle est l'action du fluor sur un corps solide, on peut mettre un fragment de ce corps devant l'extrémité du tube abducteur de l'appareil à électrolyse. Le plus souvent le corps solide est placé sur un couvercle de creuset de platine, que l'on tient avec une pince et qui est approché ensuite du tube à fluor.

Mais, s'il s'agit de recueillir le corps liquide ou gazeux qui s'est formé, on doit employer un autre dispositif.

Le corps solide, en menus fragments bien desséchés, est placé dans un tube de platine, semblable à ceux que nous avons représentés (*fig.* 10, *p.* 75), et qui, remplis de fluorure de sodium, servent à retenir les dernières traces de vapeur d'acide fluorhydrique. Le fluor pur arrive alors au contact de la matière solide ; la réaction se produit et l'on peut recueillir les corps gazeux sur l'eau ou le mercure, ou bien condenser les corps liquides dans un petit cylindre de platine refroidi. Il est facile, dans ces conditions, de faire réagir le fluor, soit sur une petite quantité de corps solide, pour que le fluor se trouve en excès, soit, au contraire, en présence d'un grand excès de corps solide.

C'est ainsi que nous avons étudié l'action du fluor sur l'iode, sur le soufre et sur le carbone, par exemple.

Mais il peut arriver que le corps solide (le phosphore par exemple) attaque le platine, ou que la température de la réaction soit assez élevée pour déterminer la combinaison du fluor et du platine, qui se produit vers 500°. Dans ce cas, on substitue au tube de platine un tube de fluorine bien homogène et ne contenant pas de silice. Chaque cylindre en fluorine, d'une longueur de 12^cm^ à 14^cm^, est terminé à ses deux extrémités par deux ajutages de platine sertis dans l'ouverture du tube, et qui sont réunis aux autres parties de l'appareil par des vis de pression, ainsi que nous l'avons indiqué précédemment. Ce dispositif a été employé pour étudier l'action du fluor sur l'or, le platine, le phosphore et sur un certain nombre de composés solides.

Quand il s'agit de corps liquides, on peut simplement faire arriver le fluor dans un petit tube de verre contenant le corps liquide. C'est d'ailleurs le premier essai à faire pour voir si la réaction n'est pas trop énergique et ne se produit pas avec explosion.

Lorsque les parois du tube ont été mouillées par le liquide, et que l'action du fluor est faible ou nulle, il nous est arrivé plusieurs fois d'emplir des tubes de verre de gaz fluor. Le fluor, plus lourd que l'air, restait alors dans le tube et, dans ces conditions, le fluor n'attaquait le verre que très peu; la surface était très légèrement dépolie. Ainsi, lorsque le verre est sec, l'attaque, ou bien est très lente, ou bien détermine à la surface la production d'une faible couche de fluorure alcalin qui empêche une action plus profonde.

Nous avons pu dans quelques cas, et en particulier quand il s'agit de composés organiques, saturer de fluor quelques corps liquides placés dans des tubes à essai en verre.

Lorsque le liquide contient de l'eau, ou lorsqu'il se fait dans la réaction de l'acide fluorhydrique, on doit remplacer les tubes de verre par des cylindres de platine ou par des vases en fluorine assez faciles à se procurer. Enfin, on peut aussi placer les corps liquides dans des tubes horizontaux de platine, tels que ceux qui nous ont servi pour l'étude des corps solides. Le fluor passe sur le liquide, le sature plus ou moins lentement, se combine à sa vapeur, et il est possible, avec ce dispositif, de recueillir les corps gazeux, s'il s'en produit.

Pour étudier l'action du fluor sur les gaz quand il s'agit de

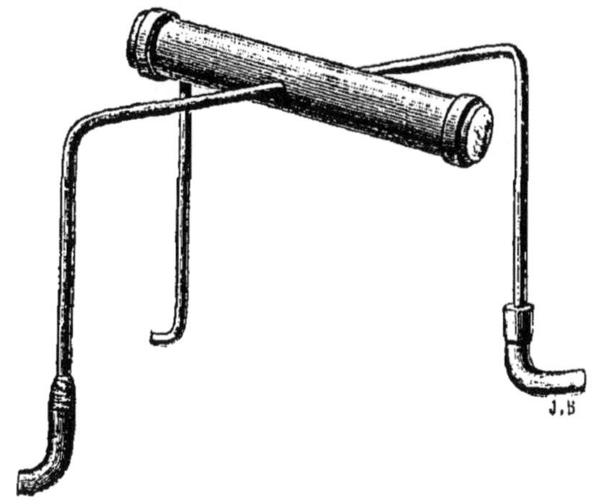

Fig. 12.

simples essais, on peut emplir de ce gaz, s'il est plus lourd que l'air, un tube à essai et introduire à l'intérieur le tube abducteur amenant le fluor. Si le gaz est notablement plus léger que l'air, dans le cas, par exemple, de l'hydrogène, on retourne le tube abducteur de platine et l'on amène au-dessus de lui rapidement une cloche renversée remplie du gaz à étudier.

S'agit-il d'étudier d'une façon plus complète l'action du fluor sur un gaz ? On emploiera alors l'appareil suivant. Il se compose (*fig.* 12) d'un tube de platine de 15^{cm} de longueur, fermé par deux plaques de fluorine bien transparente et portant latéralement trois petits tubes de platine. Deux de ces tubes, de petit diamètre, arrivent au milieu de l'appareil l'un en face de l'autre. L'un d'eux amène le fluor, l'autre le gaz à étudier. Le troisième petit tube de platine, d'un diamètre un peu plus grand, permet la sortie du mélange gazeux et peut se rendre soit sur la cuve à eau, soit sur la cuve à mercure. On commence par remplir tout l'appareil du gaz, sur lequel on expérimente, puis l'on fait arriver le fluor. On voit s'il y a inflammation, s'il se forme un corps solide ou liquide, et, après quelques instants de réaction, on peut recueillir les gaz sur l'eau ou sur le mercure.

Chaque fois que, dans ces expériences, il s'agira de recueillir des corps gazeux sur le mercure, on devra apporter la plus grande attention à ce que le tube abducteur de platine ne plonge que de quelques millimètres (2 ou 3) dans le mercure. On ne doit pas oublier en effet que la pression produite par le mercure est équilibrée par l'acide fluorhydrique du tube en U dans lequel se fait l'électrolyse ; de telle sorte que, si la pression devenait un peu plus grande, le fluor pourrait se mélanger à l'hydrogène dans les deux branches du tube en U et une violente détonation en résulterait.

CHAPITRE III.

PROPRIÉTÉS PHYSIQUES DU FLUOR.

Les appareils qui nous ont servi à la détermination des constantes physiques du fluor étant construits entièrement en platine, nous avons dû tout d'abord déterminer dans quelles conditions de température l'attaque du platine pouvait se produire.

Lorsque le fluor est bien exempt d'acide fluorhydrique, le platine, sous forme de fils ou de lames, ne s'attaque pas à la température de 100°. Un fil de platine contourné sur lui-même, et pesant $1^{gr},022$, n'a ni augmenté ni diminué de poids après lavage à l'eau distillée et calcination. Ce fil avait cependant séjourné pendant vingt-cinq minutes dans une atmosphère de fluor maintenue à 100°. Pour que la combinaison se forme avec netteté, la température doit être supérieure à 400°. Au rouge sombre, c'est-à-dire aux environs de 600°, elle se produit rapidement.

Si le platine se trouve en présence d'un mélange gazeux de fluor et d'acide fluorhydrique, l'attaque se fait avec plus de facilité. Il en est de même lorsque le platine reste au contact d'acide fluorhydrique liquide saturé de fluor, comme dans nos appareils à électrolyse ; dans ce cas, la tige de platine qui sert d'électrode positive est très rapidement corrodée, même à une température voisine de 0°.

Il résulte donc de ces expériences, qu'il est possible de manier et de conserver le gaz fluor dans des appareils de platine.

DENSITÉ DU FLUOR.

Pour prendre la densité du fluor nous avions essayé, dans une première série de recherches, d'employer des vases de verre dorés ou platinés à l'intérieur; mais les différents essais tentés dans cette voie ne nous ont pas fourni de bons résultats. Nous avons fait façonner ensuite de petits flacons en platine, aussi

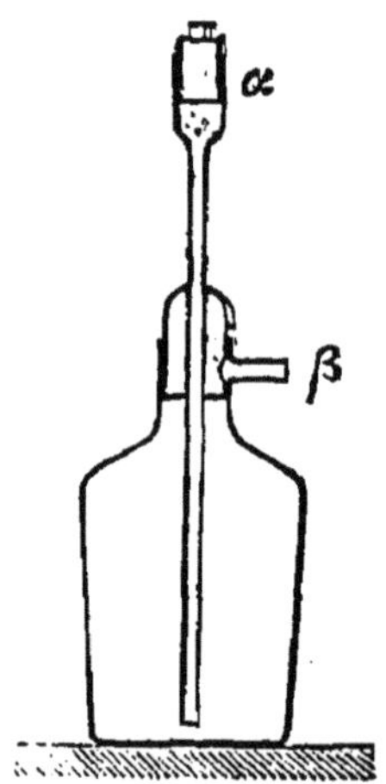

FIG. 13.

légers que possible. Ces appareils étaient analogues à ceux que M. Berthelot a employés pour la détermination des chaleurs spécifiques des liquides (1) et leur forme rappelait celle de l'appareil à densité de Chancel (2).

Ce flacon cylindrique en platine (*fig.* 13) porte à la partie supérieure un petit ajutage β qui le fait communiquer directement avec l'air extérieur. L'appareil est fermé par un bouchon

(1) BERTHELOT. Appareil pour mesurer la chaleur spécifique des liquides, *Annales de Chimie et de Physique*, 5e série, t. XII, p. 559; 1877.

(2) CHANCEL. Détermination de la densité des gaz, *Comptes rendus de l'Académie des Sciences*, t. XCIV, p. 626; 1882.

légèrement conique, portant une petite ouverture qui correspond à la tubulure latérale β. Par un simple mouvement de rotation du bouchon, il est donc facile de faire communiquer le gaz du flacon avec l'atmosphère. Enfin un petit tube, soudé au bouchon et le traversant, plonge jusqu'au fond de l'appareil et est fermé à sa partie supérieure par un cylindre de platine mobile. Le bouchon de platine, qui tourne sur lui-même et qui forme robinet, ainsi que le petit cylindre supérieur, avaient été ajustés et polis avec beaucoup de soin.

Lorsque les surfaces ont été suffisamment polies, on peut conserver le gaz dans cet appareil pendant quelques instants sans qu'il y ait de perte notable; mais le plus souvent nous préférions laisser entre le bouchon et le goulot du flacon une petite quantité du colcothar qui a servi à donner le dernier poli et qui empêche la diffusion du gaz. Nous nous sommes assuré que l'appareil bien disposé pouvait, dans ces conditions, supporter un vide partiel de 30^{cm} d'eau pendant un temps très long.

Après chaque expérience, il était indispensable de remettre le flacon sur un tour et de polir à nouveau les surfaces des bouchons.

Ce petit appareil contient environ 100^{cc} et son poids est voisin de 70^{gr}. On voit donc qu'il nous était facile, dans ces conditions, d'obtenir des pesées très exactes.

Le principe de l'expérience était très simple. Il suffisait, pour déterminer la densité, dans les conditions données de température et de pression, de peser le flacon plein d'air, de le peser plein de fluor, puis de connaître le volume exact du fluor. Comme il était impossible d'emplir notre appareil de mercure, puisque le fluor attaque ce métal, nous ne pouvions songer qu'à un déplacement gazeux.

Pour déterminer directement la densité du fluor, nous avons

empli notre flacon à densité de gaz azote ; puis, nous avons chassé cet azote par déplacement, au moyen d'un courant de fluor pur. On a pris le poids du flacon et aussitôt il a été retourné sur l'eau en le maintenant vertical. La décomposition de l'eau se produit de suite : il se forme de l'acide fluorhydrique et il se dégage de l'oxygène.

$$F^2 + H^2O = 2HF + O.$$

Le gaz est recueilli avec soin ; on absorbe l'oxygène par le pyrogallate de potasse et le volume d'azote restant est celui que le fluor n'a pas pu déplacer. On diminue alors le volume du flacon du nombre de centimètres cubes correspondant à cet azote.

Avec les chiffres ainsi obtenus, il est facile de calculer la densité du fluor.

Voici comment l'expérience était conduite. A la suite de l'appareil à fluor pur était vissé un tube bifurqué en platine, assez long et flexible ; l'une des branches de ce tube était mise en communication avec un appareil à azote pur et sec, et l'autre se terminait par un ajutage bien poli pouvant entrer, à frottement doux, dans l'entonnoir supérieur α du petit flacon à densité. Des écrous, semblables à ceux que nous avons décrits à propos de la préparation du fluor, permettaient de réunir ces différentes parties de l'appareil. Enfin, un robinet à vis, placé sur le trajet du tube à azote, réglait la vitesse d'écoulement de ce gaz.

L'azote employé dans ces expériences était produit par le procédé de M. Berthelot (1). Un flacon laveur, contenant une notable quantité de protochlorure de chrome ; puis des tubes remplis de potasse fondue et d'anhydride phosphorique, permettaient d'avoir un courant de gaz pur et sec.

(1) BERTHELOT. Note sur la préparation de l'azote à froid, au moyen de l'air atmosphérique, *Bulletin de la Société chimique de Paris*, 3e série, t. II, p. 643 ; 1889.

Les appareils producteurs de fluor et d'azote étant bien réglés, deux flacons à densité en platine, semblables, sont équilibrés sur la balance au moyen d'une tare. L'un d'eux est ensuite retiré de la balance et fixé à l'extrémité de l'appareil. On le remplit d'azote pur et sec en le faisant traverser pendant quinze à vingt minutes par un courant rapide de ce gaz. Sans toucher aux robinets du flacon, on ferme l'appareil à azote et l'on fait ensuite arriver le courant de fluor par l'orifice α. Ce gaz, ayant une densité plus grande que celle de l'azote, tombe au fond du flacon, remplit progressivement l'appareil et sort bientôt par l'ouverture β. Lorsque le silicium froid, placé auprès du petit ajutage β, s'enflamme avec facilité, on laisse passer le courant gazeux pendant cinq minutes, pour balayer l'azote autant que possible; puis l'on fait faire un demi-tour au bouchon de platine et l'on ferme α.

Au moyen d'une pince en bois, le petit appareil est mis rapidement dans un dessiccateur pour le transporter de suite sur le plateau de la balance. Cette dernière était placée dans la pièce même où se préparait le fluor, de façon à obtenir une uniformité de température aussi grande que possible pendant toute la durée de l'expérience.

On note l'augmentation de poids, la pression et la température.

Pour déterminer le volume occupé par le fluor, on retourne le flacon au-dessus d'une grande capsule remplie d'eau distillée et l'on enlève le bouchon α. Le fluor décomposant l'eau instantanément, il se fait de l'acide fluorhydrique qui entre de suite en solution, et il reste de l'oxygène mélangé de la petite quantité d'azote qui n'a pas été déplacée par le courant de fluor. Le volume restant est recueilli, mesuré, analysé par le pyrogallate de potasse et ramené par le calcul à la température de la balance. On détermine ainsi le volume de l'azote et, par différence, connaissant la capacité du flacon, le volume réel du fluor.

Le volume intérieur du flacon a été obtenu en pesant le flacon d'abord vide, puis plein d'eau distillée à la température de 0°.

Dans une première expérience nous avons obtenu les chiffres suivants :

	gr.
Flacon de platine plein d'air...............	+ 1,780
Flacon de platine plein de fluor............	+ 1,756
Augmentation de poids due au fluor........	0,024

Pression atmosphérique.............	748mm,5
Température extérieure.............	16°

Volume du flacon de platine à 16° (1).........	79cc,95
Volume de l'azote restant à 16°..............	5,06
Volume du fluor à 16°......................	74,89

Le poids réel p du fluor, c'est-à-dire la différence 0gr,024 augmentée du poids d'un volume d'air égal à celui du fluor, pris à la température de 16° et à la pression de 748mm,5, sera

$$p = 0{,}024 + 74{,}89 \times 0{,}001293 \times \frac{748{,}5}{760} \times \frac{1}{1 + 16 \times 0{,}00367}$$

et la densité x du fluor sera donnée par la formule :

$$p = 74{,}89 \times 0{,}001293\, x \times \frac{748{,}5}{760} \times \frac{1}{1 + 16 \times 0{,}00367};$$

d'où, en résolvant :

$$x = 1{,}264.$$

D'après cette première expérience, la densité du gaz fluor à 0° et à 760mm est donc 1,264.

Trois autres déterminations, faites par la méthode que nous venons d'exposer, nous ont fourni les chiffres 1,262, 1,265 et

(1) Ce volume a été déduit du volume à 0° en adoptant, pour le coefficient de dilatation cubique du platine, la valeur 0,000027.

1,270. Nous adopterons donc, d'après ces recherches, le chiffre moyen de 1,26.

La densité théorique du fluor, obtenue en multipliant la densité de l'hydrogène 0,06927 par le poids atomique du fluor 19, est de 1,316; elle est donc plus élevée de 0,05 que la densité expérimentale.

Nous ferons remarquer, à propos de cette différence, que, dans nos recherches sur le trifluorure de phosphore, nous avons obtenu une densité un peu plus faible, ce qui pourrait peut-être laisser supposer que la détermination du poids atomique du fluor a fourni un chiffre un peu élevé. Nous avons repris cette détermination et, comme nous le verrons plus loin, nous avons trouvé pour poids atomique du fluor 19,05, chiffre qui donne pour densité théorique du fluor 1,314.

Nos expériences ont été faites avec une balance qui accusait aisément $0^{gr},0005$ avec une charge de 70^{gr} dans chaque plateau.

De plus, le flacon de platine présente cet avantage de mettre rapidement le gaz qu'il contient en équilibre de température avec l'air contenu dans la cage de la balance. Peut-être même cet avantage compense-t-il, jusqu'à un certain point, la petitesse du volume gazeux employé. Avec des appareils en platine on ne peut, en effet, augmenter le volume qu'en augmentant le poids dans de grandes proportions, c'est-à-dire en diminuant la sensibilité de la balance (1).

Des expériences comparatives, faites dans nos appareils avec différents gaz, nous ont fourni des résultats assez exacts, que nous attribuons justement à ces conditions expérimentales. Nous citerons, par exemple, l'anhydride carbonique, dont la densité

(1) Nous n'avons pas donné, à notre flacon à densité, la forme sphérique qui nous eût donné le volume maximum à égalité de surface, parce que le travail du platine eût été, dans ce cas, très difficile. Plusieurs soudures autogènes indispensables auraient augmenté le poids de notre appareil déjà suffisamment lourd.

trouvée était de 1,492, chiffre qui s'éloigne peu de 1,529, donné par Regnault.

En résumé, la densité du fluor pur a pu être déterminée : elle est de 1,26, c'est-à-dire très voisine de la densité théorique.

COULEUR DU FLUOR.

Par suite de l'ensemble de ses propriétés, le fluor se place nettement en tête de la famille naturelle : fluor, chlore, brome et iode. Comme tous les corps simples de cette famille, à l'état gazeux, sont colorés, que, de plus, l'intensité de coloration diminue graduellement de l'iode au chlore, il était important de s'assurer si le fluor présentait une couleur spéciale.

Dans nos recherches précédentes le fluor, regardé sur un fond blanc au moment où il s'échappait de l'ajutage de platine de notre appareil à électrolyse, ne paraissait pas coloré. Cette expérience ne pouvait nous fournir qu'une indication très superficielle. Nous avons repris cette étude en nous servant de tubes de platine, soit de $0^m,50$, soit de 1^m de longueur, fermés par des plaquettes de fluorine tout à fait transparente. Deux ajutages de platine, soudés auprès des extrémités (*fig.* 14), permettaient l'entrée et la sortie du gaz.

Cette fluorine transparente est très rare, on peut dire presque introuvable, en morceaux de grande dimension ; mais des plaquettes de petite surface se rencontrent encore assez facilement dans des blocs de fluorine blanche.

Quelques-unes de nos lamelles, bien exemptes de gerces, étaient aussi pures et aussi transparentes que le plus beau cristal. Ces lamelles circulaires, d'un diamètre de $0^m,02$ et d'une épaisseur de 3^{mm}, s'appuyaient sur le bord du cylindre en platine et étaient serrées doucement entre deux couronnes de plomb.

Les cylindres de platine s'adaptaient à un pas de vis extérieur que portait chaque extrémité du tube de platine.

L'appareil est d'abord séché avec soin, puis légèrement incliné et rempli par déplacement de gaz fluor jusqu'à ce que le silicium froid prenne feu à l'extrémité de l'autre ajutage. Avec notre appareil à fluor le tube, d'une longueur de 1^m, dont la capacité intérieure était d'environ 200^{cc}, pouvait être rempli en quelques minutes.

Les deux petits tubes d'arrivée et de sortie sont alors fermés par des cylindres de platine ajustés à frottement doux.

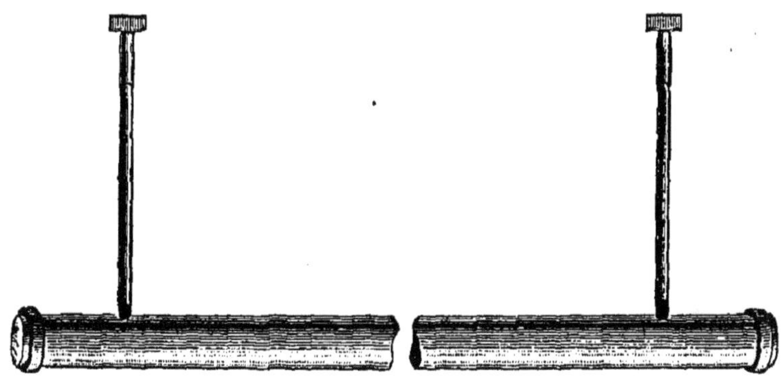

Fig. 14.

Il est bon de faire fondre un peu de fluorhydrate de fluorure de potassium sur le cercle de jonction du petit ajutage pour que la fermeture soit plus complète.

Pour se rendre compte de la couleur du gaz, il suffit ensuite de regarder une surface blanche, en comparant la teinte à celle fournie par un tube de verre rempli d'air, de même longueur et de même diamètre, entouré de papier noir et fermé par deux lames de verre à faces parallèles.

Sous une épaisseur de $0^m,50$, le fluor possède une couleur jaune verdâtre très nette, plus faible que celle du chlore, vu sous la même épaisseur. La teinte diffère d'ailleurs de celle du chlore en ce qu'elle approche davantage du jaune.

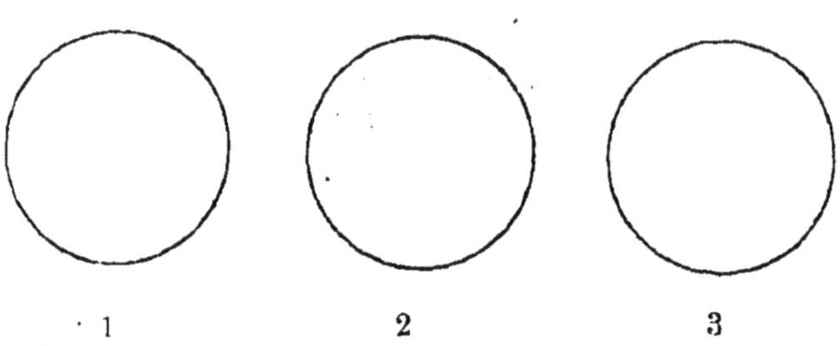

Nous donnons ci-contre la teinte présentée : 1° par l'appareil rempli d'air ; 2° par le fluor examiné dans un tube de platine de 1^m ; et 3° par le chlore vu sous la même épaisseur.

Enfin, examiné au spectroscope, sous une épaisseur de 1^m, le fluor ne nous a pas présenté de bandes d'absorption.

SPECTRE DU FLUOR.

Dans un Mémoire sur les spectres des métalloïdes, Salet, en comparant les spectres du chlorure et du fluorure de silicium, a déterminé un certain nombre de raies appartenant au fluor (1). Voici les résultats obtenus par ce savant :

Spectre de lignes.

F α	1	692	environ.
	2	686	
	3	678	
F β		640	
F γ		623	

(1) G. Salet. Sur les spectres des métalloïdes, *Annales de Chimie et de Physique*, 4e série, t. XXVIII, p. 34 ; 1873.

Nous avons cherché dans cette étude à déterminer les raies du fluor, en comparant le spectre fourni par l'étincelle éclatant dans une atmosphère de gaz fluor, ou au milieu de différents composés gazeux plus ou moins facilement dissociables par une forte élévation de température.

Lorsqu'il s'agissait du fluor, nous avons employé d'abord des électrodes de platine, puis des électrodes d'or, afin d'éliminer les raies appartenant au métal ou au fluorure métallique.

Enfin, comme nos recherches antérieures nous avaient permis de découvrir plusieurs composés fluorés gazeux, nous avons pu comparer le spectre précédent avec ceux que nous ont fournis successivement l'acide fluorhydrique, le fluorure de silicium, le tétrafluorure de carbone, le trifluorure de phosphore et le pentafluorure de phosphore.

Nous avons regardé comme appartenant au fluor les raies communes fournies par ces différents composés, lorsqu'elles s'identifiaient avec les raies produites par l'étincelle dans une atmosphère de fluor.

Le dispositif de ces expériences était très simple. Les gaz qui n'attaquaient pas les silicates étaient placés à la pression ordinaire dans des tubes excitateurs en verre munis de fils de platine, tels que ceux employés par Salet. On a étudié dans ces conditions le fluorure de silicium et le tétrafluorure de carbone. En opérant pendant un temps assez court on a même pu expérimenter sur les fluorures de phosphore dans cet appareil de verre.

Les gaz, tels que le fluor et l'acide fluorhydrique, étaient contenus dans un appareil en platine (*fig.* 15). Les tiges de platine très épaisses, qui servaient d'électrodes, étaient isolées au moyen de petits cylindres de fluorine. Un tube latéral très court, placé devant la partie où jaillissait l'étincelle, était fermé par une lame transparente de fluorine. Cette dernière, aussi limpide qu'une glace, permettait de voir nettement l'étincelle dont l'éclat était encore augmenté par le brillant du tube de platine vertical qui formait miroir. Enfin deux petits tubes abducteurs, que l'on pouvait fermer par des bouchons à vis, permettaient l'entrée et la sortie du gaz. Le tube latéral, qui laissait voir l'étincelle, ainsi que les deux cylindres de fluorine,

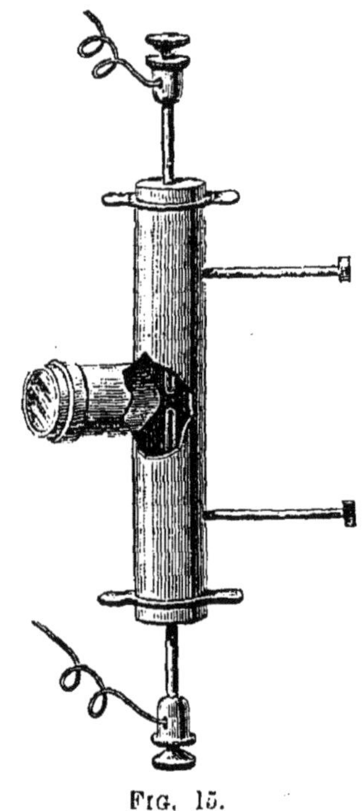

Fig. 15.

qui isolaient les électrodes, étaient mobiles, et des garnitures métalliques servaient à les visser sur l'appareil. Une petite couronne de plomb ou de mousse d'or, écrasée entre les rebords de l'écrou et de la vis, assurait une fermeture hermétique.

Cet appareil, entièrement en platine et en fluorine, était séché à l'étuve, puis rempli d'azote sec et l'on déplaçait ensuite ce dernier gaz par un courant de fluor ou de vapeurs de composés fluorés.

L'étincelle était fournie par une forte bobine de Ruhmkorff pouvant produire facilement dans l'air des étincelles de 10cm. Outre son condensateur, on ajoutait à cette bobine une bouteille de Leyde assez grande. Six éléments Bunsen fournissaient l'électricité nécessaire, et l'on avait bien soin de disposer les électrodes de façon à n'obtenir qu'une petite étincelle ne dépassant pas quelques millimètres.

Le spectroscope qui nous a servi dans ces recherches était à trois prismes très denses, afin d'obtenir un spectre assez étendu.

Nous donnons ci-dessous, exprimés en longueurs d'onde, les résultats obtenus sur l'azote, le fluor et les divers gaz fluorés que nous avons examinés.

Azote.

APPAREIL EN PLATINE.

Électrodes de platine.		Électrodes d'or.	
λ = 660,2	azote	λ = 660,2	azote
656,2	hydrogène	656,2	hydrogène
		648	azote
		627,5	or
		596	or
		595,5	or
		595	azote
		594	azote
		593	azote
		583	or
		571	azote
		566	azote
		568	azote
		567,5	azote
		566	azote
		523	or

Les tiges d'or que l'on emploie comme électrodes dans cette

expérience doivent être très pures et bien exemptes de cuivre, de plomb et d'arsenic. Pour arriver à ce résultat, du chlorure d'or a été réduit par l'acide sulfureux; le métal obtenu a été traité à plusieurs reprises par l'acide chlorhydrique, puis lavé à grande eau, enfin repris par l'eau régale et précipité à nouveau par l'acide sulfureux. On a fondu cette mousse d'or et le lingot a été ensuite passé à la filière.

Fluor.

APPAREIL EN PLATINE.

Électrodes de platine.		Électrodes d'or.	
λ = 744	fluor		
740	fluor		
734	fluor	λ = 734	fluor
714	fluor	714	fluor
704	fluor	704	fluor
691	fluor	691	fluor
687,5	fluor	687,5	fluor
685,5	fluor	685,5	fluor
683,5	fluor	683,5	fluor
677	fluor	677	fluor
656,2	hydrogène		
640,5	fluor	640,5	fluor
634	fluor	634	fluor
623	fluor	623	fluor

L'expérience est très brillante, surtout avec les tiges de platine. Dans ce cas, les raies paraissent plus lumineuses qu'avec les électrodes d'or. Entre les longueurs d'onde 744 et 677, on n'obtient aucune autre raie que celles indiquées sur notre tableau. En deçà, il existe différentes raies qui ne se retrouvent pas avec les autres composés du fluor et qui peuvent appartenir au fluorure métallique.

Acide fluorhydrique.

APPAREIL EN PLATINE.

Électrodes de platine.		Électrodes de platine.	
λ = 704	fluor	λ = 623	fluor
656,2	hydrogène	596,3	platine
652,2	platine	585,5	platine
640,0	fluor	583,7	platine
634	fluor	580,6	platine

Pour cette expérience, nous faisions circuler autour de notre appareil de platine un courant d'air chaud, de façon à maintenir l'acide fluorhydrique à l'état gazeux, à une température de + 50° environ.

L'acide fluorhydrique se décompose difficilement sous l'action de l'étincelle : aussi les raies de l'extrême rouge font défaut. En plus des raies indiquées ci-dessus, il s'en présente un très grand nombre d'autres. On obtient, en effet, non seulement les raies de l'acide fluorhydrique, mais encore celles du fluor et de l'hydrogène, ainsi que celles du platine et du fluorure de platine.

Dans cette expérience comme dans la précédente, toutes les raies du fluor apparaissent très brillantes. Sous l'action de l'étincelle, l'acide fluorhydrique se dédouble en hydrogène et en fluor qui se recombinent aussitôt ; cependant une petite quantité du fluor attaque en même temps le métal des électrodes et fournit les raies brillantes du platine et celles du fluorure de platine, que nous ne connaissons pas.

J'ajouterai qu'avec l'acide fluorhydrique on obtient plusieurs bandes, dans le jaune et dans le violet ; mais ces bandes peu nettes et très larges, ne nous ont pas permis d'en déterminer exactement la position.

Fluorure de silicium.

APPAREIL EN VERRE.

Électrodes de platine.

d'après nos expériences.		d'après Salet.
λ = 734	fluor	
714	fluor	
691	fluor	λ = 692
687,5	fluor	
685,5	fluor	686
683,5	fluor	
677	fluor	678
656,2	hydrogène	
640,5	fluor	640
634	fluor	
623	fluor	623
598	fluorure de silicium d'après Troost et Hautefeuille.	

Le fluorure de silicium employé dans cette expérience était complètement exempt de vapeurs d'acide fluorhydrique ; il était absolument pur.

Le nombre des raies visibles dans l'extrême rouge est moindre que pour le spectre obtenu avec une atmosphère de fluor. C'est là un fait qui tient à la stabilité du fluorure de silicium, qui ne se dédouble que difficilement sous l'action de l'étincelle, ainsi que nous l'avons démontré dans le premier chapitre de cet ouvrage. Ceci explique pourquoi Salet n'a trouvé qu'un nombre assez faible de raies dans le rouge, en examinant le fluorure de silicium.

Lorsque le passage de l'étincelle dans les tubes excitateurs fermés, remplis de fluorure de silicium à la pression atmosphérique, a duré plusieurs heures, il se produit sur le verre un léger dépôt gris de silicium.

Trifluorure de phosphore.

APPAREIL EN VERRE.

Électrodes de platine.		Électrodes de platine.	
λ = 740	fluor	λ = 634	fluor
714	fluor	623	fluor
704	fluor	604,6	phosphore
691	fluor	603,5	phosphore
685,5	fluor	602,5	phosphore
677	fluor	549,8	phosphore
650,6	phosphore	546,1	phosphore
646,3	phosphore	545,2	platine
640,5	fluor		

Les raies du phosphore apparaissent avec beaucoup d'éclat, tandis qu'il nous manque les raies les plus faibles du fluor. Sous l'action de l'étincelle, le trifluorure de phosphore est en effet décomposé, comme nous l'avons démontré depuis longtemps, en phosphore, qui devient libre, et en fluor, qui se recombine aussitôt à l'excès de trifluorure pour produire du pentafluorure.

$$2PF^3 = 2P + 3F^2.$$
$$3F^2 + 3PF^3 = 3PF^5.$$

Pentafluorure de phosphore.

APPAREIL EN VERRE.

Électrodes de platine.		Électrodes de platine.	
λ = 704	fluor	λ = 646,3	phosphore
691	fluor	640,5	fluor
685,5	fluor	634	fluor
650,6	phosphore	623	fluor

Avec le pentafluorure de phosphore, on obtient beaucoup moins de raies qu'avec le trifluorure, ce qui démontre une fois de plus que le pentafluorure possède une stabilité très grande. J'avais déjà insisté sur ce fait, que l'on ne pouvait dédoubler le pentafluorure qu'avec des étincelles d'induction très chaudes. Les raies λ = 604,6 et λ = 602,5, qui sont très fortes pour le phosphore, ne se voient pas ou ne se voient que difficilement avec le pentafluorure. Dans cette décomposition il n'y a, en effet, qu'un dédoublement très faible en fluor et trifluorure.

$$PF^5 = PF^3 + F^2.$$

Nous n'avons rencontré la raie de l'hydrogène λ = 656,2 dans le spectre de l'un ni de l'autre des deux fluorures de phosphore.

Tétrafluorure de carbone.

APPAREIL EN VERRE.

Électrodes de platine.		Électrodes de platine.	
λ = 744	fluor	λ = 685,5	fluor
740	fluor	683,5	fluor
734	fluor	677	fluor
714	fluor	640,5	fluor
704	fluor	634	fluor
691	fluor	623	fluor
687,5	fluor	596,3	platine

Ce spectre est le plus beau de tous ceux que nous avons obtenus. Le nombre des raies est très grand et celles du fluor sont très brillantes. On obtient en même temps dans le spectre du carbone les raies

λ = 569,4	très faible	λ = 515	nette
566	très faible	514,4	nette
564,6	plus visible	513,3	très faible
537,9	très faible		

Enfin, à partir de la raie λ = 564,6 le spectre est formé d'une multitude de petites raies vertes très fines et très voisines qui occupent le spectre jusqu'à $\lambda = 378$. Parmi ces raies très fines, on rencontre un certain nombre de raies plus brillantes. Des bandes apparaissent aussi dans le violet.

En résumé, dans la première expérience, on a déterminé les raies fournies par notre appareil monté avec des tiges de platine et rempli d'azote. La deuxième nous a donné les raies de l'appareil plein de fluor avec tiges de platine. La troisième et la quatrième ont été faites avec des tiges d'or dans l'azote, puis dans le fluor. En comparant les résultats obtenus et en éliminant les raies appartenant au platine et à l'or, nous avons considéré les raies communes comme devant être attribuées au fluor.

Nous avons ensuite déterminé les raies produites par l'acide fluorhydrique, par le fluorure de silicium, le trifluorure de phosphore, le pentafluorure de phosphore et le tétrafluorure de carbone. Nous avons éliminé la raie rouge assez large appartenant à l'hydrogène, que nous avons retrouvée dans la plupart de nos expériences, et nous n'avons pris que les raies communes à la plupart de ces composés.

Dans ces conditions, nous avons obtenu en longueurs d'onde, pour le fluor, les chiffres suivants :

$\lambda =$ 744	très faible	$\lambda =$ 685,5	faible
740	très faible	683,5	faible
734	très faible	677	forte
714	faible	640,5	forte
704	faible	634	forte
691	faible	623	forte
687,5	faible		

Les distances de ces raies rouges ont été relevées plusieurs fois, et d'une façon très nette, d'abord sur l'échelle d'un micromètre éclairé et ensuite au moyen d'un réticule mobile. Pour transformer ces distances en longueur d'onde, nous n'avons pu employer ni la formule de M. Cornu, ni celle de M. Gibbs, car, dans la partie du rouge où se rencontrent les raies du fluor, nous n'avions aucun point de repère entre la deuxième raie du potassium et la raie du lithium. Cette distance assez grande de 99,2 λ, placée entre les longueurs d'onde 769,7 et 670,5, ne nous a permis que la construction d'une courbe sur laquelle ont été relevés les résultats indiqués plus haut.

On pourrait, à la vérité, repérer des points intermédiaires, grâce au spectre solaire; mais l'installation de notre laboratoire ne nous permettait pas une semblable mesure.

Nous ajouterons que nous le regrettons beaucoup, car il est bien probable que le spectre du fluor ne comporte pas seulement les raies rouges que nous venons d'indiquer. D'après nos expériences, faites avec le fluor et le fluorure de carbone, nous pensons que ce spectre est plus étendu et en partie comparable à celui du chlore.

En résumé, les raies du fluor, connues jusqu'ici, s'élèvent au nombre de treize et se trouvent dans la partie rouge du spectre.

LIQUÉFACTION DU FLUOR.

Les recherches sur la liquéfaction du fluor ont été faites en collaboration avec M. Dewar.

Les propriétés physiques d'un grand nombre de composés fluorés minéraux et organiques faisaient prévoir que la liquéfaction du fluor ne serait susceptible de se produire qu'à très basse température.

Tandis que les chlorures de bore et de silicium sont liquides à la température ordinaire, les fluorures sont gazeux et très éloignés de leur point de liquéfaction. La différence est la même pour les composés organiques : le chlorure d'éthyle bout à + 12°, et le fluorure d'éthyle à — 32° ; d'après nos expériences, le chlorure de propyle bout à + 45° et le fluorure de propyle à — 2° [1]. Des remarques semblables avaient été indiquées antérieurement par Paterno et Oliveri [2], et par Wallach et Heusler [3]. On peut rapprocher de ces faits les expériences de Gladstone sur la réfraction atomique.

Enfin par certaines de ses propriétés, bien que le fluor reste nettement en tête de la famille du chlore, il se rapproche aussi de l'oxygène.

L'ensemble de ces observations paraissait bien établir que le fluor ne pourrait que difficilement être amené à l'état liquide.

L'un de nous avait démontré déjà qu'à — 95°, à la pression ordinaire, il ne changeait pas d'état.

Dans les nouvelles expériences entreprises en collaboration avec M. Dewar, le fluor a été préparé par électrolyse du fluorure de potassium en solution dans l'acide fluorhydrique anhydre. Le gaz fluor était débarrassé des vapeurs d'acide fluorhydrique par son passage dans un petit serpentin de platine refroidi par un mélange d'acide carbonique solide et d'alcool. Deux tubes de platine remplis de fluorure de sodium bien sec permettaient d'achever cette purification.

Le premier appareil à liquéfaction que nous avons employé se composait d'un petit cylindre de verre mince, à la partie supérieure duquel était soudé un tube de platine. Ce dernier contenait, suivant son axe, un autre tube plus petit, de même

(1) Meslans. Préparation et propriétés du fluorure de propyle, *Comptes rendus de l'Académie des Sciences*, t. CVIII, p. 352 ; 1889.

(2) Paterno e Oliveri. Ricerche sui tre acidi fluobenzoici e sugli acidi fluotoluico e fluoanisico, *Gazzetta chimica italiana*, t. XII, p. 85, 1882 ; et t. XIII, p. 583 ; 1883.

(3) Wallach und Heusler. Ueber organische Fluorverbindungen, *Liebig's Annalen der Chemie*, t. CCXLIII, p. 219 ; 1887.

métal. Le gaz à liquéfier arrivait par l'espace annulaire, passait dans l'ampoule de verre, et ressortait par le tube intérieur.

Cet appareil était réuni, par une soudure, au tube abducteur qui amenait le fluor.

Dans ces expériences, nous avons employé l'oxygène liquide comme substance réfrigérante. Cet oxygène était préparé par les procédés décrits par l'un de nous ([1]), et ces recherches ont exigé la consommation de plusieurs litres de ce liquide.

L'appareil étant refroidi à la température d'ébullition tranquille de l'oxygène (— 183°), le courant de gaz fluor passait dans l'ampoule de verre sans se liquéfier. Mais à cette basse température le fluor avait perdu son activité chimique, il n'attaquait plus le verre.

Si l'on vient alors à faire le vide au-dessus de l'oxygène liquide, on voit, aussitôt que l'ébullition rapide se produit, un liquide ruisseler à l'intérieur de la petite ampoule de verre, tandis qu'il ne sort plus de gaz de l'appareil. A ce moment, on bouche avec le doigt le tube de sortie du gaz pour éviter toute rentrée d'air. L'ampoule de verre ne tarde pas à se remplir d'un liquide jaune clair possédant une grande mobilité. La couleur de ce liquide rappelle bien la teinte du fluor vu sous une épaisseur d'un mètre. D'après cette première expérience, le fluor se liquéfie aux environs de — 185°.

Aussitôt que le petit appareil de verre est retiré de l'oxygène liquide, la température s'élève et le liquide jaune entre en ébullition, en fournissant un abondant dégagement de gaz, présentant bien les réactions énergiques du fluor.

De nouveaux essais de liquéfaction ont été poursuivis au

(1) J. Dewar. The liquefaction of air and researches at low temperatures, *Proceedings of the Chemical Society of London*, t. XI, p. 231 ; 1895. — New researches on liquid air, *Proceedings of the Royal Society of London*, t. LX, p. 57, 283, 358, 425 ; 1896.

moyen d'un appareil semblable à celui que nous venons de décrire, c'est-à-dire formé d'un réservoir de verre soudé à un tube de platine et en contenant un autre plus petit à l'intérieur; seulement chacun de ces tubes de platine portait un robinet à vis, de telle sorte qu'il était facile, à un moment donné, d'éviter la communication soit avec l'air atmosphérique, soit avec le courant de fluor. Ce petit appareil était disposé dans un récipient de verre à double paroi, de forme cylindrique, et contenant l'air liquide. Ce récipient était en communication avec une pompe à vide, d'une part, et avec un manomètre, d'autre part.

Dans une série d'essais préliminaires, on avait déterminé exactement les températures d'ébullition de l'oxygène liquide, aux pressions indiquées par le tube manométrique.

Dans nos expériences précédentes, nous avions établi que le fluor ne se liquéfiait pas à la température d'ébullition de l'oxygène, à la pression atmosphérique.

Nous avons reconnu alors que, en reproduisant la même expérience avec de l'air liquide récemment préparé, le fluor se liquéfiait aussitôt que ce liquide entrait en ébullition à la pression ordinaire.

Nous avons répété notre ancienne expérience, avec l'oxygène liquide comme réfrigérant, et en faisant le vide, nous avons constaté que la liquéfaction du fluor se produisait par l'évaporation de l'oxygène sous une pression de $43^{cm},5$ de mercure.

Nous pouvons déduire de ces deux expériences que la température d'ébullition du fluor est très voisine de — 187°.

Essais de solidification. — Lorsque la petite ampoule de verre a été remplie aux trois quarts de fluor liquide, nous avons fermé les deux robinets à vis, et nous avons produit l'ébullition rapide de l'air liquide qui servait de réfrigérant sous une pression de $3^{cm},5$. Dans ces conditions, on a atteint la température de $-210°$. Le fluor n'a pas présenté trace de solidification ; il a conservé une mobilité très grande.

Pour compléter cette expérience, il eût fallu produire l'ébullition rapide du fluor liquide ainsi obtenu ; nous espérons y arriver dans des recherches ultérieures.

En répétant fréquemment cet essai, il est arrivé une fois un léger accident à l'un de nos petits appareils contenant le fluor : la vis ayant été faussée, l'air atmosphérique est rentré jusque dans l'ampoule de verre. Cet air s'est immédiatement liquéfié et, en peu d'instants, nous avons obtenu deux couches liquides superposées : la couche supérieure, incolore, était formée d'air liquide, et la couche inférieure, d'un jaune pâle, était du fluor.

Dans une autre expérience, afin d'être bien certain d'éviter toute rentrée d'air, le fluor a été amené, à l'état liquide, dans un tube de verre ; puis l'extrémité du tube a été ensuite scellée à la lampe. Ce tube scellé, contenant le fluor liquide, maintenu longtemps à la température de $-210°$ (ébullition rapide d'une grande quantité d'air atmosphérique liquide) n'a pas donné trace de corps solide.

Densité approchée du fluor liquide. — Pour déterminer la densité du fluor liquide nous avons mis en contact avec ce corps un certain nombre de substances dont les densités étaient exactement connues. En choisissant des parcelles de matières dont les densités sont assez voisines les unes des autres, il est facile de voir celles qui surnagent ou qui tombent dans le liquide. Cette méthode détournée, connue depuis longtemps du reste, était la plus commode pour ces expériences délicates.

Nous avons tout d'abord commencé par nous assurer que le fluor liquide n'agissait pas sur les substances employées. Pour cela nous avons placé un cristal de sulfocyanure d'ammonium (densité : 1,31) dans un tube de verre entouré d'air liquide en pleine ébullition. On a fait arriver ensuite un courant de gaz fluor au fond du tube, au moyen d'un ajutage de platine. Le fluor s'est liquéfié rapidement et le sulfocyanure d'ammonium n'a pas été attaqué.

On a répété la même expérience avec un fragment d'ébonite (D = 1,13), de caoutchouc (D = 0,99), de bois (D = 0,96), d'ambre (D = 1,14), et d'oxalate de méthyle (D = 1,15). Il est important, dans ces expériences, que les diverses substances que nous venons d'indiquer soient maintenues un certain temps à la température de — 200° avant de les mettre au contact du fluor.

Dans un de nos essais un fragment de caoutchouc, ayant été insuffisamment refroidi, a pris feu à la surface liquide et a brûlé complètement avec un vif éclat, sans produire le moindre dépôt de carbone (1).

Voici comment l'expérience a été conduite : dans un tube de verre, fermé à l'une de ses extrémités et dont la partie inférieure a été légèrement étirée, on a placé des fragments des cinq substances indiquées ci-dessus. Le tube a été plongé ensuite au tiers de sa hauteur dans l'air liquide en pleine ébullition. Lorsque le tout a été porté à une température voisine de — 200°, on a fait arriver lentement le courant de fluor gazeux. Ce dernier n'a pas tardé à se liquéfier, et l'on a vu le bois, le caoutchouc et l'ébonite nager nettement à la surface du liquide jaune pâle. Au contraire, l'oxalate de méthyle est resté constamment au fond, tandis que l'ambre montait et descendait au milieu du liquide, paraissant avoir la même densité que lui. L'appareil a été agité plusieurs

(1) Le morceau de caoutchouc se déplace à la surface du fluor liquide comme un morceau de sodium sur l'eau en produisant une lumière d'une grande vivacité.

fois, on a augmenté la quantité de fluor liquide, les résultats ont toujours été les mêmes.

Nous pouvons conclure de cette expérience que la densité du fluor liquide est voisine de 1,14.

Un autre point qui nous semble intéressant est le suivant :

Le petit fragment d'ambre qui nageait au milieu du fluor ne se distinguait plus qu'avec beaucoup de difficultés, ce qui semble indiquer pour le fluor liquide un indice de réfraction très voisin de celui de ce corps solide.

Dans une autre expérience, nous avons liquéfié du fluor dans un tube de verre gradué au préalable. On a alors scellé le tube qui avait été pesé avant l'expérience et on l'a abandonné à lui-même dans un vase rempli d'air liquide à la pression ordinaire. Une heure et demie après, le tube plongeant encore de 1^{cm} dans l'air liquéfié, le fluor n'avait pas changé d'aspect. Mais, peu de temps après que l'air liquide se fut évaporé, une violente détonation s'est produite; le tube scellé et le récipient à double paroi qui le contenait ont été brisés et réduits en poussière. Ce tube scellé nous a démontré que le fluor liquide subissait, en passant de — 187° à — 210°, une diminution de volume de $\frac{1}{14}$.

Spectre d'absorption. — On a examiné, au spectroscope, différents échantillons de fluor liquide, sous une épaisseur d'environ 1^{cm}, soit au moyen de tubes scellés, soit au moyen de notre petit appareil à condensation. Nous n'avons jamais observé de bandes d'absorption.

Magnétisme. — Le fluor liquide, placé entre les pôles d'un électro-aimant puissant, ne présente aucun phénomène magnétique. Ces expériences, qui ont été répétées plusieurs fois, doivent être considérées comme d'autant plus probantes, que nous les avons faites comparativement avec de l'oxygène liquide, sur lequel les phénomènes magnétiques se sont manifestés d'une manière très nette.

Capillarité. — La constante capillaire du fluor est plus faible que celle de l'oxygène liquide. Un tube capillaire, plongé successivement dans le fluor, dans l'oxygène, dans l'alcool et dans l'eau nous a donné les chiffres suivants :

	mm
Hauteur du fluor liquide	3,5
» de l'oxygène liquide	5,0
» de l'alcool	14,0
» de l'eau	22,0

Action de quelques substances sur le fluor liquide. — Nous avons profité de ces expériences pour étudier quelques réactions du fluor à très basse température.

Hydrogène. — Du fluor liquide, maintenu dans un tube de verre, a été fortement refroidi par de l'air liquide amené à l'ébullition sous une faible pression. On a fait arriver alors à la surface du liquide jaune, au moyen d'un ajutage en platine, un courant lent de gaz hydrogène. Il y a eu combinaison immédiate avec production d'une flamme qui a illuminé le tube. L'expérience a été répétée en faisant tremper l'ajutage de platine au milieu du fluor liquide. A cette température de — 210° la combinaison complète se produit encore, avec un grand dégagement de chaleur et de lumière.

Dans un autre essai, l'appareil à hydrogène était terminé par un tube de verre effilé, trempant dans le fluor liquide. Lorsque la quantité de ce dernier corps a été suffisante, on a fait arriver lentement le courant d'hydrogène. La combinaison s'est produite instantanément et avec violence.

Oxygène. — L'action de l'oxygène liquide a été étudiée avec beaucoup de soins.

Si l'on fait arriver, dans un tube de verre, le courant de fluor à la surface de l'oxygène liquide, le fluor se dissout en toutes proportions en donnant une coloration jaune, formant une teinte dégradée de la partie supérieure du liquide à la partie inférieure. Le fond du tube est à peine coloré. Si, au contraire, on fait arriver le fluor gazeux au fond de l'oxygène liquide, la couche jaune se produit à la partie inférieure et se diffuse lentement dans le liquide supérieur.

Ce phénomène tient à ce que les densités du fluor et de l'oxygène liquides sont très voisines.

Lorsque l'on a obtenu un semblable mélange d'oxygène et de fluor liquides, si on laisse la température s'élever lentement, l'oxygène s'évapore le premier. Le liquide se concentre de plus en plus en fluor; puis, ce dernier entre en ébullition à son tour. En effet, au début de cette ébullition, le gaz qui se dégage rallume une allumette ne présentant plus qu'un point en ignition et ne porte pas le noir de fumée ou le silicium à l'incandescence. Au contraire, le gaz qui se dégage à la fin de l'expérience enflamme instantanément ces deux corps. Lorsque l'ampoule de verre est complètement vide et lorsque sa température continue à s'élever, on perçoit tout à coup un dégagement brusque de chaleur et le verre se dépolit intérieurement. Cette élévation de température provient de l'attaque du verre par le fluor gazeux et par l'acide fluorhydrique résultant de l'action de la vapeur d'eau atmosphérique.

Eau. — On a congelé et refroidi à —210° une petite quantité d'eau au fond d'un tube de verre. Le fluor liquide a formé à la surface de la glace une couche mobile qui n'a pas réagi et qui a repris l'état gazeux ensuite par simple élévation de température. Dès que l'appareil s'est échauffé, le fluor gazeux restant a attaqué la glace avec énergie et l'on a perçu une odeur très forte d'ozone.

Mercure. — On a solidifié, au fond d'un tube de verre, un globule de mercure dont la surface était très brillante. Le fluor a été ensuite liquéfié sur ce métal sans lui faire perdre son aspect et son brillant. En laissant la température remonter jusqu'à — 187° le fluor est entré en ébullition, le liquide a disparu et l'attaque du métal par le gaz fluor ne s'est produite que quand l'appareil est revenu à une température voisine de celle du laboratoire.

Essence de térébenthine. — L'essence de térébenthine congelée et refroidie à — 210° est attaquée par le fluor liquide.

Pour réaliser cette expérience, on a placé une petite quantité d'essence de térébenthine au fond d'un tube de verre entouré d'air liquide en pleine ébullition. Aussitôt qu'une petite quantité de fluor s'est liquéfiée à la surface du carbure d'hydrogène, la combinaison se produit avec un vif dégagement de lumière, explosion et dépôt de charbon.

Après chaque explosion, le courant de gaz fluor continuant à arriver lentement, une nouvelle quantité de fluor liquide se produisait, et les détonations se succédaient à des intervalles de six à sept minutes. Finalement, après un intervalle un peu plus long, de neuf minutes, la quantité de fluor liquéfiée a été suffisante pour produire, au moment de la réaction, l'explosion violente de l'appareil (1).

Le silicium, le bore, le carbone, le soufre, le phosphore et le fer réduit, refroidis dans l'oxygène liquide, puis projetés dans une atmosphère de fluor, ne deviennent pas incandescents.

(1) Dans plusieurs de nos expériences, nous avons laissé tomber par mégarde du fluor liquide sur le parquet ; le bois s'est enflammé aussitôt.

A cette basse température, le fluor ne déplace pas l'iode des iodures. Cependant, son énergie chimique est encore assez grande pour décomposer avec incandescence la benzine ou l'essence de térébenthine. Il semble que l'affinité puissante du fluor pour l'hydrogène soit la dernière à disparaître.

Ces expériences établissent donc qu'à très basse température l'affinité du fluor est considérablement diminuée. Ce nouvel exemple de la variation des propriétés chimiques en fonction de la température s'ajoute à ceux qui sont déjà connus.

Conclusions. — En résumé, les propriétés physiques du fluor sont les suivantes :

Le gaz fluor se liquéfie avec facilité à la température d'ébullition de l'air atmosphérique. Le point d'ébullition du fluor liquide est voisin de — 187°. Ce fluor liquide est soluble en toutes proportions dans l'oxygène et dans l'air liquides. Il n'est pas solidifié à — 210°. Sa densité est de 1,14; sa constante capillaire est moindre que celle de l'oxygène liquide ; il ne présente pas de spectre d'absorption; il n'est point magnétique. Enfin, à — 210°, il n'a pas d'action sur l'oxygène sec, l'eau et le mercure; mais il réagit encore, avec incandescence, sur l'hydrogène et l'essence de térébenthine.

Le fluor est un gaz coloré qui, examiné sous une épaisseur de 50^{cm} ou de 1^{m}, présente une teinte jaune verdâtre, un peu plus faible que celle du chlore vu sous la même épaisseur.

Le fluor gazeux a une densité de 1,265 ; la densité théorique, obtenue en multipliant la densité de l'hydrogène 0,06927 par le poids atomique du fluor 19, est de 1,316.

Enfin, lorsque l'étincelle éclate dans une atmosphère de fluor, elle fournit dans la partie rouge du spectre treize raies caractéristiques de ce corps simple.

CHALEUR DE COMBINAISON DU FLUOR AVEC L'HYDROGÈNE.

Ce travail a été fait en collaboration avec M. Berthelot.

La chaleur de combinaison du fluor avec l'hydrogène permet de déduire, des valeurs actuellement connues, la chaleur de formation des autres composés fluorés. Sa détermination était donc importante. Nous avons pu, en collaboration avec M. Berthelot, mesurer cette chaleur de combinaison au moyen de quelques réactions assez délicates, que nous décrirons ici.

Nous avions songé tout d'abord à déplacer, par le fluor, l'iode d'une solution d'iodure de potassium. En principe, l'iode devait être déplacé, avec formation de fluorure métallique, ainsi que cela se produit avec le chlore et avec le brome

$$RI + F = RF + I.$$

Il suffirait donc, semble-t-il, de doser, par les procédés connus, l'iode mis en liberté pour en déduire le poids du fluor absorbé, la chaleur correspondante étant mesurée dans le calorimètre.

Malheureusement, la réaction est tout autre. Non seulement elle a fourni des résultats très irréguliers pour la chaleur dégagée par un même poids de fluor, évalué d'après ce même procédé de dosage ; mais le contrôle suivant a montré l'inexactitude de l'hypothèse. En effet, après la réaction, nous avons versé dans le calorimètre une solution titrée d'acide sulfureux, jusqu'à disparition de l'iode libre, en mesurant la chaleur dégagée ; cette quantité (1) devrait être égale environ à $+ 10^{Cal},9$ pour un atome d'iode transformé, par l'acide sulfureux, en

(1) BERTHELOT. Quelques-unes des données fondamentales de la thermochimie, *Annales de Chimie et de Physique*, 5e série, t. XIII, p. 17; 1878.

acide iodhydrique. Or, nous avons trouvé, après la réaction du fluor : $+ 22^{Cal},3$ et $+ 24^{Cal},1$.

Cela suffit pour prouver que, dans la première action, il ne s'était pas formé de l'iode libre, mais quelque combinaison non isolée encore, une combinaison de fluor et d'iode par exemple, ou tout autre. En outre, diverses circonstances nous ont paru indiquer qu'au moment de la réaction du fluor il se dégageait une certaine quantité d'oxygène produit par la décomposition de l'eau.

Nous avons donc renoncé à l'emploi de cette réaction.

L'action du fluor sur l'eau ne donne pas de meilleurs résultats, parce qu'il se forme de l'ozone, ainsi que nous l'avons démontré précédemment, ozone qui se dégage à l'état gazeux et dont la formation absorbe une notable quantité de chaleur.

Après divers tâtonnements, le seul procédé qui nous ait paru satisfaisant a consisté à faire absorber le fluor par une solution titrée de sulfite de potassium, renfermant un excès d'alcali. Dans ces conditions, il se forme du sulfate et du fluorure de potassium.

Pour estimer la quantité de fluor absorbé, après l'expérience, on acidule la liqueur par l'acide chlorhydrique, et l'on titre l'acide sulfureux par l'iode : la diminution de titre est proportionnelle au poids du fluor, et nous avons vérifié qu'il en était sensiblement de même de la chaleur dégagée.

La mesure calorimétrique n'offre aucune difficulté. Elle a eu lieu sur 400^{cc} d'une liqueur aqueuse, contenant $7^{gr},136$ d'acide sulfureux par litre, et un poids de potasse double de celui qui répondrait à la neutralisation chimique de cet acide. Le tout était renfermé dans un calorimètre de platine, où l'on faisait arriver le fluor, à l'aide d'un tube de platine. Le thermomètre était lui-même contenu dans un petit étui de platine, rempli de mercure afin de préserver le verre de l'instrument contre l'action corrosive de l'acide fluorhydrique (1).

Voici les données des expériences :

I. — Poids de fluor absorbé : $0^{gr},0976$.

$\Delta t = 0°,778$ $M = 411,7$ $Q = 320^{Cal},3$ $\theta = 18°$

D'où résulte pour F = 19^{gr}....... $+ 62^{Cal},3$

II. — Poids du fluor absorbé : $0^{gr},0901$.

$\Delta t = 0°,759$ $M = 411,7$ $Q = 308^{Cal},3$ $\theta = 18°$

D'où résulte pour F = 19^{gr}....... $+ 65^{Cal},6$.

Moyenne des deux résultats : $+ 64^{Cal},0$.

Pour doser le fluor absorbé, on a acidulé la liqueur par l'acide chlorhydrique, puis on y a versé une solution titrée d'iode jusqu'à coloration, ainsi qu'il a été dit plus haut.

L'opération n'offre pas de difficultés.

Nous l'avons réalisée de façon à en tirer une vérification calorimétrique. Pour y parvenir, il a suffi d'exécuter ce dosage dans le calorimètre même. Si la liqueur n'avait contenu ni sulfate de potassium, ni acide sulfureux, ni acide chlorhydrique, on aurait dû obtenir $+ 10^{Cal},9$ dans cet essai. Nous avons obtenu un peu plus, soit $+ 12^{Cal},0$; la différence est attribuable aux équilibres complexes entre le bisulfate, le sulfate neutre, le fluorure, le chlorure et les acides chlorhydrique, fluorhydrique, iodhydrique et sulfurique, qui prennent naissance simultanément au moment de l'expérience et se partagent la base (2).

Le calcul exact de ces effets multiples est à peu près impraticable; mais leur somme, quelle qu'elle soit, n'est pas considé-

(1) GUNTZ. Recherches thermiques sur les combinaisons du fluor avec les métaux, *Annales de Chimie et de Physique*, 6e série, t. III, p. 6; 1884.

(2) BERTHELOT, *Essai de Mécanique chimique*, t. II, p. 639.

rable et elle ne saurait modifier notablement le phénomène total. La valeur obtenue + 12,0, au lieu de + 10,9, peut donc être regardée comme une vérification calorimétrique suffisante de la réaction fondamentale.

Ceci étant admis, on déduit des nombres précédents :

État initial.

	Cal
$S + O^2 + Aq. = SO^2$ Aq. étendu	+ 77,2
2 KOH étendue + SO^2 étendu = SO^2, K^2O dissous + H^2O	+ 31,8
$H^2 + O = H^2O$	+ 69,0
2 KOH étendue, pour mémoire	»
	+ 178,0
Réaction × 2	+ 128,0
	+ 306,0

État final.

$S + O^3 + Aq. = SO^3, H^2O$ étendu	+141,0
2 KOH étendue + SO^3, H^2O étendu = SO^3, K^2O dissous + H^2O	+ 31,6
2 (H + F + Aq.) = 2 HF étendu	2 x
2 HF étendu + 2 KOH étendue = 2 KF dissous + H^2O.	+ 32,6
	+205,2+2x

D'où l'on tire, en égalant ces deux quantités de chaleur,

$$x = + 50^{cal},4$$

pour la chaleur de formation de l'acide fluorhydrique dissous à partir des éléments.

Et en retranchant la chaleur de dissolution du gaz fluorhydrique, mesurée par M. Guntz, on obtient en définitive

$$\text{H gaz} + \text{F gaz} = + 38^{Cal},6$$

Ces nombres l'emportent sur les chaleurs de formation de toutes les autres combinaisons hydrogénées, telles que l'eau et l'acide chlorhydrique. Ils nous font comprendre les puissantes affinités du fluor.

CHAPITRE IV.

COMBINAISONS DU FLUOR AVEC LES METALLOÏDES.

ÉTUDE DE QUELQUES FLUORURES.

Nous avons exposé dans le premier chapitre les recherches qui nous ont amené à l'isolement du fluor et les propriétés les plus importantes de ce nouveau corps simple. Il nous a semblé qu'il était indispensable de reprendre la plupart de ces réactions et de les étudier avec plus de détails afin de compléter ce chapitre de la Chimie.

Dans ces nouvelles recherches, nous avons utilisé soit le fluor libre, soit les fluorures qui se prêtaient avec facilité à des doubles décompositions. Quelques-unes de ces études, telles que celle des fluorures de phosphore par exemple, ont été faites avant d'avoir préparé le fluor; mais nous les avons complétées par la suite, et nous avons cru bien faire en les réunissant dans ce chapitre.

En somme, l'ensemble de nos recherches comprend, outre l'isolement du fluor, un grand nombre d'études sur les composés fluorés soit minéraux, soit organiques. Nous savons qu'il reste encore beaucoup à faire sur ce sujet et qu'il y a bien des lacunes à combler. Sur ce point, comme partout dans les sciences, un progrès nouveau précise et fait mieux saisir l'étendue des découvertes qui restent à accomplir. En particulier l'étude des composés oxygénés du fluor, des fluorures de soufre, d'iode, de brome, celle de nombreux fluorures et oxyfluorures métalliques mériteraient de nouvelles recherches. Maintenant que le fluor peut être préparé avec une facilité relative et que nous avons appelé l'attention sur les doubles réactions produites par le fluorure d'arsenic, ces recherches sont devenues plus faciles.

Action du fluor sur l'hydrogène. — L'hydrogène se combine à froid au fluor. C'est le premier exemple de deux corps simples gazeux, s'unissant directement, sans exiger l'intervention d'une énergie étrangère.

Aussitôt que l'on fait arriver le fluor dans une atmosphère d'hydrogène, une flamme très chaude se produit à l'extrémité du petit tube abducteur et il se dégage des vapeurs d'acide fluorhydrique. Pour faire cette expérience on peut se servir de l'appareil que nous avons décrit précédemment (*fig.* 12, *p.* 84).

On peut encore réaliser cette expérience beaucoup plus simplement en relevant le tube abducteur de l'appareil à fluor, et en plaçant rapidement au-dessus une grande éprouvette de verre, retournée et remplie d'hydrogène. Tant que le fluor se dégage, une flamme bleue bordée de rouge se produit à l'extrémité du tube de platine ; en même temps, il se fait de l'acide fluorhydrique qui attaque lentement l'éprouvette de verre.

Action sur l'oxygène et sur l'ozone. — A la température ordinaire, le fluor est sans action sur l'oxygène. Si l'on fait passer un mélange de fluor et d'oxygène dans un tube de fluorine, chauffé vers 500°, les gaz à la sortie ne présentent aucune propriété nouvelle. Il n'y a donc pas eu de combinaison.

Il semble pourtant se produire une réaction lorsque l'on fait agir le fluor sur l'ozone très concentré. A ce propos nous citerons l'expérience suivante :

Nous avons indiqué précédemment que le fluor décomposait l'eau en fournissant de l'acide fluorhydrique et de l'ozone [1]. Lorsque l'on fait tomber dans un tube de platine horizontal, fermé par des plaquettes de fluorine transparentes (*fig.* 14, *p.* 94), quelques gouttes d'eau, de façon qu'il y ait un grand excès de fluor par rapport à cette eau, une décomposition instantanée se produit. On voit un nuage épais, de couleur foncée, se produire au-dessus de la goutte d'eau. Ce brouillard ne tarde pas à diminuer d'intensité et l'on voit apparaître une belle teinte bleue, indiquant l'existence d'ozone assez concentré, pour présenter la couleur bleue indiquée par MM. Hautefeuille et Chappuis. Cette expérience, répétée plusieurs fois, nous a toujours fourni les mêmes résultats. Aussitôt que ces fumées foncées se sont produites, si l'on vient à chasser le mélange gazeux contenu dans le tube, par un rapide courant d'azote, on perçoit de suite une odeur très forte, différente de celle du fluor; elle ne tarde pas à se modifier en produisant une odeur d'ozone véritablement insupportable. Peut-être s'est-il tout d'abord formé un composé oxygéné instable se dédoublant facilement par une élévation de température, ou se décomposant par une trace d'humidité.

Nous verrons plus loin que l'action du fluor sur la potasse ne nous a pas fourni de meilleurs résultats.

Action sur le soufre. — Aussitôt que le fluor arrive au contact du soufre, ce dernier s'enflamme, il fond rapidement, et la température s'élève. Lorsque cette combinaison se fait dans un vase fermé, elle se produit encore avec flamme ; il se dégage, dès le début de la réaction, un corps gazeux à odeur pénétrante, rappelant celle du chlorure de soufre. On recueille

(1) Nous donnerons plus loin de nouveaux détails sur cette expérience.

ainsi un mélange de deux fluorures de soufre, dont l'un est absorbable à froid par une solution alcaline.

Additionné d'air ou d'oxygène, ce mélange des deux fluorures ne prend pas feu au contact d'une flamme. Chauffé dans une cloche courbe, il ne tarde pas à dépolir le verre en produisant une petite quantité de fluorure de silicium.

Action sur le sélénium. — Au contact du fluor, le sélénium s'attaque à froid; il se dégage d'abord des fumées blanches abondantes; enfin le sélénium fond et prend feu. Autour du sélénium il se condense un composé blanc, cristallin, décomposable par l'eau et soluble dans l'acide fluorhydrique.

Action sur le tellure. — Le tellure en poudre, mis en présence du fluor, s'y combine avec incandescence, en dégageant d'abondantes fumées blanches.

Toute la masse ne tarde pas à se recouvrir d'un fluorure solide cristallisé, facilement volatil et très hygroscopique, ayant l'aspect et les propriétés du fluorure de tellure décrit par Berzelius (1).

Action sur le chlore. — Lorsque l'on fait arriver du fluor dans une atmosphère de chlore, il n'y a pas de réaction sensible, soit qu'il n'existe pas de composé de chlore et de fluor, soit que la combinaison ne se produise pas, par union directe, à la température ordinaire.

Action sur le brome. — Le fluor se combine violemment à la vapeur de brome à froid avec une flamme éclairante. La réaction, bien que se produisant avec flamme, ne paraît pas dégager une grande quantité de chaleur. Si le gaz fluor arrive au milieu du

(1) BERZELIUS. Untersuchung über die Eigenschaften des Tellurs, *Poggendorff's Annalen der Physik und Chemie*, t. XXXII, p. 623; 1834.

brome liquide bien sec, la combinaison est immédiate et se produit sans flamme visible.

Action sur l'iode. — Lorsque l'on fait arriver un courant de fluor sur un fragment d'iode bien sec, ce corps s'entoure d'une flamme pâle, et disparaît avec rapidité. Si l'iode est placé dans un tube de platine à l'abri de l'air, la combinaison se produit avec un dégagement de chaleur très grand; mais on ne recueille pas de corps gazeux.

Il se condense un liquide très dense, incolore quand il ne renferme pas d'iode en solution, et fumant abondamment à l'air. Ce liquide se décompose en présence de l'eau en produisant le bruissement d'un fer rouge.

Ces propriétés rapprochent ce composé du fluorure d'iode liquide, décrit par M. Gore et préparé, par ce savant, en traitant l'iode par le fluorure d'argent. Nous estimons que ce fluorure mériterait de nouvelles recherches.

En modifiant les conditions de l'expérience et en employant successivement, soit un excès d'iode, soit un excès de fluor, nous n'avons jamais obtenu de fluorure d'iode gazeux.

Action sur l'azote. — Le fluor n'a pas d'action sur l'azote à froid. Nous aurions été très désireux de soumettre un mélange de fluor et d'azote à l'action de l'étincelle d'induction; mais nous ne connaissons pas de corps pouvant fournir, sans s'attaquer, les électrodes nécessaires pour conduire le courant.

Action sur l'argon. — M. Ramsay ayant eu la complaisance de me confier une centaine de centimètres cubes d'argon, j'ai essayé de le combiner au fluor. A la température ordinaire ou sous l'action d'une étincelle d'induction, le fluor et l'argon ne réagissent pas l'un sur l'autre.

Action sur le phosphore. — Aussitôt que le phosphore est au contact du fluor, une incandescence très vive se produit. Si l'on dépose un fragment de phosphore sec dans un tube en fluorine, traversé par un courant rapide de fluor, il se dégage un gaz fumant fortement à l'air et qui, recueilli sur la cuve à mercure, abandonne son excès de fluor à ce métal. Ce gaz donne à l'analyse les chiffres suivants :

	cc
Sur le mercure	12,1
Après action de l'eau	0,5
Après action de la potasse	0,5

Ce gaz, absorbable par l'eau, est le pentafluorure de phosphore PF^5.

Si, au contraire, le phosphore est en excès, il se dégage un mélange gazeux, dont une faible partie n'est pas décomposable par l'eau, mais est absorbable par une solution de potasse.

Analyse du mélange gazeux.

	cc	cc
Sur le mercure	8,2	10,3
Après action de l'eau	4,1	1,4
Après action de la potasse	4,0	1,2

Ce dernier gaz est le trifluorure de phosphore PF^3, et ce composé ne se produit qu'en très petite quantité. L'action du fluor sur le phosphore n'est donc pas complètement comparable à celle du chlore. Nous verrons plus loin que le fluor réagit sur le trifluorure de phosphore, pour le transformer en pentafluorure, exactement comme le chlore transforme le trichlorure en pentachlorure. Cette transformation se produit avec un grand dégagement de chaleur, ce qui explique pourquoi il se fait si peu de trifluorure dans l'action du fluor sur le phosphore.

Le phosphore rouge est attaqué par le fluor, à la température ordinaire, avec la même énergie que le phosphore blanc.

Action sur l'arsenic. — L'arsenic se combine au fluor à la température ordinaire avec incandescence. Lorsque le courant de fluor est rapide, et que l'expérience dure quelques instants, il se condense sur la partie froide de l'appareil un liquide fumant, incolore, présentant toutes les propriétés du trifluorure d'arsenic. Ce liquide dissout l'iode, attaque le verre à chaud, est décomposable par l'eau, d'où l'on peut ensuite précipiter l'arsenic au moyen de l'hydrogène sulfuré. La solution aqueuse de ce liquide présente à la fois les caractères de l'acide arsénique et de l'acide arsénieux ; ceci semble indiquer que l'on se trouve en présence d'un mélange de trifluorure et de pentafluorure. Nous verrons en effet, plus loin, que le trifluorure d'arsenic peut se combiner à une nouvelle quantité de fluor, ce qui paraît indiquer l'existence d'un nouveau fluorure d'arsenic contenant 5 atomes de fluor.

Action sur le carbone. — Dans nos premières recherches sur le fluor, nous avions donné peu de détails relativement à l'action qu'exerce le fluor sur le carbone.

On sait, depuis longtemps, qu'il est impossible d'unir le chlore au carbone d'une façon directe. Même sous l'action d'un arc électrique puissant, Humphry Davy n'avait pu obtenir aucune combinaison. Le fluor, au contraire, peut s'unir au carbone directement, et je vais démontrer que cette réaction est une de celles qui différencient le plus nettement les différentes variétés de carbone.

Si l'on place, dans un courant assez rapide de gaz fluor pur, du noir de fumée sec et froid, il y a incandescence instantanée. La combinaison se produit avec énergie ; toute la masse est portée au rouge.

Cette variété de noir de fumée, qui s'attaque si facilement, a été purifiée des carbures qu'elle peut contenir par l'éther de pétrole et par l'alcool absolu bouillant, puis séchée à 120° dans un courant d'air sec. On a évité dans cette purification toute élévation de température, afin d'obtenir une variété de carbone aussi attaquable que possible. Cependant le noir de fumée, traité par le chlore au rouge, puis refroidi dans un courant d'azote, se combine aussi directement au fluor à froid et avec incandescence; mais, pendant la purification, le carbone semble s'être déjà polymérisé et la réaction est moins vive.

Le charbon de bois léger, placé dans les mêmes conditions, peut aussi prendre feu spontanément. Ce carbone semble d'abord condenser du fluor; puis, tout d'un coup, l'incandescence se produit avec projection de brillantes étincelles. Si la densité du charbon est plus grande, et s'il n'y a pas de poussière à sa surface, il est nécessaire d'élever la température à 50° ou 60° pour que l'incandescence se produise. Une fois déterminée en un point, elle se propage alors avec rapidité.

Le graphite de la fonte a besoin, pour s'unir au fluor, d'être porté à une température voisine de celle du rouge sombre.

Le graphite de Ceylan, purifié par la potasse fondue, ne prend feu qu'à une température un peu supérieure.

Le charbon de cornue ne brûle que lorsqu'il est porté au rouge.

Enfin le diamant, maintenu au rouge quelques instants dans la flamme d'un bec Bunsen, ne change pas de poids dans un courant de gaz fluor. Il est vraisemblable qu'à une température plus élevée le carbone cristallisé serait attaqué à son tour.

Ces expériences établissent donc une démarcation bien nette entre quelques-uns des différents états de polymérisation en carbone.

Si l'on cherche maintenant à étudier les corps obtenus dans

cette combinaison du carbone et du fluor, on reconnaît rapidement que les différentes variétés de carbone brûlées dans le fluor fournissent un corps gazeux.

Suivant les conditions dans lesquelles on opère, les propriétés du gaz peuvent se modifier. En réalité on se trouve, le plus souvent, en présence d'un mélange de fluorures, de compositions différentes.

Ces composés présentent un ensemble de réactions parallèles : sous l'influence d'une température élevée, ils se décomposent et se polymérisent avec facilité. Ces propriétés rendent leur préparation difficile et nous verrons plus loin dans quelles conditions il est possible d'obtenir le tétrafluorure de carbone.

Action sur le bore. — Le bore amorphe pur s'enflamme immédiatement au contact du fluor. La réaction est excessivement violente ; il se produit une vive incandescence, de brillantes étincelles et il se dégage du fluorure de bore gazeux en grande abondance.

Lorsque l'on opère la combustion de ce bore par le fluor, à l'abri de l'air, dans un vase de fluorine, on recueille sur le mercure un gaz incolore fumant fortement à l'air et instantanément décomposable par l'eau.

Action sur le silicium. — Le silicium cristallisé de Deville devient de suite incandescent au contact du fluor. Cette combinaison se fait avec un grand dégagement de chaleur et le silicium brûle en projetant autour de lui de brillantes étincelles. Si l'on arrête la réaction avant la disparition totale du silicium, on voit que les fragments qui restent ont été fondus. On sait que le silicium cristallisé ne fond qu'à une température très élevée, certainement supérieure à 1200°.

Il est facile de produire cette combinaison dans un tube en fluorine et de recueillir le gaz qui se dégage sur le mercure. Ce corps gazeux fume abondamment à l'air et se décompose entièrement au contact de l'eau, en donnant un dépôt de silice ; il présente donc bien tous les caractères du fluorure de silicium.

Le silicium amorphe brûle de même dans le fluor avec une grande vivacité.

ACTION DU FLUOR SUR QUELQUES COMPOSÉS DES MÉTALLOÏDES.

Eau. — Lorsque, dans une réaction, l'oxygène est mis en liberté à basse température, on sait que ce corps simple se polymérise avec la plus grande facilité et qu'il se forme de l'ozone. Nous citerons, comme exemple, l'action de l'acide sulfurique sur le bioxyde de baryum ou sur le permanganate de potassium. Il ne faut pas oublier que si, dans ces réactions, on se place dans des conditions telles qu'il puisse se produire un grand dégagement de chaleur, l'ozone se détruit et l'on n'en retrouve plus que des traces. A cause même de l'instabilité de l'ozone à la température ordinaire, sa destruction peut être totale.

L'action du fluor sur l'eau vient apporter une nouvelle preuve de cette facile polymérisation de l'oxygène à basse température.

Nous avons démontré, en 1891, que le fluor, mis en présence de l'eau à la température ordinaire, décomposait ce liquide avec formation d'acide fluorhydrique et d'ozone. Nous avons même fait remarquer qu'en laissant tomber quelques gouttes d'eau au milieu d'une atmosphère de fluor, l'ozone qui se produisait était assez concentré pour apparaître avec la belle couleur bleue indiquée par MM. Hautefeuille et Chappuis.

Nous avons répété ces expériences au moyen d'un courant de

fluor, préparé dans notre appareil en cuivre. Nous avons pu ainsi faire passer un grand volume de fluor dans une petite quantité d'eau.

Le fluor est amené par un petit tube de platine (*fig.* 16) dans un barbotteur à eau maintenu à la température constante de 0°. Il passe ensuite dans un ballon de Chancel à fond rond, tel que ceux qui sont utilisés pour prendre la densité des gaz.

Lorsque l'appareil de Chancel est rempli, par déplacement, d'oxygène ozonisé, on titre ce dernier au moyen d'une solution d'iodure de potassium, en présence d'un excès d'acide sulfu-

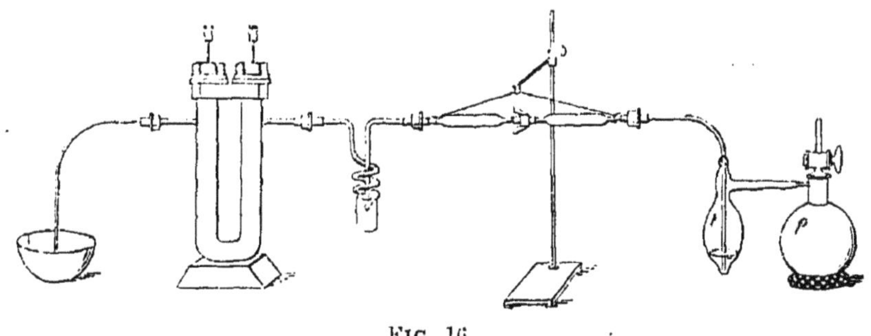

FIG. 16.

rique étendu, pour éviter la formation d'iodate. L'iode mis en liberté est enfin dosé par l'hyposulfite de sodium.

Pour introduire la solution d'iode dans le ballon sans perdre d'ozone, on dispose sur la tubulure centrale un entonnoir effilé dans lequel on verse le liquide additionné d'acide sulfurique. On refroidit ensuite assez fortement le ballon, au moyen d'un mélange d'anhydride carbonique solide et d'acétone. Le gaz se contracte, et en ouvrant le robinet le liquide pénètre dans l'intérieur.

La solution d'iodure de potassium légèrement acidulée par l'acide sulfurique est introduite ainsi en plusieurs fois, jusqu'au moment où le gaz ne colore plus l'iodure de potassium. On reconnaît la fin de la réaction en portant le ballon à la température du laboratoire et en laissant passer, par le robinet, une très petite bulle de gaz dans la solution d'iodure qui se trouve dans l'entonnoir; cette bulle ne doit produire aucune coloration. Après agitation, on débouche le ballon, et l'iode libre est dosé par l'hyposulfite de sodium.

Nous citerons comme exemple les expériences suivantes qui ont été très régulières :

DURÉE DE L'EXPÉRIENCE.	OZONE PAR LITRE En volumes.	OZONE PAR LITRE En poids.
	cc	gr
1re, cinq minutes	56,3	0,1207
2e, dix minutes	90,7	0,1945
3e, trente minutes	143,9	0,3085

D'après cela, la teneur en ozone du gaz produit était, en volumes, de 14,39 p. 100; à partir de ce moment la quantité d'ozone reste à peu près constante. Ainsi que ces chiffres l'indiquent, c'est une proportion assez élevée. En réalité la concentration de l'ozone produit par le fluor au contact de l'eau est plus grande que celle qui est fournie par les analyses précédentes ; c'est qu'en effet, le déplacement de l'air du ballon par l'ozone exige un temps assez long, pendant lequel l'ozone concentré se décompose.

D'autre part, l'influence de la vitesse du courant de fluor est très grande. Dans nos expériences, cette vitesse était de trois litres à l'heure. Plus le courant de fluor sera rapide, en ayant bien soin toutefois de refroidir l'eau à la température de 0°, et plus la concentration de l'ozone sera forte. Il se fait ici un équilibre entre les deux réactions suivantes :

1° Formation d'ozone bleu par décomposition de l'eau sous l'influence d'un excès de fluor;

2° Destruction de l'ozone qui n'est pas stable à la température de l'expérience.

Dans plusieurs séries d'expériences, lorsque la vitesse du courant de fluor était inférieure à trois litres à l'heure, la teneur de l'oxygène en ozone variait de 10 à 12 p. 100. Dans d'autres expériences, où l'on ne refroidissait pas, à la température de 0°, l'ampoule qui contient l'eau, la teneur en ozone était beaucoup moins élevée.

Cette formation si facile de l'ozone concentré par l'action du fluor sur l'eau, à la température de 0°, pourrait peut-être devenir le point de départ de quelques applications.

La préparation du fluor par voie électrolytique est encore délicate, mais elle n'est point coûteuse. De plus, l'ozone ainsi obtenu ne renferme pas trace de composés oxygénés de l'azote. Nous évitons donc, dans cette préparation de l'ozone, toute réaction secondaire et l'on sait que cette particularité n'est pas négligeable.

Il nous semble que l'industrie pourrait tirer parti de cette nouvelle préparation, qui n'est d'ailleurs qu'une conséquence de la grande activité chimique du gaz fluor.

Hydrogène sulfuré. — L'action du fluor sur l'hydrogène sulfuré a été étudiée, comme celle des autres corps gazeux, dans l'appareil de platine que nous avons décrit (*fig.* 12, *p.* 84). Le tube horizontal est d'abord rempli d'hydrogène sulfuré, pur et sec. Aussitôt que le fluor arrive à son contact par le petit tube de platine latéral, une flamme bleue se produit à l'extrémité de ce tube et la décomposition se continue avec formation d'acide fluorhydrique et de fluorures de soufre. Les produits de la combustion sont entièrement gazeux.

Anhydride sulfureux. — Le gaz anhydride sulfureux est

décomposé à froid par un courant de fluor ; il se produit une flamme jaune et la combustion se continue pendant tout le temps que dure le passage du gaz sulfureux.

Acide sulfurique. — Le fluor traverse l'acide sulfurique monohydraté en ne le décomposant que partiellement ; une notable quantité de gaz est cependant retenue par l'acide sulfurique, et le liquide possède ensuite la propriété d'attaquer énergiquement le verre. Cet acide, placé dans un tube de verre, dégage d'une façon continue du gaz fluorure de silicium.

Acide chlorhydrique gazeux. — Le fluor décompose le gaz acide chlorhydrique à la température ordinaire avec flamme. S'il n'y a pas un grand excès d'acide chlorhydrique, il y a détonation. Il se produit de l'acide fluorhydrique et du chlore. Ce dernier gaz, en solution dans l'eau, a été caractérisé par son action sur l'indigo qu'il décolore, et sur une feuille d'or qu'il dissout rapidement, ainsi que par la précipitation de chlorure d'argent dans une solution d'azotate de ce métal (1).

Solution aqueuse d'acide fluorhydrique. — Lorsque l'on fait dégager le fluor dans une solution aqueuse d'acide fluorhydrique à 50 p. 100, il se manifeste une réaction énergique ; une flamme sort de l'extrémité du tube de platine au milieu du liquide et il se produit une série de détonations.

Acide iodhydrique gazeux. — Le fluor, arrivant dans un grand excès de gaz acide iodhydrique, donne lieu à une décom-

(1) L'azotate d'argent n'est généralement utilisé que pour caractériser l'acide chlorhydrique. Nous avons vérifié que c'était aussi un excellent réactif du chlore *libre*. Du chlore, préparé par l'action de l'acide chlorhydrique sur le bioxyde de manganèse et débarrassé de l'acide chlorhydrique entraîné, par son passage dans une série de flacons laveurs contenant une solution saturée de chlorate de sodium, précipite abondamment l'azotate d'argent, avec mise en liberté d'une quantité correspondante d'oxygène.

position avec flamme, formation de fluorure d'iode et d'acide fluorhydrique.

Solution aqueuse d'acide iodhydrique. — Lorsque l'on fait arriver le gaz fluor dans une solution aqueuse d'acide iodhydrique saturée à 0°, chaque bulle gazeuse s'enflamme en montant dans le tube, et, si le dégagement de fluor est un peu rapide, il peut se produire une détonation très forte.

Acide bromhydrique gazeux. — Le fluor décompose ce gaz avec production d'une flamme pâle ; il se forme du fluorure de brome et de l'acide fluorhydrique.

Acide azotique quadrihydraté. — Chaque bulle de fluor arrivant dans l'acide produit une décomposition accompagnée de flamme. Mélangé à la vapeur acide, le fluor produit une violente détonation.

Gaz ammoniac. — Le fluor, en présence d'un excès de gaz ammoniac, le décompose avec production d'une flamme jaune. Dans la solution ammoniacale chaque bulle de fluor produit une flamme et parfois des détonations.

Anhydride phosphorique. — Rien à froid ; flamme pâle au rouge sombre avec dégagement gazeux de fluorure et d'oxyfluorure de phosphore.

Pentachlorure de phosphore. — Le pentachlorure de phosphore, mis au contact du fluor, est décomposé de suite ; toute la masse devient incandescente et il se produit un abondant dégagement de gaz contenant du chlore et du pentafluorure de phosphore.

Trichlorure de phosphore. — Ce composé fournit au contact

du fluor un mélange gazeux de chlore et de pentafluorure de phosphore. La réaction se produit avec flamme.

Pentafluorure de phosphore. — Ni à froid ni au rouge sombre, le pentafluorure de phosphore ne réagit sur le fluor. Le composé est saturé, il ne s'unit plus au fluor et il ne semble pas qu'il puisse exister de combinaison plus riche en fluor que le pentafluorure.

Oxyfluorure de phosphore. — Pas de réaction à froid.

Trifluorure de phosphore. — Aussitôt que le gaz fluor arrive au contact du trifluorure de phosphore, il se produit une flamme jaune, dont la température ne semble pas très élevée. Si l'on recueille sur le mercure le gaz qui se dégage de l'appareil, en continuant à faire arriver du fluor et du trifluorure de phosphore, on remarque de suite que le gaz fume abondamment à l'air, ce que ne produit pas le trifluorure.

Un volume de ce gaz, traité par l'eau sur le mercure, nous a donné les chiffres suivants :

	cc	cc
Sur le mercure sec	18,2	20,6
Après action de l'eau	6,4	4,3
Après action de la potasse	0,5	0,4

Il en résulte donc qu'une grande partie du gaz est de suite absorbable par l'eau, ce qui indique la formation d'une certaine quantité de pentafluorure de phosphore.

Le résidu gazeux est absorbable par une solution de potasse, réaction que nous avons précédemment indiquée comme caractéristique du trifluorure de phosphore.

En résumé, sous l'action du fluor, le trifluorure passe à l'état de pentafluorure. Cette action est tout à fait comparable à celle du chlore sur le trichlorure de phosphore.

Lorsque l'on fait arriver une petite quantité de trifluorure de phosphore en présence d'un excès de fluor, la transformation est complète et il ne reste que du pentafluorure de phosphore.

Anhydride arsénieux. — Dès que le fluor se trouve en présence de l'anhydride arsénieux, il se fait une réaction violente et une flamme livide entoure l'anhydride; dans ces conditions il se produit un corps liquide qui, repris par l'eau, fournit, avec l'hydrogène sulfuré, un précipité jaune de sulfure d'arsenic.

Chlorure d'arsenic. — Le fluor réagit avec énergie sur le trichlorure d'arsenic : il se produit du chlore et du fluorure d'arsenic.

Fluorure d'arsenic. — Lorsque l'on fait arriver un courant de fluor dans du trifluorure d'arsenic $As F^3$, le liquide s'échauffe rapidement et une partie du fluor est absorbée. Cette expérience semble bien indiquer l'existence d'un pentafluorure d'arsenic AsF^5.

Du reste, dans nos recherches sur l'électrolyse du fluorure d'arsenic, nous avons indiqué au commencement de cet ouvrage (voir p. 30) l'existence probable d'un pentafluorure d'arsenic et d'un oxyfluorure de formule $AsF^3 O$.

Oxyde de carbone. — Lorsque le fluor arrive dans une atmosphère d'oxyde de carbone il n'y a pas, à froid, de combinaison apparente; l'appareil de platine ne s'échauffe pas sensiblement.

Anhydride carbonique. — Pas de réaction à froid.

Sulfure de carbone. — La vapeur du sulfure de carbone s'enflamme à froid au contact du fluor. Si l'on fait arriver le fluor au milieu du sulfure de carbone liquide, chaque bulle de gaz devient lumineuse. Il se dégage un mélange gazeux de fluorures de soufre et de carbone, sans qu'il y ait dépôt de charbon.

Tétrachlorure de carbone. — Nous décrirons, en particulier, les expériences suivantes. Une capsule de platine a été remplie de tétrachlorure de carbone récemment rectifié et l'on a disposé au milieu du liquide le tube abducteur de platine amenant le fluor; un tube à essai en verre, rempli lui aussi de tétrachlorure de carbone a été retourné au-dessus de l'orifice du tube abducteur; le liquide était à la température de + 15°. Dès que le dégagement de fluor commence, on recueille dans le tube de verre un gaz paraissant incolore : c'est du fluor qui ne réagit pas ou ne réagit que lentement sur le tétrachlorure de carbone. Mais, à un moment donné, une vive réaction se produit, accompagnée parfois de flamme et d'une violente détonation, amenant la rupture du tube à essai; il n'y a pas de dépôt de charbon, mais la surface du mercure se recouvre de suite d'une couche épaisse de crasse.

Cette combinaison brusque peut se produire après un temps plus ou moins long, sans agitation, ou bien seulement, comme cela s'est présenté plusieurs fois, au moment même où l'on cherche à transvaser, sur la cuve à mercure, le gaz recueilli.

La réaction, avant d'être violente, commence lentement et c'est grâce au dégagement de chaleur qui en résulte qu'elle peut devenir tout à coup explosive.

Cependant, lorsque l'on a saturé de fluor du tétrachlorure de carbone maintenu à + 15°, sans disposer d'éprouvette pour recueillir le gaz, il suffit de porter le liquide à l'ébullition pour en dégager un mélange gazeux, dont une partie possède bien toutes les propriétés du tétrafluorure de carbone.

Voici deux analyses du gaz préparé dans ces conditions:

	cc	cc
Sur le mercure sec..................	4,6	3,8
Après action de la potasse alcoolique..	2,1	1,3

Le gaz absorbé par la potasse alcoolique est le tétrafluorure de carbone; le résidu est un autre fluorure de carbone décomposable à chaud par les métaux alcalins et non absorbable par la potasse aqueuse ou alcoolique.

Si le courant de fluor qui traverse le tétrachlorure de carbone est assez lent et si la température est supérieure à $+30°$, il y a substitution du fluor au chlore. Il se produit du gaz tétrafluorure de carbone, dont une partie reste en solution dans le tétrachlorure, et il se dégage du chlore. Ce dernier gaz a été nettement caractérisé, après l'avoir dissous dans l'eau, par son action sur l'indigo et sur une mince feuille d'or.

Cyanogène. — Le cyanogène est décomposé, à la température ordinaire, par le fluor avec production d'une flamme blanche.

Si le fluor se trouve à une température de $-23°$, il peut ne pas se produire de décomposition instantanée ; les deux gaz se mélangent simplement. Mais à l'approche d'une flamme, ce mélange gazeux détone, sans dépôt de charbon.

Anhydride borique. — Ce composé réagit très énergiquement à la température ordinaire sur le fluor ; il se produit une vive incandescence et d'abondantes fumées blanches.

Chlorure de bore. — Le fluor décompose le chlorure de bore gazeux avec flamme. Sous une couche de chlorure de bore liquide, chaque bulle de fluor produit une flamme et il se dégage du fluorure de bore.

Silice. — La silice bien sèche est attaquée à froid par le fluor. Toute la masse devient lumineuse et l'incandescence est très vive. Il se produit en même temps un gaz qui fume abondamment au contact de l'air ; l'eau le décompose avec dépôt de silice.

Chlorure de silicium. — Le fluor, arrivant dans le chlorure de silicium, refroidi à — 23°, ne produit pas de réaction; mais, à + 40°, la décomposition se produit avec une flamme peu éclairante; il y a formation de fluorure de silicium, soluble en partie dans le chlorure.

ÉTUDE DE QUELQUES FLUORURES :

FLUORURES DE PHOSPHORE.

Nous avions entrepris l'étude des fluorures de phosphore avant nos expériences sur la combinaison directe du fluor et du phosphore. Nous donnons ici l'ensemble de nos recherches sur ce sujet et nous traiterons successivement du trifluorure, du pentafluorure et de l'oxyfluorure de phosphore.

Historique. — Les premières recherches sur les combinaisons du fluor et du phosphore sont dues à Humphry Davy. Par la distillation, dans un vase de platine, d'un mélange de phosphore et de fluorure de plomb ou de mercure, ce savant obtint un liquide fumant, pouvant brûler à l'air, qui fut regardé comme un trifluorure ayant pour formule PF^3 (1).

En 1826, dans une lettre adressée à Arago et publiée aux

(1) Voici ce qu'écrit Berzélius à ce sujet : « Le fluor se combine avec le soufre et le phosphore. On obtient ces combinaisons en distillant du fluorure plombique ou mercurique avec du soufre ou du phosphore dans des vaisseaux de platine. Il en résulte un sulfure ou un phosphure de métal et un fluorure de soufre ou de phosphore qui se volatilise. D'après Davy, qui le premier a produit ces combinaisons, elles sont liquides et fumantes. Le fluorure de phosphore est susceptible de prendre feu et de brûler. On présume qu'il se produit alors de l'acide phosphorique et du fluorure gazeux, qui se répand dans l'air. L'eau le décompose en acide phosphoreux et en acide fluorhydrique ; c'est donc un fluoride phosphoreux ayant pour formule PF^3. » *Traité de Chimie*, seconde édition française, t. I, p. 253 ; 1845.

Annales de Chimie, Dumas, reprenant l'étude de quelques composés volatils à propos de recherches sur les densités de vapeur, fournit les détails suivants sur le fluorure de phosphore : « C'est un liquide blanc, très fumant, qui s'obtient aisément et en abondance en traitant le fluorure de plomb par le phosphore [1]. »

On comprend très bien qu'à une époque où les fluorhydrates de fluorures, étudiés seulement plus tard par Fremy [2], étaient peu connus, il était difficile d'obtenir des fluorures métalliques bien privés d'eau ou d'acide fluorhydrique et, par conséquent, de préparer à l'état de pureté les combinaisons du fluor et du phosphore. C'est là sans doute ce qui explique comment le trifluorure de phosphore avait pu être regardé comme se présentant sous l'état liquide.

Nous ajouterons que M. Thorpe [3] a préparé par l'action du pentachlorure de phosphore sur le trifluorure d'arsenic, un nouveau corps gazeux dont il a déterminé la densité et qu'il a démontré être le pentafluorure de phosphore.

Trifluorure de phosphore.

Préparation. — Au début de ces recherches, on plaçait au fond d'un tube de verre un morceau de phosphore que l'on recouvrait de fluorure de plomb en poudre. On chauffait le mélange et il se produisait un gaz que l'on recueillait sur le mercure. Le volume gazeux ainsi obtenu diminuait rapidement en présence de l'eau, en abandonnant de la silice gélatineuse, ce qui

(1) DUMAS. Note sur quelques composés nouveaux, extraite d'une lettre de M. Dumas à M. Arago, *Annales de Chimie et de Physique*, 2e série, t. XXXI, p. 433 ; 1826.

(2) FREMY. Recherches sur les fluorures, *Annales de Chimie et de Physique*, 3e série, t. XLVII, p. 5 ; 1856.

(3) THORPE. On phosphorus pentafluoride, *Proceedings of the Royal Society of London*, t. XXV, p. 122; 1877.

indiquait la présence du fluorure de silicium. Le gaz restant ne s'absorbait que très lentement par l'eau et se décomposait de suite en présence de la potasse ou des corps oxydants, comme les solutions de bichromate ou de permanganate de potassium. De plus, comme le phosphore n'était pas absolument sec, il se dégageait en même temps un peu d'acide fluorhydrique.

En poursuivant cette étude, nous avons découvert les trois procédés suivants :

1° Pour obtenir le gaz fluorure de phosphore pur, on fait réa-

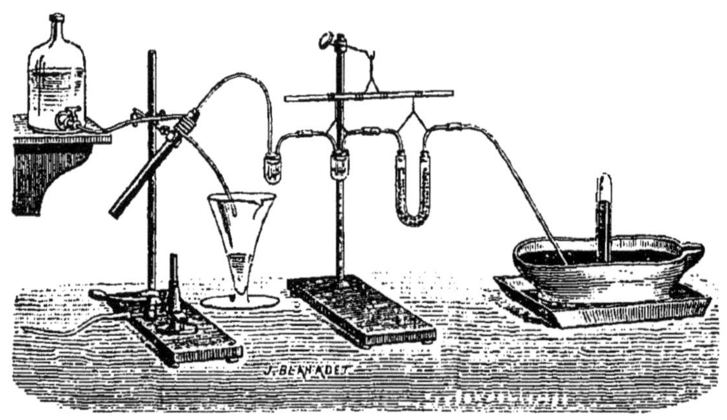

FIG. 17.

gir le fluorure de plomb sur du phosphure de cuivre bien privé d'humidité. On emploie proportions égales des deux corps et le mélange est chauffé à la température du rouge sombre.

Voici comment doit être disposée l'expérience :

On prend un tube de laiton (*fig.* 17) fermé à l'une de ses extrémités, ayant 0m,02 de diamètre et environ 0m,25 de longueur. L'ouverture de ce tube à essai en métal est adoucie à la lime et reçoit un bouchon de liège, traversé par un tube abducteur en plomb, qui conduit le gaz dans un petit appareil laveur en verre. Ce flacon laveur ne doit renfermer que quelques centimètres cubes d'eau; il retient les traces d'acide fluorhydrique ou de pentafluorure qui peuvent se former. Le gaz se rend ensuite au moyen de tubes en verre dans un petit appareil à acide sulfurique, et enfin dans un tube à ponce sulfurique, qui doit être remplacé à chaque préparation. On recueille enfin le fluorure de phosphore sur le mercure sec.

Il est utile d'entourer la partie supérieure du tube de laiton d'un serpentin de plomb traversé par un courant d'eau froide. On empêche ainsi le liège de brûler, et l'on évite, par suite, la formation d'une petite quantité de vapeur d'eau qui décomposerait le fluorure de phosphore.

Il faut avoir soin que le tube de laiton, son bouchon et le tube de plomb soient absolument secs. Les tubes en laiton sont ceux qui nous ont donné les meilleurs résultats. Nous avions essayé de décomposer le fluorure de plomb par le phosphure de cuivre dans des tubes en fer. Ces derniers ont l'inconvénient, aussitôt qu'ils sont chauffés, de se laisser traverser par de l'hydrogène, qui, en présence du fluorure de plomb, fournit une notable quantité d'acide fluorhydrique. Nous devons même faire remarquer que, malgré tout le soin apporté à nos expériences, il s'est toujours produit une très petite quantité d'acide fluorhydrique et de pentafluorure de phosphore, qui a nécessité l'emploi du flacon laveur, dont nous avons parlé plus haut.

On ne doit jamais chauffer le mélange de fluorure de plomb et de phosphure de cuivre dans un tube de verre. Tous les composés renfermant de la silice doivent être exclus; sans quoi, il se forme toujours de grandes quantités de fluorure de silicium.

La préparation du fluorure de plomb et celle du phosphure de cuivre exigent quelques précautions que nous allons indiquer rapidement. Il est important d'obtenir ces corps bien exempts de silice et de composés oxygénés.

On commence par préparer de l'acide fluorhydrique pur par le procédé que nous avons déjà décrit.

Cet acide fluorhydrique est alors placé dans une capsule de platine et additionné d'une quantité déterminée de céruse préparée par le procédé hollandais et ne renfermant pas de silice. Il se dégage une grande quantité d'acide carbonique, et il faut avoir soin de conserver environ $\frac{1}{10}$ d'acide fluorhydrique en excès. Une fois l'effervescence terminée, on maintient au bain-marie pendant vingt-quatre heures, puis on sèche au bain de sable, et la matière granuleuse ainsi obtenue est traitée à nouveau par un excès d'acide fluorhydrique. Après dessiccation, elle est fondue rapidement dans un creuset de platine, afin de chasser l'excès d'acide fluorhydrique et de décomposer le fluorhydrate de fluorure de plomb qui peut s'être formé.

Le fluorure de plomb ne fond qu'au rouge vif ; il fournit alors une masse vitreuse qui est pulvérisée finement, encore chaude, dans un mortier de fer, puis placée sous une cloche à acide sulfurique.

Freiny avait déjà indiqué les précautions à prendre pour obtenir le fluorure de plomb à l'état de pureté ([1]). Ce savant conseille de ne jamais précipiter l'acétate ou l'azotate de plomb par le fluorure de potassium, car le fluorure de plomb préparé dans ces conditions retient toujours une certaine quantité d'acide azotique ou d'acide acétique.

Le phosphure de cuivre s'obtient en chauffant du cuivre dans la vapeur de phosphore. Pour cela, on prend un ballon (*fig.* 18) rempli de tournure de cuivre et l'on adapte au col un tube effilé renfermant des bâtons de phosphore, placés sur des fragments de chlorure de calcium fondu. L'appareil est traversé par un

(1) FREMY. Recherches sur les fluorures, *Annales de Chimie et de Physique*, 3e série, t. XLVII, p. 24 ; 1856.

courant d'azote ou d'anhydride carbonique sec. On élève la température du ballon jusqu'à 150°, de façon à dessécher complètement l'appareil. Le cuivre est ensuite porté au rouge sombre, puis l'on chauffe légèrement le phosphore ; ce dernier fond, coule

Fig. 18.

au travers du chlorure de calcium, qui le prive complètement d'humidité, arrive en présence du cuivre et fournit du phosphure de cuivre.

De nouveaux bâtons de phosphore sont placés dans l'appareil ; l'expérience se continue et, après que tout le cuivre a été transformé en phosphure, on maintient le courant de gaz inerte jusqu'à ce que le ballon soit complètement refroidi.

Le phosphure de cuivre est battu dans un mortier de fer pour séparer le métal qui n'a pas été attaqué et qui est utilisé dans une préparation ultérieure. Le phosphure, placé dans un flacon sec, est conservé sous la cloche à acide sulfurique.

Ce composé renfermait :

	I	II
Phosphore......................	27,080	26,864
Cuivre..........................	72,920	73,136

Chauffé dans un tube à essai au rouge sombre, il fournit du

phosphore et laisse comme résidu un phosphure de cuivre moins riche en métalloïde.

Ainsi que nous l'avons fait remarquer plus haut, on doit prendre dans la préparation du trifluorure de phosphore, poids égaux de fluorure de plomb et de phosphure de cuivre. Cependant, si l'on diminue la quantité de phosphure, on obtient encore le même gaz ; mais le rendement est beaucoup moindre. En chauffant un mélange de 2^{gr} de phosphure et de 15^{gr} de fluorure de plomb, c'est-à-dire en employant un grand excès de fluorure métallique, nous avons toujours obtenu un gaz qui, purifié par l'eau et séché à l'acide sulfurique, nous a présenté les propriétés du gaz trifluorure de phosphore. Le gaz, recueilli sans être lavé à l'eau, ne renfermait qu'une faible quantité, moins de 2 pour 100, de pentafluorure de phosphore.

En résumé, dans ce mode de préparation, le phosphure de cuivre, maintenu au rouge sombre, se décompose lentement, abandonne d'une façon continue du phosphore qui réagit sur le fluorure de plomb et fournit un courant régulier de gaz trifluorure de phosphore. Après l'expérience, il reste dans le tube de laiton un mélange de phosphure de plomb et de phosphure de cuivre peu riche en phosphore.

Comme variante du procédé précédent, on peut aussi préparer le trifluorure de phosphore en chauffant un mélange de fluorure de plomb et de phosphore rouge bien sec. On doit, dans cette préparation, éviter, comme précédemment, la présence de la silice et des silicates. Le dégagement de gaz est moins abondant et moins régulier que lorsqu'on emploie le phosphure de cuivre. La décomposition se produit, en effet, brusquement, lorsque le phosphore rouge se transforme en phosphore ordinaire ; les vapeurs de ce dernier corps viennent alors se condenser dans les tubes de verre, et n'agissent plus, par conséquent, sur l'excès de fluorure de plomb.

2° Le trifluorure de phosphore peut encore s'obtenir par l'action du trifluorure d'arsenic sur le trichlorure de phosphore.

Le fluorure d'arsenic est placé dans un tube à brome (*fig.* 19), et il tombe goutte à goutte dans un petit ballon de verre renfermant du trichlorure de phosphore. Il faut avoir soin, dans cette expérience, d'éviter toute trace d'humidité. Le mélange s'échauffe et il se dégage aussitôt un gaz qui traverse d'abord un long tube, maintenu à — 15°, puis qui est recueilli sur le mercure.

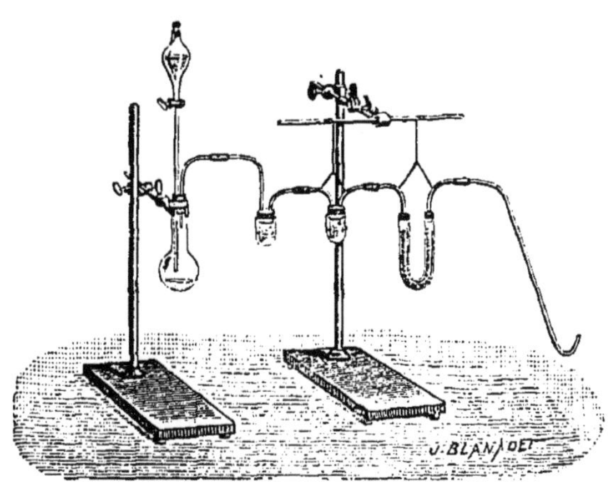

Fig. 19.

Ce gaz, qui contenait une petite quantité de vapeurs de chlorure de phosphore et de fluorure d'arsenic, attaquait le mercure. Pour le purifier, nous l'avons maintenu en présence de quelques centimètres cubes d'eau, qui détruisirent aussitôt ces deux composés et n'agirent que lentement sur le trifluorure de phosphore. Le gaz a été placé ensuite dans une éprouvette renfermant de l'acide sulfurique; enfin il a été séparé de ce dernier corps et, dans ces conditions, il ne fumait plus à l'air et présentait tous les caractères du trifluorure de phosphore.

Lorsque l'on veut obtenir du gaz pur, on dispose l'expérience, ainsi que l'indique la figure, en plaçant à la suite du ballon un petit appareil laveur contenant de l'eau, puis un flacon et un tube en U à acide sulfurique pour dessécher complètement le gaz. Le trifluorure de phosphore est recueilli sur la cuve à mercure dans des flacons de verre séchés à l'étuve.

3° On peut obtenir un dégagement régulier de trifluorure de phosphore en chauffant un mélange de tribromure de phosphore et de fluorure de zinc [1]. Aussitôt que la température s'élève, la réaction devient très énergique et, en quelques instants, il est facile de recueillir plusieurs litres de gaz.

$$3\,ZnF^2 + 2\,PBr^3 = 2PF^3 + 3\,ZnBr^2.$$

Le fluorure de zinc employé dans cette préparation a été obtenu en attaquant du carbonate de zinc par l'acide fluorhydrique pur. Le précipité est lavé à l'eau distillée, puis séché à l'étuve à 200°. Il faut éviter, dans la dessiccation de ce précipité, une trop grande élévation de température, car lorsque le fluorure de zinc a été porté au rouge sombre, il n'est plus attaqué que très difficilement par le bromure de phosphore.

L'appareil est disposé de la façon suivante : le fluorure de zinc, bien sec, est placé dans un tube à essai en laiton, portant un bouchon de liège paraffiné, traversé par un tube à brome et par un tube abducteur en plomb. Le tube à brome permet de faire tomber lentement le bromure de phosphore sur le fluorure

(1) Le tribromure de phosphore réagit aussi, mais plus lentement, sur le fluorure de plomb, et la préparation peut encore se faire avec le chlorure de phosphore et le fluorure de zinc.

de zinc légèrement chauffé. Pour séparer les vapeurs de bromure entraînées, il suffit de faire passer le gaz dans une petite quantité d'eau; on le dessèche ensuite au moyen de ponce sulfurique contenant peu d'acide, car ce dernier corps absorbe une notable quantité de trifluorure de phosphore. Le gaz est recueilli finalement sur le mercure.

Le trifluorure de phosphore peut encore se préparer par l'action du fluorure d'argent sur le trichlorure de phosphore. Cette réaction doit être effectuée dans un appareil en métal que l'on chauffe légèrement.

$$PCl^3 + 3AgF = PF^3 + 3AgCl.$$

Liquéfaction et solidification. — Ces expériences sur la liquéfaction du trifluorure de phosphore ont été faites très facilement, grâce à l'ingénieux appareil de M. Cailletet.

A la température de + 24°, le gaz trifluorure de phosphore, soumis à une pression de 180^{atm}, ne s'est pas liquéfié. Mais aussitôt que l'on détend le gaz, en repassant brusquement à la pression de 50^{atm}, on voit se former des stries coulant rapidement le long du tube et formant sur le mercure une hauteur de liquide d'environ 0^{m},01. En très peu de temps, presque instantanément, le liquide repasse à l'état gazeux sans que la pression varie sensiblement.

A la température de + 3°, la marche de l'expérience est identique. Le gaz ne se liquéfie qu'au moment de la détente; seulement la hauteur du liquide est au moins triplée et le fluorure de phosphore liquide reprend un peu plus lentement l'état gazeux.

Enfin à — 10°, et sous une pression de 40^{atm}, le fluorure de phosphore reste à l'état liquide d'une façon permanente. C'est un fluide très mobile, tout à fait incolore, n'attaquant pas le verre.

Si l'on maintient le fluorure de phosphore liquide à une température de — 20° sous une pression de 200^{atm}, puis qu'on le détende brusquement, on voit se produire un nuage opaque fournissant une neige blanche de fluorure de phosphore solide qui fond très vite en régénérant le liquide primitif.

Densité. — La densité du fluorure de phosphore a été déterminée, au moyen de l'appareil de Chancel [1], sur un échantillon de gaz préparé avec soin et parfaitement desséché. On emplissait le petit ballon de verre, en utilisant la forte densité du fluorure de phosphore. L'air était lentement déplacé et l'on s'assurait, en absorbant ensuite le gaz par la potasse, que l'appareil était bien rempli de fluorure de phosphore. S'il restait une petite quantité d'air dans le ballon, on en prenait exactement le volume et l'on en tenait compte dans les calculs.

	gr
Poids du ballon plein de gaz..................	66,354
Poids du ballon plein d'air.....................	65,954
Augmentation de poids due au gaz.......	0,400

Volume du gaz fluorure de phosphore.......... 164^{cc}

Pression.......................... 772^{mm},5
Température...................... 22°

D'après la formule $V_0 = \frac{V H}{(1 + \alpha t) 760}$ le volume du gaz fluorure de phosphore, ramené à la température de 0° et à la pression de 760^{mm}, était de 153^{cc},24.

Le poids du même volume d'air, dans les mêmes conditions, étant de 0^{gr},19814, nous aurons pour densité du gaz

$$D = \frac{P}{V \times 0,001293} = \frac{0,400 + 0,198}{153,24 \times 0,001293} = 3,0188$$

(1) Chancel, Méthode expéditive pour la détermination de la densité des gaz, *Comptes rendus de l'Académie des Sciences*, t. XCIV, p. 626; 1882.

Deux autres expériences faites de la même façon nous ont fourni les chiffres 2,994 et 3,054. La moyenne de ces trois expériences étant 3,022, nous adopterons ce chiffre comme densité du trifluorure de phosphore ; on sait que la densité théorique de ce composé est 3,045.

Action de la chaleur. — Le trifluorure de phosphore a été placé dans une cloche courbe en fer, maintenue sur la cuve à mercure. La partie courbée a été chauffée vers 500° pendant trente minutes. Les propriétés du gaz n'ont pas été modifiées par cette expérience.

Il n'en est plus de même si l'on opère en présence de silicates. Si l'on fait passer dans une cloche courbe en verre, sur le mercure sec, un certain volume de fluorure de phosphore et qu'on porte ensuite la partie courbée au rouge sombre, le phosphore et le fluor se séparent. Le volume diminue et l'on voit assez rapidement les vapeurs de phosphore se condenser sur la partie froide en petites gouttelettes. La décomposition est complète en quarante minutes environ. Le volume a diminué d'un quart et la paroi de verre chauffée a été fortement corrodée. Le gaz restant est formé entièrement de fluorure de silicium décomposable par l'eau, avec dépôt de silice.

Ainsi, sous l'action de la chaleur, le fluorure de phosphore s'est décomposé et le fluor a formé, avec le silicium du verre, du gaz fluorure de silicium. Nous verrons plus loin que, d'après le volume de fluorure de silicium formé, il est facile de déterminer la quantité de fluor contenue dans le fluorure de phosphore.

En étudiant le résidu qui se trouve sur les parois de la cloche, on voit qu'il est formé en grande partie de phosphore ordinaire, soluble dans le sulfure de carbone, d'une certaine quantité d'acide phosphorique et d'un peu de phosphore rouge. La quantité d'oxygène abandonnée par l'acide silicique n'est pas suffisante, en effet, pour transformer la totalité du phosphore en acide phosphorique :

$$4PF^3 + 3SiO^2 = 3SiF^4 + 3O^2 + 4P.$$

Pour soumettre le fluorure de phosphore à une température plus élevée, nous avons utilisé la chaleur produite par l'étincelle d'induction.

Action de l'étincelle d'induction. — Comme la plupart des composés binaires se dédoublent partiellement en leurs éléments sous l'action de la haute température développée par l'étincelle de la bobine de Ruhmkorff, nous avons pensé qu'il était intéressant d'étudier cette action sur le trifluorure de phosphore.

Nous avons employé dans ces recherches le dispositif si commode décrit par M. Berthelot (1). Dans une éprouvette de verre placée sur la cuve à mercure, se trouve un certain volume de trifluorure de phosphore. Ce gaz, qui a été desséché au moment de la préparation, est laissé pendant cinq à six heures en présence d'une baguette de potasse fondue au creuset d'argent, afin d'être certain qu'il ne renferme plus trace d'humidité. Le fluorure de phosphore, comme l'anhydride carbonique sec, n'est pas absorbé par la potasse.

Deux tubes recourbés, remplis de mercure, donnent passage aux fils de platine qui amènent le courant. Nous nous sommes servi, dans ces expériences, d'une bobine actionnée par trois éléments Grenet pouvant donner facilement, dans l'air, des étincelles de $0^m,04$.

(1) BERTHELOT, Essai de Mécanique chimique, t. II, p. 340.

On avait soin de bien faire jaillir l'étincelle entre les fils de platine maintenus au milieu de l'éprouvette, de telle sorte que cette étincelle ne pût s'étaler sur une paroi de verre. Enfin le mercure, l'éprouvette et les tubes avaient été desséchés avec le plus grand soin.

Lorsque l'étincelle a passé pendant une heure, on arrête l'expérience et on laisse le gaz reprendre la température du laboratoire. Le volume a sensiblement diminué et les parois de l'éprouvette sont recouvertes d'une matière jaune, qui se détache facilement lorsqu'on l'agite avec de l'eau. Examinée au microscope, cette substance se présente sous la forme d'un enduit plus ou moins épais, déposé régulièrement sur les parois de verre par la condensation lente d'une vapeur. Ce corps se dissout dans le sulfure de carbone et présente tous les caractères du phosphore.

Le gaz restant dans l'éprouvette, après l'action de l'étincelle d'induction, ne renferme pas trace de fluorure de silicium. En présence de l'eau, il ne donne pas de dépôt de silice. Cependant ses propriétés sont différentes de celles du trifluorure de phosphore : il fume abondamment en présence de l'air. Mis au contact d'une petite quantité d'eau, une partie est de suite absorbée (environ 6 à 7 pour 100) ; la solution renferme de l'acide phosphorique et le gaz restant possède alors toutes les propriétés du trifluorure de phosphore.

Comme le volume gazeux a diminué sous l'action de l'étincelle d'induction, toute idée d'un dédoublement en fluor et phosphore doit être écartée, puisque le trifluorure de phosphore renferme 1 volume de phosphore et 6 volumes de fluor condensés en 4 volumes. De plus, comme il n'y a pas formation de fluorure de silicium, nous estimons qu'il faut admettre qu'une partie du fluor mis en liberté se porte sur le trifluorure de phosphore en excès pour former le pentafluorure de phosphore gazeux qui a été décrit par M. Thorpe (1).

$$\underbrace{5PF^3}_{10\ \text{vol.}} = \underbrace{3PF^5}_{6\ \text{vol.}} + \underbrace{2P}_{0\ \text{vol.}}.$$

Si l'on continue l'action de l'étincelle d'induction pendant plusieurs heures, le dépôt de phosphore augmente lentement et le volume continue à diminuer. Cependant, après quelques heures, il s'établit un équilibre et la décomposition semble limitée. En examinant l'éprouvette, lorsque l'appareil est démonté, on voit que sa surface intérieure n'a pas été attaquée.

Cette expérience, répétée plusieurs fois, nous a toujours donné les mêmes résultats. Mais si l'on ne prend pas les plus grands soins pour éviter toute trace d'humidité, il n'en est plus de même. Lorsque l'on ne dessèche pas le gaz trifluorure de phosphore au moyen de potasse fondue et que l'on se contente de le faire passer dans un flacon à acide sulfurique et dans un petit tube en V au moment de sa préparation, puis qu'on le soumet à l'action de l'étincelle, voici ce qui se produit : le phosphore se dépose encore sur les parois de l'éprouvette, le volume diminue, mais le gaz restant renferme une assez forte proportion de fluorure de silicium, et cette quantité de fluorure de silicium augmente lentement avec la durée de l'expérience. Après une heure, le mélange gazeux peut renfermer un cinquième de fluorure de silicium. Cela tient à ce que l'hydrogène de la petite quantité d'eau contenue dans le gaz fournit, avec le fluor du fluorure de phosphore, de l'acide fluorhydrique qui réagit sur le verre en produisant du fluorure de silicium et de l'eau.

$$SiO^2 + 4HF = SiF^4 + 2H^2O.$$

(1) THORPE. On phosphorus pentafluoride, *Proceedings of the Royal Society of London*, t. XXV, p. 122; 1877.

Cette nouvelle quantité d'eau est décomposée à son tour, et l'action se continue. Une très petite quantité de vapeur d'eau peut ainsi, sous l'action de l'étincelle, transformer une quantité relativement très grande de fluorure de phosphore en fluorure de silicium. Après l'expérience, la surface intérieure de l'éprouvette est complètement dépolie.

Si cette action de l'étincelle dure plusieurs heures, la décomposition se ralentit. Le fluorure de silicium formé n'est pas décomposé par l'étincelle, et il entrave l'expérience par sa mauvaise conductibilité.

Nous devons ajouter que ce mélange de gaz, fluorure de silicium et fluorure de phosphore, mis en présence d'une solution d'iodure de potassium, déplace l'iode et fournit avec l'amidon une intense coloration violette. Cette action peut être attribuée à une petite quantité d'ozone, car, lorsqu'on fait la même expérience avec le trifluorure de phosphore parfaitement sec, en partie décomposé par l'étincelle d'induction, on n'obtient plus aucune coloration. La réaction de l'iode sur l'amidon est tellement sensible qu'on ne doit l'employer qu'avec les plus grandes réserves. Dans des essais où il peut se produire soit une trace d'ozone, soit de l'acide phosphoreux, elle doit être absolument écartée.

Action de l'eau. — On a disposé 50^{cc} de gaz fluorure de phosphore sur le mercure en présence de 10^{cc} d'eau distillée, à une température voisine de 20°. L'absorption est très lente. Six heures après, il restait environ 15^{cc} non décomposés. Le liquide recueilli, qui était très acide, a présenté les réactions suivantes:

1° En présence d'une solution d'acide sulfureux, à chaud, il s'est produit un dépôt de soufre, et il s'est formé de l'acide phosphorique. L'acide sulfureux a donc été réduit.

2° Introduit dans un appareil de Marsh, ce liquide nous a fourni de l'hydrogène phosphoré caractérisé par son odeur et par la réduction rapide du nitrate d'argent.

Ces réactions indiquent nettement la présence de l'acide phosphoreux ou d'un composé fluophosphoreux ayant les mêmes propriétés réductrices. De plus, on peut démontrer que cette solution renferme de l'acide fluorhydrique par l'action qu'elle exerce sur le verre.

On sait que le trichlorure de phosphore se décompose immédiatement en présence de l'eau, en donnant de l'acide phosphoreux hydraté et de l'acide chlorhydrique :

$$PCl^3 + 3H^2O = PO^3H^3 + 3\,HCl.$$

Au contact d'une solution de soude ou de potasse, le trichlorure de phosphore fournit un phosphite et un chlorure alcalin.

La décomposition du trifluorure de phosphore, en présence de l'eau, n'est donc pas entièrement comparable à celle du trichlorure. D'abord, elle est beaucoup plus lente; de plus, le trifluorure de phosphore ne se dédouble pas en acide phosphoreux et acide fluorhydrique en présence des solutions alcalines ; il fournit un composé intermédiaire, probablement un acide fluophosphoreux, ainsi qu'il ressort des expériences thermiques de M. Berthelot (1).

Nous ne pouvons mieux faire que de citer une partie du Mémoire résumant les recherches que ce savant a entreprises sur ce sujet : « Des doutes se sont élevés tout d'abord, à cet égard, dans mon esprit, en comparant la chaleur dégagée avec celle que produit la réaction du chlorure phosphoreux liquide sur la potasse, soit $+ 132^{Cal},4$; même avec le bromure phosphoreux,

(1) BERTHELOT. Recherches sur le fluorure phosphoreux, *Annales de Chimie et de Physique*, 6e série, t. VI, p. 358 ; 1885.

on a + 130^{Cal},6. Si la réaction était la même, on en conclurait que la décomposition du fluorure phosphoreux par l'eau dégagerait seulement + 30^{Cal},5, c'est-à-dire moins de la moitié de celle du chlorure gazeux (+ 70^{Cal},5). D'où résulterait une chaleur de formation beaucoup plus grande pour le premier corps à partir de ses éléments (en admettant que la formation de l'acide fluorhydrique dégage autant ou plus de chaleur que celle de l'acide chlorhydrique ; ce qui est très vraisemblable).

« En réalité, le fluorure phosphoreux ne se décompose pas simplement en fluorure et phosphite; mais il donne naissance à un acide fluophosphoreux, comparable sans doute aux acides fluosilicique et fluoborique: l'individualité du fluor se manifeste ici une fois de plus. C'est ce que j'ai vérifié, notamment par les dosages alcalimétriques, effectués au moyen des matières colorantes nouvelles, dont M. Joly a défini si élégamment les propriétés vis-à-vis de l'acide phosphorique. »

Et plus loin :

« Quoi qu'il en soit, l'acide fluophosphoreux ainsi formé est assez stable : le sel de potasse, porté à l'ébullition pendant quelques instants en présence d'un grand excès d'alcali, ne se change pas en phosphite et fluorure. J'ai retrouvé, en effet, après l'ébullition, le même degré de saturation qu'auparavant. »

Cette formation d'acide fluophosphoreux par la décomposition du trifluorure de phosphore, en présence de l'eau ou des solutions alcalines, ne doit pas être oubliée lorsque l'on veut analyser le fluorure et doser le phosphore à l'état de phosphate ammoniaco-magnésien. Il nous est arrivé, au début de ces recherches, de faire absorber 200^{cc} de gaz par une solution de potasse, d'acidifier, puis de traiter le tout par un mélange de chlorure de magnésium et d'ammoniaque, sans obtenir le lendemain trace de cristallisation. Ce fait établit bien que la décomposition du trifluorure de phosphore par l'eau ou les solutions alcalines ne fournit pas d'acide phosphorique.

Nous avons vu plus haut que le trifluorure de phosphore était très lentement absorbé par l'eau à la température ordinaire. En présence de l'eau bouillante ou de la vapeur d'eau, la décomposition est plus rapide, mais elle n'est jamais instantanée.

Action des métalloïdes. — *Hydrogène.* — Si l'on chauffe dans une cloche courbe un mélange de trifluorure de phosphore et d'hydrogène, il se forme de l'acide fluorhydrique et de l'hydrogène phosphoré :

$$PF^3 + 3H^2 = PH^3 + 3HF.$$

L'acide fluorhydrique attaque l'éprouvette de verre, de telle sorte qu'après l'expérience il reste du fluorure de silicium absorbable par l'eau avec dépôt de silice, puis de l'hydrogène phosphoré. Ce dernier gaz a été caractérisé par son odeur, par la façon dont il brûle en présence de l'air, ainsi que par l'action réductrice qu'il exerce sur les solutions de sulfate de cuivre et d'azotate d'argent.

Oxygène. — Le trifluorure de phosphore est un gaz incombustible en présence de l'air, mais, additionné d'oxygène sec, il détone sous l'influence de l'étincelle électrique. C'est là une expérience assez curieuse, car l'on se souvient que Davy avait pensé à isoler le fluor en faisant brûler, au milieu d'un vase de fluorine, le fluorure de phosphore dans une atmosphère d'oxygène. Cette expérience, si elle a été faite par le grand chimiste anglais, n'a jamais été publiée ; du moins, nous ne l'avons trouvée nulle part.

Si l'on fait un mélange de 4^{vol} de fluorure de phosphore et de 2^{vol} d'oxygène, puis que l'on fasse jaillir dans le mélange une étincelle électrique, il se produit une violente détonation. Le volume diminue et l'on obtient un gaz, dont les propriétés diffèrent de celles du trifluorure de phosphore.

En effet le trifluorure de phosphore est un gaz qui ne fume pas à l'air, qui s'absorbe très lentement par l'eau comme nous l'avons déjà vu, et qui fournit dans ce cas une combinaison d'acide fluorhydrique et d'acide phosphoreux. Dans la décomposition par l'eau du trifluorure de phosphore, on n'obtient jamais d'acide phosphorique.

Ce nouveau gaz au contraire fume à l'air, il est absorbé instantanément par l'eau en se détruisant, et le liquide obtenu ne renferme pas trace d'un composé phosphoreux. Ce liquide ne donne pas de dépôt de soufre dans une solution chaude d'acide sulfureux; il ne réduit pas les sels d'argent. La solution fournit au contraire toutes les réactions de l'acide phosphorique.

Le nouveau gaz obtenu dans cette expérience est du fluorure de phosphore à moitié brûlé : c'est l'oxyfluorure de phosphore PF^3O, analogue à l'oxychlorure PCl^3O, découvert par Wurtz.

Mais s'il se produit l'oxyfluorure PF^3O, il doit y avoir contraction du tiers du volume total des composants :

$$\underbrace{PF^3}_{2\text{ vol.}} + \underbrace{O}_{1\text{ vol.}} = \underbrace{PF^3O.}_{2\text{ vol.}}$$

Pour mettre ce fait en évidence, nous avons introduit dans l'eudiomètre de Bunsen un certain volume de trifluorure de phosphore desséché par de la potasse fondue. Nous y avons ajouté ensuite de l'oxygène sec et, après lecture du nouveau volume, nous avons fait passer une étincelle dans le mélange. Il s'est produit une détonation accompagnée d'une lueur, et lorsque le gaz avait repris la température du laboratoire, nous avons constaté une diminution de volume égale à la moitié du volume du trifluorure employé.

Cette analyse eudiométrique a été faite en se servant de mercure et d'un eudiomètre absolument sec. Ces conditions étaient bien remplies, puisque l'eudiomètre dans lequel on a fait cette analyse n'a pas été dépoli et que, par conséquent, il n'y a pas eu formation d'acide fluorhydrique.

Comme cette analyse paraît établir l'existence d'un nouveau corps gazeux, l'oxyfluorure de phospohre PF^3O, nous la donnons ici avec détails :

Pression. . ... $769^{mm},3$. Température.......... 17°.

	div
Volume du fluorure de phosphore................	92
Après addition d'oxygène........................	148
Après détonation................................	120

L'eudiomètre employé portait 600 divisions; 10^{cc} représentaient 57 divisions.

A chaque lecture la division 600 se trouvait au niveau du mercure de la cuve et l'on notait la hauteur du mercure soulevé dans le tube.

Les chiffres précédents, ramenés à 0° et à 760^{mm}, nous ont fourni les nombres indiqués ci-dessous :

	cc
Volume du fluorure de phosphore............	5,1052
Après addition d'oxygène..................	10,2058
Après détonation..........................	7,5440

d'où pour l'oxygène disparu :

$$10,2058 - 7,5440 = 2,6618,$$

ce qui représente environ la moitié du gaz trifluorure de phosphore.

Cette expérience a été variée de bien des façons. On a fait des mélanges de 20^{cc} de fluorure et de 10^{cc} d'oxygène, que l'on a placés dans une éprouvette puis que l'on a fait traverser par une étincelle d'induction. La détonation est tellement violente que l'éprouvette, maintenue par un support, est parfois rejetée hors de la cuve à mercure et que le plus souvent une grande partie du gaz est perdue. La diminution de volume du mélange gazeux a toujours été de la moitié du volume de fluorure de phosphore mis en expérience.

L'oxyfluorure ainsi obtenu est un gaz fumant fortement à l'air, qui est de suite absorbé par l'eau ; la solution donne alors avec le molybdate d'ammoniaque la réaction de l'acide phosphorique.

Dans les expériences précédentes, nous avons toujours fait agir l'étincelle d'induction sur le mélange de 1 volume de trifluorure et d'un demi-volume d'oxygène. Si l'on augmente la quantité d'oxygène, dont l'excès agit alors comme un gaz inerte, l'explosion peut ne pas se produire. C'est ainsi que dans l'eudiomètre de Bunsen, sous une pression de 200^{mm} de mercure, 1 volume de trifluorure de phosphore et 1 volume d'oxygène ne fournissent l'oxyfluorure que sous l'action d'une série d'étincelles, et cela sans détonation ni inflammation.

Un autre fait intéressant nous a été présenté par le mélange de 1 volume de trifluorure et d'un demi-volume d'oxygène. Un semblable mélange, qui détone violemment sous l'influence de l'étincelle d'induction, ne prend pas feu au contact de la flamme du gaz d'éclairage. La température n'est pas assez élevée pour déterminer la combinaison. En plaçant l'orifice d'une éprouvette remplie du même mélange devant la flamme du chalumeau à oxygène, la combustion se produit et la flamme descend rapidement jusqu'au fond de l'éprouvette, sans cependant produire de détonation. Ce sont des phénomènes rentrant dans l'ordre de ceux que M. Berthelot a si bien étudiés à propos de la combustion des mélanges gazeux.

Soufre. — Le trifluorure de phosphore, chauffé dans une

cloche courbe en présence de vapeur de soufre, ne change pas de volume. A la température de 440° et même un peu au-dessus, il n'y a pas d'action. Le gaz possède après l'expérience les propriétés qu'il avait antérieurement ; il ne s'est pas produit de fluorure de soufre en quantité appréciable.

Brome. — Bromofluorure de phosphore. — Pour obtenir le produit d'addition fourni par le brome et le trifluorure de phosphore, on sèche d'abord le brome avec soin, au moyen d'acide sulfurique, puis on le place dans un tube dont la partie supérieure est étranglée et qui est disposé dans un mélange réfrigérant.

Le gaz fluorure phosphoreux, amené par un tube effilé, est entièrement absorbé et le brome ne tarde pas à se décolorer, si le fluorure est en excès.

On obtient, dans ces conditions, un corps liquide très mobile, d'une couleur légèrement ambrée, donnant, au contact de l'air, des fumées plus abondantes que le perchlorure de phosphore.

En présence de l'eau, il se décompose avec violence en fournissant des acides bromhydrique, fluorhydrique et phosphorique. On comprend aisément que la vapeur de ce composé agisse avec énergie sur les organes de la respiration et amène, en quelques instants, une irritation de la gorge et des bronches.

Si l'on refroidit ce corps liquide au-dessous de — 20°, il fournit de petits cristaux d'un jaune pâle qui ne tardent pas à reprendre l'état liquide aussitôt qu'on les sort du mélange réfrigérant.

Le tube de verre dans lequel se fait cette préparation n'est pas attaqué, tant que le composé reste à l'abri de l'humidité.

L'analyse de ce corps liquide, dans lequel on a dosé le brome à l'état de bromure d'argent et le phosphore à l'état de pyrophosphate de magnésie, nous a conduit à la formule PF^3Br^2. Nous obtenons ainsi un composé que nous pouvons considérer comme du pentafluorure de phosphore dans lequel deux atomes de fluor seraient remplacés par du brome. C'est donc un nouvel exemple des analogies du fluor et du brome.

Les dosages étaient faits de la façon suivante : un poids connu de pentafluobromure de phosphore était décomposé par l'eau. Le volume de la solution acide était exactement mesuré, et l'on en prenait une quantité déterminée pour doser le brome. On traitait le liquide par un excès d'acide azotique, puis par l'azotate d'argent. Le bromure d'argent, lavé longtemps à l'eau acidulée d'acide azotique, était ensuite séché et pesé.

Pour doser le phosphore, on abandonnait la solution dans un ballon de verre pendant une quinzaine de jours, afin que l'acide fluorhydrique ou la combinaison de cet acide avec le phosphore pût se transformer en acide fluosilicique.

L'acide phosphorique était ensuite précipité à l'état de phosphate ammoniaco-magnésien. Ce composé, recueilli et lavé, était calciné.

Le pyrophosphate obtenu était dissous dans de l'acide azotique étendu, puis reprécipité par l'ammoniaque, lavé, calciné, et enfin pesé. Cette double précipitation a pour but de séparer une petite quantité de silice et de magnésie, qui se trouvent toujours entraînées dans la première opération.

Nous avons obtenu ainsi les chiffres suivants :

	I	II	III	IV	V
Brome p. 100......	64,22	64,23	64,56	64,57	64,60
Phosphore.........	12,20	12,27	12,56	»	»

La formule PF^3Br^2 exigerait théoriquement :

Brome	64, 51
Phosphore	12, 50
Fluor	22, 99
	100, 00

Quand on a obtenu ce pentafluobromure de phosphore PF^3Br^2 et qu'on lui laisse reprendre la température du laboratoire, on voit vers 15° des bulles gazeuses se dégager en abondance du liquide; en même temps des cristaux se produisent, et si la température s'élève lentement, ces cristaux sont d'une belle couleur jaune. Après quelques heures, le liquide est entièrement remplacé par une masse de ces cristaux jaunes. Si la température s'élève plus rapidement, on obtient parfois des cristaux transparents, d'un rouge de rubis, fumant à l'air et attirant l'humidité pour tomber en déliquescence. Chaque fois que la saturation du brome par le trifluorure de phosphore n'a pas été poussée à l'excès, on obtient les cristaux rouges.

Les analyses de ces corps cristallisés nous indiquant des proportions très fortes de brome, nous avions pensé tout d'abord être en présence de composés formés par juxtaposition du brome au pentafluobromure de phosphore. Cette interprétation paraissait d'autant plus vraisemblable que le corps rouge, chauffé légèrement dans un courant de gaz inerte, nous fournissait les cristaux jaunes, qui se condensaient dans la partie froide, et des vapeurs de brome qui étaient entraînées par le courant de gaz. Il n'en était rien cependant; une étude plus approfondie nous a indiqué quelle était la véritable réaction.

Si l'on prépare le composé liquide PF^3Br^2 à — 20°, qu'on l'enferme dans un tube scellé, puis qu'on l'abandonne dans le laboratoire, les cristaux jaunes ne tardent pas à se produire. En quelques heures la transformation est complète. Le tube est alors ouvert sous le mercure, et l'on recueille un gaz dont les propriétés sont celles du pentafluorure de phosphore, gaz d'une odeur piquante, fumant fortement à l'air, n'attaquant pas le verre à froid, immédiatement décomposé par l'eau, et formant, dans ce cas, un mélange d'acides fluorhydrique et phosphorique.

Le composé solide qui reste dans le tube, qu'il soit jaune ou rouge, a toujours la même composition : c'est le pentabromure de phosphore PBr^5.

Les analyses de ce bromure, faites ainsi qu'il a été dit plus haut, ont fourni les chiffres suivants :

Corps jaune.

	I	II	III	IV	V
Brome p. 100........	92,54	92,56	92,87	92,82	92,69
Phosphore »	6,90	7,31	6,98	»	»

Corps rouge.

	I	II	III
Brome p. 100....................	92,89	92,77	92,96
Phosphore »	7,06	7,28	»

Le pentabromure de phosphore de formule PBr^5 doit renfermer :

Brome..................................	92,808
Phosphore..............................	7,192

Ainsi, sous l'influence d'une faible élévation de température, le composé PF^3Br^2 se dédouble et fournit du pentafluorure de phosphore. Nous pouvons représenter cette transformation au moyen de l'égalité suivante :

$$5PF^3Br^2 = 3\ PF^5 + 2PBr^3.$$

Il était indispensable de vérifier cette égalité. Pour cela, nous avons fait arriver un courant de trifluorure de phosphore pur et sec dans un tube de verre étiré renfermant un poids connu de brome. A la suite de ce petit appareil, se trouvait un tube à boules contenant une solution d'azotate d'argent, acidifiée par l'acide azotique, afin de retenir les vapeurs de brome qui pouvaient être entraînées. Cette quantité était déduite du poids du brome mis en expérience. Après la saturation du brome, le tube a été fermé à la lampe et pesé. De son augmentation de poids, on a déduit la composition du corps PF^3Br^2.

Nous avons trouvé, en opérant sur 3gr,539 de brome, les chiffres suivants rapportés à 100 :

Brome	64,62
Trifluorure de phosphore	35,90

Cette synthèse vérifie l'analyse précédente, puisque le pentafluobromure de phosphore devait renfermer théoriquement :

Brome	64,31
Trifluorure de phosphore	35,49

Le tube scellé a été laissé à la température du laboratoire, et, deux jours après, on l'a ouvert en chauffant légèrement l'extrémité effilée à la lampe d'émailleur. Lorsque le dégagement de pentafluorure de phosphore a été terminé, le tube a été fermé et pesé de nouveau. On obtenait ainsi les poids de pentafluorure et de pentabromure formés.

La formule de la réaction donnée plus haut indiquerait 30,47 pour 100 de pentafluorure et 70,53 pour 100 de pentabromure ; nous avons trouvé 29,46 pour le premier et 69,51 pour le second.

Ces différences de 1 pour 100 tiennent à ce que le tube a été pesé successivement plein d'air, de trifluorure et enfin de pentafluorure. Comme les corrections que nous aurions pu faire n'eussent été qu'approchées, nous avons préféré donner les chiffres tels que nous les avons obtenus.

Voici les détails de l'expérience :

Tube vide + bouchon	26,229
Tube + brome + bouchon	29,885
Brome employé	3,356

Après saturation du brome par le trifluorure de phosphore :

Tube scellé + PF^3Br^2	24,945
Bouchon + partie du tube détachée	6,812

Le tube a été ouvert pour laisser dégager le pentafluorure, puis fermé à nouveau à la lampe :

Tube scellé + PBr^5	23,316

Enfin on a recueilli dans le tube à boules qui faisait suite à l'appareil 0gr,275 de bromure d'argent correspondant à 0gr,1168 de brome.

Outre les analyses qui ont été faites du composé solide restant dans le tube, nous nous sommes assuré que ce corps présentait bien les propriétés du pentabromure de phosphore.

Nous devons rappeler que Baudrimont a démontré (1), le premier, que le pentabromure de phosphore présentait deux états isomériques, et qu'on pouvait l'obtenir en cristaux tantôt jaunes, tantôt rouges, dont il a décrit les caractères.

Les cristaux rouges obtenus dans nos expériences deviennent jaunes par le frottement. Chauffés dans un tube scellé, ils se volatilisent sans fondre en se décomposant partiellement. Par le refroidissement, la combinaison se reproduit. Chauffés légèrement dans un courant de gaz inerte, ils abandonnent du brome et laissent un corps liquide qui est le tribromure PBr^3. Toutes ces réactions se rapportent bien au composé PBr^5.

En résumé, le trifluorure de phosphore se combine facilement au brome pour donner le composé PF^3Br^2, composé qui se dédouble à la température ordinaire en pentafluorure et pentabromure de phosphore.

Les deux phases de la réaction sont donc représentées par les équations :

(1) Thèse de Doctorat de la Faculté des Sciences de Paris, p. 103 ; 1864.

$$PF^3 + Br^2 = PF^3 Br^2.$$
$$5\ PF^3Br^2 = 3\ PF^5 + 2\ PBr^5.$$

Chlore. — Chlorofluorure de phosphore. — Ainsi qu'on devait s'y attendre, d'après ce que nous venons de dire sur l'action du brome, le trifluorure de phosphore se combine avec facilité au chlore en fixant 2 atomes de ce métalloïde pour fournir le composé PF^3Cl^2. Aussitôt que le trifluorure de phosphore et le chlore sont en présence, la combinaison se fait avec une légère élévation de température ; le produit obtenu est gazeux à la température ordinaire.

M. Camille Poulenc [1] a fait, dans mon laboratoire, une étude complète de ce nouveau gaz.

La formation de ce chlorofluorure de phosphore a lieu suivant l'équation :

$$\underbrace{PF^3}_{2\text{ vol.}} + \underbrace{Cl^2}_{2\text{ vol.}} = \underbrace{PF^3Cl^2}_{2\text{ vol.}}.$$

Ce gaz se prépare de la façon suivante : deux flacons d'égale capacité (*fig.* 20), environ 50^{cc}, sont munis d'un bouchon à deux trous, laissant passer des tubes de verre à robinet, dont l'un arrive jusqu'au fond du flacon, et l'autre affleure à la partie supérieure. L'un des flacons est rempli de chlore, et l'autre de trifluorure de phosphore. On les réunit de telle façon que le mercure provenant d'un récipient spécial déplace le trifluorure, et le comprime dans le flacon de chlore dont l'atmosphère se décolore peu à peu. La contraction étant de moitié, la réaction est terminée lorsque le flacon de trifluorure est plein de mercure. Un robinet, placé entre les deux flacons, permet de

(1) CAMILLE POULENC. Sur un nouveau corps gazeux, le pentafluochlorure de phosphore, *Annales de Chimie et de Physique*, 6e série, t. XXIV, p. 548 ; 1891.

temps à autre d'interrompre l'arrivée du gaz trifluorure, de façon à éviter une trop grande élévation de température.

Le trifluodichlorure de phosphore est un gaz incolore, répandant à l'air d'abondantes fumées blanches. Il est absorbé complètement par l'eau bouillie, les solutions alcalines, l'eau de baryte et l'eau de chaux. Il n'attaque pas le verre, lorsqu'il

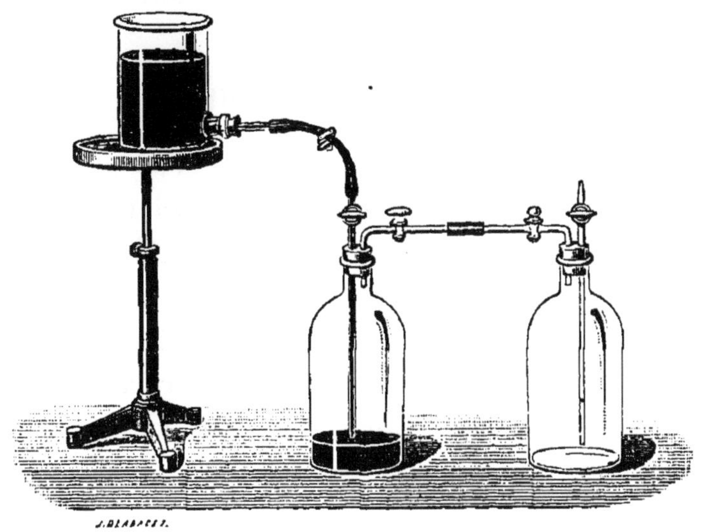

Fig. 20.

est sec. Il se liquéfie vers — 8°, à la pression ordinaire. Sa densité est 5,41 (densité théorique 5,46).

Chauffé vers 200° dans une cloche courbe, il se transforme en un mélange de pentafluorure et de pentachlorure de phosphore. Ce dernier composé forme un dépôt blanc jaunâtre sur les parois de la cloche.

$$\underbrace{5\,PF^3Cl^2}_{10\ \text{vol.}} = \underbrace{3\,PF^5}_{6\ \text{vol.}} + \underbrace{2\,PCl^5}_{0\ \text{vol.}}.$$

L'action de l'étincelle fournit les mêmes produits.

A 250°, l'hydrogène donne du trifluorure et de l'acide chlorhydrique. Avec le phosphore à chaud, on recueille du trifluorure de phosphore gazeux et du trichlorure liquide.

Les métaux sont, pour la plupart, attaqués par ce gaz.

L'eau agit différemment, suivant que l'on opère avec un excès ou avec une petite quantité de ce liquide. Si l'on ajoute très peu d'eau au gaz trifluodichlorure, le volume gazeux augmente, et il se forme de l'oxyfluorure de phosphore et de l'acide chlorhydrique :

$$PF^3Cl^2 + H^2O = PF^3O + 2HCl.$$

Un excès d'eau absorbe entièrement ces deux composés et, dans ces conditions, le liquide retient en dissolution de l'acide phosphorique en même temps que de l'acide chlorhydrique et de l'acide fluorhydrique.

L'ammoniac fournit, au contact du gaz trifluodichlorure de phosphore, d'abondantes fumées blanches formant un dépôt blanc sur les parois de l'éprouvette. Cette substance est la fluophosphamide.

$$PF^3Cl^2 + 4\,AzH^3 = PF^3\,(AzH^2)^2 + 2\,AzH^4Cl.$$

Iode. — Le trifluorure de phosphore se combine à l'iode et fournit un composé solide le trifluodiiodure de phosphore PF^3I^2 de couleur jaune, devenant rouge par refroidissement, que l'on obtient facilement en chauffant de l'iode dans une atmosphère de trifluorure de phosphore.

Phosphore. — Le phosphore, chauffé dans une cloche courbe remplie de trifluorure de phosphore, ne produit aucune réaction. Le volume ne change pas et les propriétés du gaz restent les mêmes qu'auparavant.

Arsenic. — On a chauffé au rouge sombre de l'arsenic pur,

dans une cloche courbe contenant un volume mesuré de trifluorure de phosphore. L'arsenic a été volatilisé et s'est déposé sur la partie froide de la cloche, sans fournir de fluorure d'arsenic liquide. Après refroidissement, le volume avait légèrement diminué par suite de la formation d'une petite quantité de fluorure de silicium provenant de l'action du fluorure de phosphore sur le verre de la cloche. Le gaz, débarrassé de ce fluorure de silicium, présentait toutes les propriétés du fluorure de phosphore.

Cette expérience nous démontre que le trifluorure de phosphore est plus stable que le trifluorure d'arsenic. Ce dernier, d'après les lois thermochimiques énoncées par M. Berthelot, doit donc dégager moins de chaleur au moment de sa formation.

Bore. — Le trifluorure de phosphore, chauffé dans une cloche courbe en présence de bore amorphe, fournit du phosphore et du fluorure de bore. Il se forme en même temps une certaine quantité de fluorure de silicium provenant de l'attaque du verre.

Silicium. — En chauffant, au rouge sombre, du silicium cristallisé dans une cloche courbe remplie de trifluorure de phosphore, on voit le silicium perdre son brillant et du phosphore se déposer sur la partie froide. En laissant ensuite le gaz reprendre la température du laboratoire, on remarque qu'il a diminué de volume.

Si l'expérience dure une demi-heure, la décomposition du fluorure de phosphore est complète, et il ne reste dans la cloche que du fluorure de silicium entièrement absorbable par l'eau avec dépôt de silice. Tout le phosphore s'est condensé sur les parois de la cloche courbe.

Cette décomposition, qui se produit aussi en présence d'une paroi de verre, maintenue au rouge sombre, nous a permis, comme on le verra plus loin, de doser le fluor et le phosphore contenus dans ce nouveau composé.

Le silicium amorphe fournit les mêmes résultats.

Action des métaux. — *Sodium.* — En opérant sur la cuve à mercure comme dans les expériences précédentes, on a fait passer un petit morceau de sodium dans une cloche courbe remplie de gaz fluorure phosphoreux. Le métal alcalin, chauffé avec précaution, n'a pas tardé à fondre et le volume du gaz diminuait lentement. Tout à coup, le métal est devenu incandescent et l'absorption a été très rapide. L'éprouvette se remplit alors complètement de mercure.

Cuivre. — Le cuivre, chauffé dans les mêmes conditions dans une atmosphère de fluorure de phosphore, détermine une diminution du volume gazeux et ne tarde pas à se recouvrir d'une couche noire de phosphure de cuivre. En même temps, il se forme une notable quantité de fluorure de silicium donnant, en présence de l'eau, de la silice et de l'acide hydrofluosilicique.

Aluminium. — A la température de ramollissement du verre, l'aluminium ne semble pas réagir sur le fluorure de phosphore. Le volume du gaz varie peu. Ce fait est assez curieux, car l'on sait que, à haute température, Henri Deville a obtenu le fluorure d'aluminium avec facilité. Il est probable que le métal s'entoure d'une couche d'un composé peu volatil qui limite la réaction.

Mercure. — La vapeur de mercure à 350° ne paraît pas avoir d'action sur le trifluorure de phosphore.

Action de divers composés. — *Corps oxydants.* — Le trifluorure de phosphore, mis en présence d'une solution d'acide chromique ou de permanganate de potassium, est immédiatement décomposé et le liquide renferme alors de l'acide phosphorique qui peut être précipité par le chlorure de magnésium et l'ammoniaque.

Acide chlorhydrique gazeux. — Un mélange de gaz acide chlorhydrique et trifluorure de phosphore, chauffé dans une cloche courbe sur le mercure, se décompose partiellement et fournit de l'hydrogène phosphoré, de l'acide fluorhydrique et du chlorure de phosphore.

Ammoniac. — Le gaz ammoniac, mis en présence de trifluorure de phosphore sec, s'y combine à la température ordinaire en produisant une matière blanche laineuse, immédiatement décomposable par l'eau. Des composés semblables ont été déjà obtenus avec le fluorure d'arsenic.

Alcool. — L'alcool anhydre absorbe de suite le trifluorure de phosphore. Cette absorption se produit avec élévation de température. On obtient dans ces conditions un liquide d'une odeur piquante et éthérée qui, soumis à l'ébullition, ne dégage point de gaz.

Analyse du trifluorure de phosphore. — *Dosage du phosphore.* — Le dosage du phosphore dans ce composé présente des difficultés qui, au début de ces recherches, nous ont arrêté pendant plusieurs mois. Nous avions commencé par faire absorber le gaz dans une solution de potasse ; cette solution était acidifiée par l'acide azotique, maintenue plusieurs heures à l'ébullition, et évaporée à sec, puis reprise par l'acide chlorhydrique étendu, enfin additionnée de chlorure de magnésium, d'acide citrique et d'ammoniaque. Du pyrophosphate de magnésie obtenu, on déduisait la quantité de phosphore.

Ce procédé, que nous avons varié de bien des façons, ne nous a jamais fourni de bons résultats. C'est inutilement que nous avons essayé de reprendre le résidu sec, provenant de l'absorption du gaz par la potasse, par de l'azotate de potassium fondu, en terminant l'analyse comme précédemment. Nous n'avons pas réussi davantage en maintenant plusieurs heures à l'ébullition la solution additionnée d'alcali. Nous devons cependant faire remarquer que certaines analyses, dans lesquelles on laissait longtemps le liquide acide en contact avec les silicates du verre ou de la porcelaine, nous ont fourni, pour le phosphore, des chiffres correspondant à la formule PF^3. Nous donnerons comme exemple l'analyse suivante :

Analyse n° 1.

Volume gazeux ramené à 0° et 760mm : 157cc,01.

Pyrophosphate de magnésie 0gr,859

correspondant à

Phosphore 0gr,239

100cc de gaz renfermeraient donc 0gr,152 de phosphore.

En prenant 3,045, pour la densité théorique du composé PF^3 on trouve que 100cc de gaz doivent renfermer 0gr,1431 de phosphore. Cette analyse était assez approchée. Ce chiffre de 0,152 est un maximum qui n'a jamais été dépassé, mais, le plus souvent, on trouvait un rendement beaucoup moindre. Il était donc impossible de s'arrêter à une méthode analytique dont la marche était aussi incertaine.

Les recherches thermiques que M. Berthelot a bien voulu entreprendre sur ce sujet sont venues, du reste, démontrer que la décomposition du trifluorure de phosphore, en présence d'une solution alcaline, n'était pas aussi simple que celle du trichlorure de phosphore. Ce savant estime, ainsi que nous l'avons vu plus haut, qu'il se forme tout d'abord un acide fluophosphoreux ou fluoxyphosphoreux, assez stable pour ne pas se détruire à l'ébullition. Ce fait rendrait compte de la difficulté que nous avons rencontrée dans ces analyses. Il nous est arrivé de faire absorber 200^{cc} de gaz fluorure phosphoreux par la potasse, de faire bouillir une heure avec de l'acide azotique étendu et de ne pas recueillir trace de phosphate ammoniaco-magnésien.

L'analyse se fait mieux lorsque l'on commence par décomposer le gaz au moyen d'un corps oxydant, par exemple d'une solution d'acide chromique. Nous citerons à ce propos l'analyse suivante :

Analyse n° 2.

On a mis en présence d'une solution aqueuse d'acide chromique 20^{cc},25 de gaz sec ($P = 765^{mm}$, $T = 15°$), mesurés sur la cuve à mercure dans une éprouvette. Le liquide recueilli est ensuite neutralisé par la potasse pure, acidifié légèrement par l'acide azotique, puis évaporé à sec et calciné. Il se dégage des vapeurs mercurielles provenant de la décomposition d'une petite quantité de chromate de mercure. Le résidu est additionné de 10^{gr} d'azotate de potasse, chauffé au rouge pendant une heure et demie, repris par l'eau, filtré, puis traité par le chlorure de magnésium, le chlorhydrate d'ammoniaque et l'ammoniaque.

Le phosphate ammoniaco-magnésien est filtré, lavé à l'eau ammoniacale, puis calciné. Malgré de nombreux lavages, le pyrophosphate que l'on obtient est légèrement coloré en jaune.

En désignant par V_0 le volume gazeux ramené à 0° et 760^{mm}, on a trouvé :

$$V_0 = 19^{cc},294.$$

Poids du pyrophosphate .... $0^{gr},110$

ce qui correspond à $0^{gr},0306$ de phosphore et, par suite, à $0^{gr},159$ pour 100^{cc} de gaz.

La méthode analytique qui nous a fourni les résultats les plus concordants est celle qui consiste à transformer tout d'abord le fluor en fluorure de silicium. Les acides silicique et hydrofluosilicique, qui proviennent du dédoublement de ce composé en présence de l'eau ou des solutions alcalines, n'entravent pas la précipitation du phosphate ammoniaco-magnésien.

Pour cela, un volume de gaz, desséché au préalable par de la potasse fondue, est mesuré sur la cuve à mercure, puis introduit dans une cloche courbe et chauffé au rouge sombre pendant une heure. Le trifluorure de phosphore se décompose entièrement, et il ne reste que du fluorure de silicium. Nous nous sommes assuré que la décomposition était complète, et nous verrons plus loin que du volume de fluorure de silicium formé, il est facile de déduire la quantité de fluor contenue dans le trifluorure de phosphore. On laisse ensuite rentrer l'air avec précaution dans la cloche courbe, lorsqu'elle est bien refroidie, et l'on dissout le phosphore au moyen d'acide azotique pur. Cet acide est maintenu en ébullition tranquille, pendant environ trente minutes, dans la cloche courbe retournée ; on évapore à sec pour rendre la silice insoluble, puis l'on procède au dosage de l'acide phosphorique, à l'état de phosphate ammoniaco-magnésien. Lorsque le pyrophosphate de magnésie a été obtenu, il est indispensable de le dissoudre à nouveau dans l'acide azotique étendu, de filtrer et de le reprécipiter par l'ammoniaque pour éliminer l'excès de magnésie et des traces de silice. On calcine à nouveau, puis l'on pèse.

Les volumes gazeux sont ramenés à 0° et à 760^{mm} et, du poids de pyrophosphate de magnésie, on déduit celui du phosphore.

N° DE L'EXPÉRIENCE.	VOLUME INITIAL.	$P^2O^7Mg^2$.	P. CORRESPONDANT.	P. POUR 100^{cc}.
	cc			gr
3......	19,30	0,105	0,02929	0,151
4......	20,02	0,098	0,02738	0,137
5......	16,33	0,088	0,02455	0,150
6......	23,34	0,126	0,03515	0,150
7......	24,96	0,130	0,03627	0,146
8......	20,63	0,110	0,03052	0,148

D'après la densité théorique, le trifluorure de phosphore renfermerait, pour 100^{cc} de gaz, 0^{gr},1431 de phosphore, et, d'après la densité trouvée expérimentalement, il en contiendrait 0^{gr},1404.

Le gaz qui a été employé dans les six premières analyses avait été préparé par l'action du phosphure de cuivre sur le fluorure de plomb absolument exempt de silice. On avait eu soin de faire passer ce gaz bulle à bulle dans un flacon laveur contenant de l'eau, afin de le débarrasser complètement des traces de pentafluorure qu'il pouvait renfermer. Il avait été desséché ensuite avec de l'acide sulfurique, et finalement au moyen de la potasse fondue.

Le gaz sur lequel ont porté les analyses 7 et 8 a été obtenu en faisant réagir le fluorure d'arsenic sur le trichlorure de phosphore, ainsi que nous l'avons indiqué au début de ce chapitre.

Nous ferons remarquer que le simple dosage du phosphore dans le trifluorure n'indique pas que le gaz analysé ne renferme pas de pentafluorure. En effet, 100^{cc} de gaz trifluorure contiennent 0^{gr},143 de phosphore et 100^{cc} de gaz pentafluorure en renferment 0^{gr},140, et cette différence est de l'ordre des erreurs d'expérience de la méthode analytique. Mais, dans les échantillons analysés précédemment, on n'avait pas à redouter cette cause d'erreur, parce que le gaz avait traversé un petit appareil contenant de l'eau, qui détruit immédiatement le pentafluorure.

Dosage du fluor. — Nous avons pu doser le fluor en nous appuyant sur une propriété assez intéressante du trifluorure de phosphore. Si l'on fait passer dans une cloche courbe, sur le mercure sec, un certain volume de trifluorure de phosphore, et que l'on porte ensuite la partie courbée au rouge sombre, le phosphore se sépare, ainsi que nous l'avons indiqué plus haut. Le volume diminue, et l'on voit bientôt les vapeurs de phosphore se condenser en petites gouttelettes sur la partie froide. La décomposition est complète en quarante minutes environ. Le volume a diminué et la paroi de verre chauffée a été fortement corrodée. Le gaz restant est formé entièrement de fluorure de silicium, décomposable par l'eau avec dépôt de silice.

$$\underbrace{4PF^3}_{8\ \text{vol.}} + 3\,Si = \underbrace{3\,SiF^4}_{6\ \text{vol.}} + 4P.$$

En étudiant le résidu qui se trouve dans la cloche, on voit qu'il est formé en grande partie de phosphore ordinaire, soluble dans le sulfure de carbone, d'une certaine quantité d'acide phosphorique et d'un peu de phosphore rouge.

Ainsi, sous l'action de la chaleur, le fluorure de phosphore s'est décomposé et le fluor a formé, avec le silicium du verre, du gaz fluorure de silicium. D'après le volume du fluorure de silicium, il est facile de déterminer la quantité de fluor. Si nous faisons l'expérience avec le trifluorure, la diminution doit être d'un quart, ainsi que l'indique la formule ci-dessus, tandis qu'avec le pentafluorure, si la décomposition en était aussi régulière, le volume devrait augmenter d'un quart.

$$\underbrace{4PF^5}_{8\ \text{vol.}} + 5Si = \underbrace{5SiF^4}_{10\ \text{vol.}} + 4P.$$

Nous donnerons les analyses suivantes, qui ont été faites en chauffant le gaz bien sec dans une cloche courbe placée dans un verre rempli de mercure. Les volumes étaient mesurés, après et avant l'expérience, dans la même éprouvette graduée. L'analyse durait assez peu de temps pour qu'il ait été inutile de tenir compte des variations de pression, et l'on avait soin, avant chaque lecture, de laisser reprendre au gaz la température de la cuve à mercure, laquelle restait constante pendant toute la durée de l'expérience. On s'assurait ensuite, en mettant le gaz obtenu en présence de l'eau, que la transformation en fluorure de silicium était complète.

Nº DE L'ANALYSE.	VOLUME DU GAZ.	VOLUME APRÈS ACTION DE LA CHALEUR.	DIMINUTION DE VOLUME	
			TROUVÉE.	THÉORIE.
	cc	cc	cc	cc
9....	21,5	16,0	5,5	5,375
10....	19,6	14,6	5,0	4,900
11....	21,7	16,2	5,5	5,420
12....	17,5	13,3	4,2	4,375

CONCLUSIONS. — En résumé, on peut obtenir un nouveau corps gazeux, le trifluorure de phosphore :

1° En chauffant au rouge sombre un mélange absolument sec de fluorure de plomb exempt de silice et de phosphure de cuivre riche en phosphore;

2° Par l'action du trifluorure d'arsenic sur le trichlorure de phosphore;

3° Par l'action du tribromure de phosphore sur le fluorure de zinc ou du trichlorure de phosphore sur le fluorure d'argent.

Ce gaz, d'une odeur piquante, est insoluble dans le chloroforme, l'éther et le sulfure de carbone. Il peut être liquéfié sous une pression de 40 atmosphères à la température de — 10°. Sa densité, déterminée au moyen de l'appareil de Chancel, est de

3,022. La densité théorique du trifluorure de phosphore serait 3,045.

Sous l'action de l'étincelle d'induction, il se dédouble en fournissant du pentafluorure de phosphore et du phosphore.

Le trifluorure de phosphore est un gaz incombustible en présence de l'air ; mais, additionné d'un demi-volume d'oxygène, il détone sous l'influence de l'étincelle électrique en fournissant un nouveau gaz, l'oxyfluorure de phosphore PF^3O. Un semblable mélange s'enflamme au contact de la flamme du chalumeau oxhydrique et brûle sans détonation. La flamme du gaz d'éclairage n'est pas assez chaude pour en déterminer l'inflammation.

Lorsque le trifluorure de phosphore est pur, il ne fume pas à l'air. En présence de l'eau, il se décompose lentement et fournit un composé fluophosphoreux, réduisant à chaud la solution d'acide sulfureux et donnant de l'hydrogène phosphoré dans l'appareil de Marsh. Au contact de la vapeur d'eau à 100°, la décomposition du fluorure phosphoreux est plus active ; elle exige encore cependant plusieurs minutes.

Le trifluorure de phosphore est rapidement absorbé, avec élévation de température, par une solution de potasse ou de soude. L'absorption est plus lente en présence de l'eau de baryte ou d'une solution de carbonate de potassium.

Le gaz fluorure phosphoreux se décompose immédiatement en présence des solutions d'acide chromique ou de permanganate de potasse. Il est absorbé par l'alcool absolu, avec élévation de température, sans que le liquide puisse régénérer le gaz quand on le porte à l'ébullition.

Le brome, maintenu à — 20°, se sature de trifluorure de phosphore et fournit un produit d'addition, liquide, de couleur ambrée, répondant à la formule PF^3Br^2.

En présence du bore amorphe, ou du silicium cristallisé porté au rouge sombre, il fournit du fluorure de bore ou du fluorure de silicium.

Le sodium fondu absorbe rapidement le gaz trifluorure de phosphore; l'éprouvette se remplit de mercure. Le cuivre maintenu au rouge sombre le décompose plus lentement.

Le gaz ammoniac se combine au fluorure phosphoreux sec, à froid, en fournissant une matière laineuse, blanche, très légère, qui disparaît au contact de l'eau.

D'après l'ensemble de ses propriétés, la détermination de sa composition et celle de sa densité, nous avons été conduit à regarder ce nouveau gaz comme étant le trifluorure de phosphore PF^3.

Pentafluorure de phosphore.

Préparation. — Le pentafluorure de phosphore est un corps gazeux qui a été préparé pour la première fois par M. Thorpe, en faisant réagir le trifluorure d'arsenic sur le pentachlorure de phosphore [1]. Ce savant a déterminé sa densité et indiqué quelques-unes de ses propriétés.

Le procédé de préparation employé par M. Thorpe ne permet pas d'avoir ce gaz absolument pur. Lorsque l'on fait tomber goutte à goutte le trifluorure d'arsenic sur le pentachlorure de phosphore placé dans un petit ballon, la réaction est très vive et le gaz qui se dégage entraîne toujours des vapeurs de fluorure et de chlorure d'arsenic. Cette double décomposition s'accomplit suivant l'équation :

$$5AsF^3 + 3PCl^5 = 5AsCl^3 + 3PF^5.$$

(1) T. E. Thorpe. On phosphorus pentafluoride, *Proceedings of the Royal Society of London*, t. XXV, p. 122 ; 1877. Ibid., *Liebig's Annalen der Chemie*, t. CLXXXII, p. 201 ; 1876.

Pour préparer le pentafluorure de phosphore, nous avons employé une autre réaction.

Nous avons dit précédemment que, en faisant passer à refus un courant de gaz trifluorure de phosphore dans du brome maintenu à — 15°, on obtenait un pentafluobromure de phosphore liquide, de couleur ambrée, qui se décomposait ensuite lentement en fournissant du pentabromure et du pentafluorure de phosphore :

$$5PF^3Br^2 = 3PF^5 + 2PBr^5.$$

Le pentabromure de phosphore, qui est un corps solide, reste dans le tube où se produit la décomposition.

Cette action du brome est assez curieuse puisqu'elle permet de passer du trifluorure au pentafluorure; elle fournit un dégagement régulier de gaz pentafluorure de phosphore.

On peut craindre, dans cette préparation, qu'une petite quantité de brome ne soit entraînée avec le pentafluorure, surtout si la saturation par le trifluorure n'a pas été complète. Pour se débarrasser de cette impureté, le gaz est recueilli sur le mercure dans des flacons absolument secs, dans lesquels on a soin de laisser une petite quantité de ce métal. Le brome est lentement absorbé et l'on obtient ainsi du pentafluorure de phosphore pur.

C'est un gaz incombustible, fumant fortement à l'air, doué d'une odeur piquante et entièrement décomposable par l'eau.

Densité.—M. Thorpe a indiqué comme densité du pentafluorure de phosphore le chiffre 4,5 ; la densité théorique serait 4,4043.

Nous avons repris cette détermination de la densité du pentafluorure de phosphore au moyen du petit appareil en verre de Chancel. Elle présentait une certaine difficulté à cause de l'énergie avec laquelle le pentafluorure de phosphore absorbe l'humidité. Le ballon de verre était chauffé dans une étuve à 110°, et séché à cette température, par un courant d'air ayant passé sur de l'oxyde de potassium anhydre; on maintenait le courant d'air sec pendant le refroidissement de l'appareil. Le pentafluorure de phosphore, recueilli dans des flacons de verre, en était ensuite déplacé au moyen de mercure bien sec et un petit tube abducteur l'amenait dans le ballon.

Malgré tous ces soins nous avons trouvé, en opérant avec un gaz pur, une densité un peu supérieure à la densité théorique. Nous avons obtenu pour trois expériences concordantes, faites avec un gaz entièrement absorbable par l'eau, sans trace de silice, les chiffres suivants :

4,50 4,49 4,48

Liquéfaction et solidification. — En soumettant le gaz à une pression de 12^{atm} à la température de 7°, M. Thorpe n'était pas arrivé à le liquéfier. On y parvient en employant l'appareil de M. Cailletet.

A la température de 16°, le pentafluorure de phosphore se liquéfie sous une pression de 23^{atm}. Aussitôt que cette pression est atteinte, on voit des stries abondantes se produire sur les parois du tube et fournir à la surface du mercure un liquide n'attaquant pas le verre. Si l'on détend légèrement, il se forme dans le tube une neige de pentafluorure de phosphore qui ne tarde pas à reprendre l'état liquide, de telle sorte qu'il est facile, avec le pentafluorure de phosphore, de mettre en évidence, à la température ordinaire, la liquéfaction et la solidification d'un corps gazeux.

Propriétés. — Nous avons indiqué, dans la première partie de cet ouvrage, dans quelles conditions le pentafluorure de phosphore pouvait se dédoubler sous l'action de fortes étincelles d'induction en trifluorure et fluor. Nous n'y reviendrons pas.

Le pentafluorure de phosphore, chauffé dans une cloche courbe au rouge sombre en présence d'un excès de vapeur de phosphore, ne fournit pas de trifluorure. On sait que le pentachlorure, dans ces conditions, se dissocie en donnant une grande quantité de trichlorure.

Au contact de la vapeur de soufre à 440°, le pentafluorure n'est pas décomposé. Son action sur l'iode vers 500° est nulle. Conservé dans des flacons de verre en présence d'une trace d'humidité, il attaque lentement le silicate double, se transforme en fluorure de silicium et en oxyfluorure de phosphore, tandis qu'une partie des alcalis du verre fixent une certaine quantité de phosphore, soit à l'état de phosphate, soit à l'état de fluophosphate.

A cause de cette action, il est très difficile de conserver pendant plusieurs mois du pentafluorure de phosphore dans des flacons de verre sans que ces derniers soient attaqués.

A — 10°, M. Tassel a obtenu une combinaison cristallisée de pentafluorure de phosphore et de peroxyde d'azote répondant à la formule $PF^5Az^2O^4$.

Analyse. — L'analyse du pentafluorure de phosphore, faite dans des vases de verre, présente des difficultés inhérentes à la séparation même d'un mélange d'acides phosphorique, fluorhydrique, silicique et fluosilicique.

Voici les deux méthodes que nous avons employées :

1° Un certain volume de gaz, mesuré sur le mercure dans une jauge en platine, est absorbé par une solution alcaline. Le liquide, décanté dans un entonnoir de gutta-percha, est placé dans un grand creuset de platine puis additionné d'acide azotique et de liqueur molybdique.

Le précipité recueilli, après avoir été maintenu quatre heures au bain-marie est séparé au moyen d'un filtre dans un entonnoir de gutta, enfin dissous, puis reprécipité à l'état de phosphate ammoniaco-magnésien. Du poids de pyrophosphate de magnésie on déduit la quantité de phosphore contenu dans le gaz ramené à 0° et à 760^{mm}.

2° Le pentafluorure de phosphore est mesuré dans un tube de verre, sur la cuve à mercure; on absorbe le gaz par une solution de potasse pure et le liquide est ensuite décanté dans une capsule ; on y joint les eaux de lavage, on y ajoute une pincée de silice pure et l'on évapore à sec au bain-marie. La masse saline est traitée ensuite par l'acide sulfurique monohydraté, maintenue une heure au bain-marie à 100° et chauffée ensuite légèrement jusqu'à apparition de vapeurs blanches d'acide sulfurique. Après refroidissement, on reprend par une petite quantité d'eau, on ajoute un excès d'ammoniaque concentrée, on filtre et, dans le liquide, on dose le phosphore à l'état de phosphate ammoniaco-magnésien.

Dans ce procédé, le fluor a été éliminé à l'état de fluorure de silicium et les nombres obtenus par ces méthodes analytiques concordent avec la formule PF^5.

En résumé, le pentafluorure de phosphore ne présente donc pas le facile dédoublement du pentachlorure, qui permet d'employer avec succès ce composé à la chloruration des corps organiques, ainsi que l'ont proposé MM. Colson et H. Gautier (1). Il est beaucoup plus stable et ne se dédouble que sous l'action de très fortes étincelles d'induction. L'expérience qui se fait dans des vases de verre, en présence de mercure, ne peut pas servir à isoler le fluor, car dans ces

(1) A. Colson et H. Gautier. Nouveau mode de chloruration des carbures, *Annales de Chimie et de Physique*, 6e série, t. XI, p. 19 ; 1887.

conditions il se produit immédiatement du fluorure de silicium et du fluorure de mercure.

Oxyfluorure de phosphore.

Nous avons vu précédemment que le mélange de 4^{vol} de trifluorure de phosphore et de 2^{vol} d'oxygène, sous l'action d'une forte étincelle d'induction, produisait une détonation violente. Le volume diminue et l'on obtient un gaz dont les propriétés diffèrent de celles du trifluorure de phosphore. Ce nouveau composé est l'oxyfluorure de phosphore PF^3O.

Préparation. — 1° Pour préparer l'oxyfluorure qui nous a servi dans ces recherches, on a fait détoner par petites quantités, à peu près 10^{cc} chaque fois, un mélange d'environ 2^{vol} de trifluorure de phosphore et de 1^{vol} d'oxygène, ce dernier en léger excès. L'oxyfluorure obtenu était abandonné plusieurs jours sur le mercure en présence de bâtons de phosphore sec qui se combinait à l'oxygène restant. On sait que, dans ces conditions, l'oxygène n'ayant qu'une faible tension, est assez rapidement absorbé par le phosphore à froid.

On peut encore obtenir l'oxyfluorure de phosphore en faisant passer un mélange de 2^{vol} de trifluorure et de 1^{vol} d'oxygène sur de la mousse de platine légèrement chauffée ; la combinaison s'effectue avec facilité.

2° La meilleure méthode de préparation de l'oxyfluorure de phosphore consiste à faire réagir, dans un appareil en métal, l'oxychlorure de phosphore sur le fluorure de zinc anhydre et non calciné. Le dégagement gazeux commence à froid et est accéléré par une légère élévation de température ; il se produit du chlorure de zinc et de l'oxyfluorure de phosphore.

Le fluorure de zinc employé dans cette réaction a été obtenu en traitant le carbonate de zinc par l'acide fluorhydrique pur en excès. On évapore et l'on sèche à l'étuve à 300°.

On effectue cette préparation de la façon suivante : un tube à essai en laiton contenant le fluorure de zinc est fermé par un bouchon de liège paraffiné qui porte un tube à brome et un tube de dégagement en plomb. Dans le tube à brome se trouve l'oxychlorure de phosphore qui devra tomber par petites quantités sur le fluorure de zinc. Le tube abducteur en plomb est réuni à un autre tube de laiton maintenu dans un mélange réfrigérant à — 20°, afin de condenser la majeure partie de l'oxyfluorure de phosphore entraînée à l'état de vapeurs. Enfin un tube de verre rempli de fluorure de zinc arrête les dernières traces d'oxychlorure et le gaz est recueilli sur le mercure. On le conserve dans des flacons de verre bouchés à l'émeri.

Pour que la réaction se produise avec facilité, il est utile de chauffer jusqu'à 40° ou 50° et d'ajouter un léger excès d'oxychlorure de phosphore. Nous ferons remarquer toutefois que cette température de 50° ne doit pas être dépassée, sans quoi le dégagement peut devenir très rapide et être accompagné alors d'une explosion.

3° Nous rappellerons que MM. Thorpe et Hambly (1) ont indiqué, après nos premières recherches sur l'oxyfluorure de phosphore, un procédé de préparation de ce corps gazeux qui consiste à chauffer un mélange intime de cryolithe et d'anhydride phosphorique.

4° Un autre procédé de préparation assez curieux consiste à faire réagir l'acide fluorhydrique sur l'anhydride phosphorique.

Cette expérience doit être effectuée dans un tube de métal ; on

(1) THORPE and HAMBLY. On Phosphoryl trifluoride, *Journal of the Chemical Society of London*, t. LV, p. 759 ; 1889.

fait arriver de l'acide fluorhydrique bien privé d'eau et maintenu à une température inférieure à 19°,5, sur de l'anhydride phosphorique. Ce dernier s'échauffe et il se dégage aussitôt un corps gazeux ayant pour formule PF^3O.

Cette réaction intéressante démontre que l'on ne doit jamais employer l'anhydride phosphorique pour dessécher l'acide fluorhydrique. Il est vraisemblable que, dans les expériences de Louyet, lorsque ce savant a cherché à déshydrater l'acide fluorhydrique au moyen d'anhydride phosphorique, il a dû obtenir une notable quantité d'oxyfluorure de phosphore. La présence de ce dernier gaz explique la propriété que possédait son acide fluorhydrique gazeux de ne point attaquer le verre.

5° Le gaz oxyfluoruré de phosphore peut encore se préparer par l'action du fluorure d'argent sur l'oxychlorure de phosphore.

$$PCl^3O + 3\,AgF = PF^3O + 3\,AgCl$$

Cette réaction se fait dans un tube de verre scellé, en chauffant légèrement et en ayant bien soin d'éviter la présence de l'eau et des acides fluorhydrique et chlorhydrique.

Propriétés. — L'oxyfluorure de phosphore est un gaz incolore, possédant une odeur piquante, absorbable par l'eau, qui le décompose, avec dégagement de chaleur. C'est un gaz qui, en présence de l'air, fournit des fumées blanches, moins abondantes cependant que celles données par le pentafluorure de phosphore. Du reste, ce dernier gaz s'absorbe beaucoup plus rapidement par l'eau que l'oxyfluorure. Le verre n'est pas attaqué par l'oxyfluorure de phosphore desséché avec soin.

Sa liquéfaction se fait plus facilement que celle des fluorures de phosphore. Tandis que le trifluorure se liquéfie, sous une pression de 40^{atm}, à — 10°, et le pentafluorure sous celle de

23^atm à la température de + 16°, il suffit d'une pression de 15^atm, à cette même température de 16°, pour amener l'oxyfluorure à l'état liquide. Malgré tous les soins pris pour dessécher complètement le tube et le mercure de l'appareil de M. Cailletet, il s'est toujours produit, dans la liquéfaction de l'oxyfluorure, une légère attaque du verre et du mercure. Lorsque l'on a obtenu l'oxyfluorure de phosphore liquide, il suffit de le comprimer à 50^atm, puis de le détendre brusquement pour avoir une neige blanche d'oxyfluorure solide. Sous la pression ordinaire, l'oxyfluorure de phosphore est, à la température de — 50°, un liquide, que l'on obtient facilement par l'évaporation rapide du chlorure de méthyle ou au moyen du mélange d'anhydride carbonique solide et d'acétone.

La densité théorique de l'oxyfluorure de phosphore PF^3O est de 3,63; celle trouvée par l'expérience est de 3,69.

L'oxyfluorure de phosphore est absorbé immédiatement par l'alcool anhydre, par l'acide chromique ou par une solution alcaline. Chauffé dans une cloche courbe en verre, ce gaz ne se décompose pas aussi facilement que le trifluorure; il ne se produit pas de dépôt de phosphore et, même après une heure de chauffe, la décomposition n'est pas complète. Dans ces conditions, il se produit du fluorure de silicium et un phosphate alcalin.

Nous ferons remarquer que l'existence de l'oxyfluorure de phosphore rend impossible l'expérience indiquée par Humphry Davy qui pensait isoler le fluor en brûlant le fluorure de phosphore dans une atmosphère d'oxygène enfermé dans un vase de fluorine. C'est d'ailleurs une curieuse propriété du fluor de tendre toujours à former des produits d'addition ternaires ou quaternaires, propriété qui, pensons-nous, avait paralysé jusqu'ici tous les essais tentés pour isoler ce corps simple.

Analyse. — Le dosage du phosphore dans l'oxyfluorure, préparé au moyen du fluorure de zinc, a été effectué de la façon suivante : on a absorbé, par la potasse pure, un volume déterminé du gaz, volume qui a été ramené à 0° et à 760mm. Le liquide, évaporé à sec dans une capsule de platine, est traité par un mélange d'azotate de potassium et d'azotate de sodium en fusion. On reprend par l'eau ; on acidifie par l'acide azotique et l'on précipite par le nitro-molybdate d'ammoniaque. Le précipité obtenu est dissous dans l'ammoniaque et tout l'acide phosphorique est enfin précipité à l'état de phosphate ammoniaco-magnésien. On calcine ce précipité, on le redissout dans l'acide azotique, puis on le précipite à nouveau par l'ammoniaque pour éliminer l'excès de magnésie entraîné, et de ce dernier poids de pyrophosphate on déduit la quantité de phosphore contenue dans le volume gazeux.

Nous avons obtenu ainsi les chiffres suivants :

				THÉORIE
Phosphore...........	29.20	29.40	29.95	29.80

Le gaz obtenu dans les conditions que nous avons indiquées est donc bien l'oxyfluorure de phosphore.

Sulfofluorure de phosphore.

Enfin, pour compléter cette étude des combinaisons fluorées du phosphore, nous devons rappeler que MM. Thorpe et Rodger (1), en 1888, ont préparé le sulfofluorure de phosphore PF^3S par l'action du sulfure de phosphore sur le fluorure de plomb.

Ce composé se détruit en présence de l'eau suivant l'équation :

$$PF^3S + 4H^2O = PO^4H^3 + H^2S + 3HF.$$

(1) THORPE and RODGER. On thiophosphoryl Fluoride, *Journal of the Chemical Society of London*, t. LIII, p. 766 et t. LV, p. 306; 1888 et 1889.

M. Camille Poulenc a obtenu plus tard le même sulfofluorure par l'action du trifluodichlorure de phosphore soit sur le soufre soit sur le sulfure d'antimoine.

FLUORURE D'ARSENIC.

Historique. — Le trifluorure d'arsenic a été découvert par Dumas ([1]), en 1826. Ce savant le préparait en chauffant un mélange d'acide arsénieux et de fluorure de calcium en présence d'un excès d'acide sulfurique.

Beaucoup plus tard, M. Emerson Mac Ivor ([2]) reprend l'étude du trifluorure d'arsenic, le prépare par la méthode de Dumas et en détermine la densité et le point d'ébullition. Dans une nouvelle note ([3]), le même auteur conseille, pour obtenir le trifluorure d'arsenic, de distiller un mélange de chlorure d'arsenic, de fluorure de calcium et d'acide sulfurique, ou de faire réagir à chaud le fluorure d'ammonium sur le trichlorure d'arsenic.

Formation. — Le trifluorure d'arsenic peut s'obtenir par l'union directe du fluor et de l'arsenic, ainsi que nous l'avons démontré précédemment, mais il se formera plus facilement chaque fois que l'acide fluorhydrique anhydre se trouvera au contact d'acide arsénieux. C'est ainsi, par exemple, que, si l'on projette de l'acide arsénieux en poudre dans de l'acide fluorhydrique, il se produit un bruissement indiquant une action énergique ; des vapeurs abondantes se dégagent et, en distillant le résidu à la

(1) Dumas. Note sur quelques composés nouveaux, extraite d'une lettre de M. Dumas à M. Arago, *Annales de Chimie et de Physique*, 2e série, t. XXXI, p. 433 ; 1826.

(2) Mac Ivor. On arsenic fluoride, *Chemical News*, t. XXX. p. 169 ; 1874.

(3) Mac Ivor. On the fluorides of arsenic and phosphorus, *Chemical News*, t. XXXII, p. 258 ; 1875.

température de + 70°, on obtient dans le récipient entouré de glace du fluorure d'arsenic liquide. La réaction est identique si l'on chauffe dans un appareil en laiton un mélange intime de fluorhydrate de fluorure de potassium et d'acide arsénieux.

Le trifluorure d'arsenic peut encore s'obtenir en chauffant du chlorure d'arsenic en présence de fluorure de plomb ou de fluorure d'argent. Il se produit du chlorure de plomb ou d'argent et du fluorure d'arsenic.

Préparation. — Les différentes réactions indiquées ci-dessus ne donnant que de faibles rendements, nous avons toujours employé dans nos recherches la méthode de préparation de Dumas, en ayant soin seulement de doubler la quantité d'acide sulfurique à employer.

L'acide arsénieux est séché dans le vide sec ; le fluorure de calcium, bien exempt de carbonate de chaux, est calciné au four Perrot. On place ensuite dans une cornue tubulée en verre épais, de 4^{lit} de capacité, 2^{kg} d'acide sulfurique pur, bien exempt d'acide chlorhydrique, auquel on ajoute par petites portions 1^{kg} d'un mélange intime à poids égaux de fluorure de calcium et d'acide arsénieux. Le col de la cornue s'adapte à un récipient en plomb entouré d'eau glacée, et l'on chauffe avec précaution l'appareil pendant plusieurs heures. Le liquide obtenu est rectifié ensuite dans un alambic en platine à la température de + 65°. Ces diverses manipulations doivent être faites dans une cage fermée possédant un tirage énergique.

Lorsque l'on veut conserver le fluorure d'arsenic pendant plusieurs jours, il faut éviter de le placer dans un flacon de verre bouché à l'émeri, sans quoi le bouchon ne tarde pas à adhérer au verre et le fluorure de silicium qui se forme lentement prend une tension telle que le flacon vole en éclats. La plus petite trace d'eau suffit pour produire cet accident. Le mieux est de le conserver dans une bouteille de platine fermée par un bouchon de même métal. Le tout est placé sous une cloche de verre, en présence d'un cristallisoir à demi rempli d'acide sulfurique.

Propriétés physiques. — Le trifluorure d'arsenic est un corps liquide, incolore, très mobile, fumant à l'air.

Son point d'ébullition, que nous avons déterminé au moyen d'un petit appareil en platine chauffé dans un bain d'huile, a été trouvé de + 63° sous la pression de 750mm. D'après Mac Ivor le point d'ébullition du fluorure d'arsenic était compris entre + 63° et + 66°.

La densité de ce composé a été prise par la méthode du flacon, et deux déterminations nous ont donné le même chiffre, 2,73, qui correspond exactement au chiffre indiqué par Mac Ivor.

Ce corps liquide n'avait pas encore été solidifié. C'était là cependant une expérience très simple, à laquelle nous sommes arrivé en refroidissant, au moyen de chlorure de méthyle, le trifluorure d'arsenic placé dans un petit creuset de platine fermé. Le trifluorure d'arsenic bien rectifié se solidifie à — 8°,5; il prend alors l'apparence d'une masse de cristaux enchevêtrés. Ce fluorure solide, est mauvais conducteur de la chaleur.

L'action du courant sur le trifluorure liquide et l'action de l'étincelle d'induction sur ce même fluorure maintenu à l'état gazeux ont fourni des résultats qui ont été décrits précédemment.

Action de la chaleur. — L'action de la chaleur sur le trifluorure d'arsenic a été étudiée de la façon suivante. Dans une cloche courbe remplie de mercure, on fait passer une petite quantité de fluorure d'arsenic. On chauffe légèrement, de façon à amener le liquide à l'état gazeux ; puis la partie courbée est portée au rouge sombre pendant environ trente minutes. L'appareil reprend ensuite la température du laboratoire. Dans ces conditions, il ne se forme pas de dépôt d'arsenic; mais une poussière blanchâtre, présentant toutes les réactions de l'acide arsénieux, tapisse l'intérieur de l'éprouvette et il reste un corps gazeux qui est entièrement formé de fluorure de silicium. En présence du verre au rouge sombre, le fluorure d'arsenic fournit donc de l'acide arsénieux et du fluorure de silicium. L'arsenic a été complètement transformé en acide arsénieux par l'oxygène de la silice.

$$4AsF^3 + 3SiO^2 = 3SiF^4 + 2As^2O^3.$$

Action sur les chlorures de métalloïdes. — Le fluorure d'arsenic, en présence de certains chlorures de métalloïdes produit, même à froid, une réaction énergique qui a permis à M. Thorpe (1) de préparer le pentafluorure de phosphore et qui nous a fourni le gaz trifluorure de phosphore. Une double décomposition se produit et le corps gazeux est mis en liberté.

$$AsF^3 + PCl^3 = AsCl^3 + PF^3.$$
$$5AsF^3 + 3PCl^5 = 5AsCl^3 + 3PF^5.$$

Cette réaction se produit aussi avec facilité au contact du chlorure de silicium. Nous avons versé goutte à goutte du fluorure d'arsenic sur du chlorure de silicium et nous avons obtenu de suite un violent dégagement de gaz fluorure de silicium :

$$4AsF^3 + 3SiCl^4 = 4AsCl^3 + 3SiF^4.$$

Ces différentes réactions peuvent se faire dans un ballon en

(1) THORPE. On phosphorus pentafluoride, *Proceedings of the Royal Society of London*, t. XXV, p. 122; 1877.

verre, dont le bouchon porte un tube à brome contenant le fluorure d'arsenic et un tube abducteur servant au dégagement du gaz. Le chlorure de métalloïde est placé dans le ballon et l'on fait tomber lentement le fluorure d'arsenic. Les différentes parties de l'appareil doivent avoir été séchées avec soin à l'étuve et le bouchon de liège enduit de paraffine.

Cette double décomposition a permis en outre à MM. Thorpe et Rodger d'obtenir en tube scellé, à + 150°, le sulfofluorure de phosphore par l'action du fluorure d'arsenic sur le sulfochlorure de phosphore (1).

Les chlorures de carbone et de soufre n'ont rien donné à froid avec le fluorure d'arsenic.

Analyse. — La présence de l'acide fluorhydrique, soit à l'état libre, soit à l'état de combinaison, tendant toujours à compliquer les analyses, nous avons dû essayer différents procédés avant d'arriver à doser exactement l'arsenic dans ce composé. Les deux méthodes suivantes nous ont fourni de bons résultats.

1° On a pesé environ 0gr,5 de trifluorure d'arsenic bouillant exactement à + 63° dans un tube taré en platine, fermé au moyen d'un bouchon de liège paraffiné. Ce liquide a été placé dans une grande capsule de platine, additionné de 400cc à 500cc d'eau distillée et traité à refus, à la température de + 60°, par un courant d'hydrogène sulfuré. On laisse ensuite refroidir en présence d'un courant très lent de ce gaz. Comme il faut éviter le contact du verre, qui fournirait de l'acide fluosilicique et des fluosilicates, le tube abducteur par lequel se dégage l'acide sulfhydrique doit être terminé par un ajutage en platine. La précipitation complète est assez lente à se produire. On jette le liquide

(1) THORPE and RODGER. On thiophosphoryl Fluoride, *Journal of the Chemical Society of London*, t. LIII, p. 766 et t. LV, p. 306 ; 1888 et 1889.

froid sur un double filtre taré, placé dans un entonnoir en gutta-percha ; on lave à l'eau chargée d'hydrogène sulfuré, puis à l'eau distillée. On sèche à 110° et l'on épuise la masse sur le filtre par une petite quantité de sulfure de carbone pur, de façon à dissoudre les traces de soufre qu'elle peut contenir. Le filtre est abandonné à l'air, puis placé à l'étuve à 110° et enfin pesé. On a obtenu ainsi les chiffres suivants :

	I	II	III
Arsenic...................	56,10	56,53	55,97

La composition théorique du trifluorure d'arsenic serait :

Arsenic..	56,82
Fluor..	43,18

2° L'arsenic ayant été amené à l'état de sulfure avec toutes les précautions indiquées précédemment, on filtre sur un entonnoir en gutta, on lave le précipité, puis on le dissout au moyen d'une petite quantité d'acide azotique étendu. La liqueur est additionnée d'acide azotique monohydraté bien pur, puis d'une pincée de chlorate de potassium. Le tout est porté à l'ébullition et tout le soufre est oxydé par de nouvelles doses de chlorate. Après disparition de toute odeur chlorée, on étend d'eau, on filtre et l'acide arsénique est dosé à l'état d'arséniate ammoniaco-magnésien. Le précipité, séché à l'étuve à la température de 105°, est ensuite pesé.

Un assez grand nombre de dosages faits par ce second procédé nous ont toujours fourni un résultat plus faible que celui qui est indiqué par la théorie.

Nous rapporterons six de nos analyses qui nous ont donné les chiffres suivants :

I	II	III	IV	V	VI
56,30	56,35	56,15	55,90	55,88	56,60

Ces chiffres sont assez voisins des précédents et correspondent à la formule AsF^3.

TÉTRAFLUORURE DE CARBONE.

Nous indiquerons ici les modes de formation et les propriétés du tétrafluorure de carbone.

Ce gaz peut se produire dans différentes circonstances :

1° Par l'action du fluor à basse température sur le carbone.

Pour effectuer cette synthèse, on purifie par le chlore au rouge sombre du charbon de bois très léger ou du noir de fumée, que l'on refroidit ensuite dans un courant d'azote. Ce carbone est placé dans un tube de platine traversé par un courant de fluor pur assez rapide. Si le charbon est suffisamment poreux, il s'enflamme de suite et l'incandescence se maintient pendant toute la durée de la combinaison. Le mélange gazeux, que l'on obtient dans ces conditions, renferme une certaine quantité de tétrafluorure de carbone.

2° Par l'action du fluor sur le tétrachlorure de carbone.

On sature, par un courant de fluor, le tétrachlorure de carbone, placé dans un vase de platine légèrement chauffé : il se dégage un mélange de chlore et de tétrafluorure de carbone. Une partie de ce dernier corps gazeux reste en solution dans l'excès de tétrachlorure. Ce liquide est introduit dans un petit appareil de verre et est porté à l'ébullition; il se dégage du tétrafluorure gazeux que l'on recueille sur le mercure.

3° Par l'action du fluor sur le chloroforme.

A froid, le fluor est partiellement absorbé par le chloroforme et il se produit différents composés, parmi lesquels le tétrafluorure de carbone, dont une partie reste en solution dans le liquide. Si l'on chauffe le fluor vers 100°, au moment où il arrive dans le chloroforme liquide, la réaction se produit avec un grand dégagement de chaleur ; une flamme entoure l'extrémité du tube de platine, il se dépose du charbon et il se produit du tétrafluorure de carbone.

4° En faisant arriver, au moyen d'un tube de platine, un courant de fluor dans une atmosphère de formène. La réaction se produit avec flamme ; il se dépose du charbon et il se forme différents fluorures de carbone, parmi lesquels le tétrafluorure.

5° Par l'action à chaud du fluorure d'argent sur la vapeur de tétrachlorure de carbone. Cette réaction est celle qui permet d'obtenir le tétrafluorure avec le plus de facilité.

On place le fluorure d'argent dans un tube en U en laiton portant deux tubes métalliques latéraux, qui permettent l'arrivée de la vapeur de tétrachlorure de carbone et la sortie du gaz obtenu. L'appareil étant rempli de vapeurs de tétrachlorure, on porte le fluorure d'argent à une température comprise entre + 195° et + 220°. On continue alors à faire passer lentement la vapeur de tétrachlorure de carbone et l'on recueille le gaz sur le mercure. Il est bon d'ajouter à cet appareil un petit serpentin métallique refroidi à — 23° pour condenser les vapeurs de tétrachlorure et les ramener dans le tube contenant le fluorure d'argent. Enfin, le gaz est maintenu pendant vingt-quatre heures au contact de fragments de caoutchouc sec, qui absorbe les dernières traces de vapeur de tétrachlorure de carbone.

Le gaz ainsi obtenu ne contient ni fluorure de silicium, ni gaz absorbable par la potasse en solution aqueuse ; cependant, il n'est pas complètement pur, il renferme toujours une quantité notable d'un fluorure de carbone à densité plus élevée et, lorsqu'on veut obtenir le tétrafluorure bien pur, il faut agiter ce mélange avec un peu d'alcool anhydre qui dissout très facilement le tétrafluorure de carbone. On peut ensuite séparer le gaz pur, soit par une addition d'eau bouillie, soit par l'ébullition de la solution alcoolique. On se débarrasse, dans ce dernier cas, des vapeurs d'alcool au moyen d'acide sulfurique monohydraté, ainsi que l'a indiqué M. Berthelot.

Il est très important d'exécuter cette préparation dans un appareil en métal. En effet, si l'on opère au contact du verre, les résultats seront différents. Le gaz que l'on obtiendra aura bien une densité voisine de celle du tétrafluorure de carbone; mais on se trouvera, dans ce cas, en présence d'un mélange de quatre corps gazeux. Ces quatre gaz sont les suivants :

1° Fluorure de silicium, absorbable par une goutte d'eau avec dépôt de silice ;

2° Anhydride carbonique, instantanément absorbable par une solution aqueuse de potasse ;

3° Tétrafluorure de carbone, absorbable par une solution alcoolique de potasse;

4° Fluorure de carbone à densité plus élevée.

Comme l'anhydride carbonique a une densité inférieure à celle du tétrafluorure, on comprend que la densité d'un semblable mélange puisse osciller entre des chiffres voisins de ceux qui représentent la densité théorique du tétrafluorure de carbone. Nous avons pris la densité de ces mélanges après traitement par l'eau, par la potasse aqueuse, puis par la potasse alcoolique. On peut suivre, par le dosage du carbone, la variation due à chacun de ces différents gaz.

L'anhydride carbonique qui se produit dans ces conditions tient à l'action exercée par le tétrafluorure de carbone sur le verre chauffé. Il se produit, en effet, le dédoublement suivant :

$$CF^4 + SiO^2 = CO^2 + SiF^4.$$

Plus le contact du tétrafluorure avec le verre est prolongé, et plus la quantité d'anhydride carbonique produit est grande.

Propriétés. — Le tétrafluorure de carbone a une densité de 3,09. La densité théorique serait de 3,03. Il est liquéfiable vers — 15°, à la pression ordinaire, et à la température de + 20° dans l'appareil de M. Cailletet, sous une pression de 4^{atm}. Peu soluble dans l'eau, il se dissout en grande quantité dans l'éther ordinaire et surtout dans l'alcool anhydre. Il n'est absorbé ni par l'acide sulfurique monohydraté, ni par une solution de potasse, ni par l'eau de baryte.

Chauffé dans une cloche courbe, au contact du verre il fournit de l'anhydride carbonique et du fluorure de silicium, ainsi que nous l'avons indiqué précédemment.

Il est facile de caractériser l'anhydride carbonique, car ce gaz peut être séparé par l'eau de baryte. Le précipité obtenu est entièrement soluble dans l'acide acétique. Le dosage du baryum correspond à la composition du carbonate de baryte, et le gaz dégagé se liquéfie dans l'appareil de Cailletet, à la température de 14°, sous une pression de 57^{atm}. De plus, à 31°, dans le même appareil, le ménisque ne devient plus visible. Tous ces caractères sont bien ceux de l'anhydride carbonique.

Chauffé au contact du sodium, le tétrafluorure de carbone s'absorbe complètement en donnant un dépôt de charbon et du fluorure de sodium. Grâce à sa grande solubilité dans l'alcool, la potasse alcoolique l'absorbe de suite et dans ce cas le tétrafluorure ne tarde pas à se décomposer en fluorure et en carbonate. Cette décomposition n'est pas instantanée, car une heure après l'absorption du gaz une addition d'eau peut encore séparer du liquide une notable quantité de tétrafluorure.

Le dosage du carbone dans le tétrafluorure, après combustion par un mélange d'oxyde de cuivre et d'oxyde de plomb, nous a donné :

I	II	III	IV	CALCULÉ.
13.56	13.80	14.20	13.48	13.64.

Ces chiffres correspondent bien à la composition du tétrafluorure de carbone.

CHAPITRE V.

COMBINAISONS DU FLUOR AVEC LES METAUX.

Action sur le potassium. — Le potassium dont la surface est bien privée d'oxyde se combine, à la température ordinaire, au gaz fluor. Il y a incandescence et formation de fluorure de potassium que l'on peut faire cristalliser facilement en le reprenant par une petite quantité d'eau. Ces cristaux présentent bien la forme cristalline et toutes les propriétés du fluorure de potassium.

En faisant passer un excès de fluor sur le potassium, nous n'avons pas constaté la formation d'autres composés.

Action sur le sodium. — Le sodium nous a donné avec le fluor la même réaction que le potassium. Vive incandescence et production de fluorure de sodium soluble dans l'eau et cristallisant en cubes.

Action sur le thallium. — Mis au contact du fluor, à la température ordinaire, le thallium s'attaque rapidement. La couche grise qui le recouvre, en général, devient de suite blanche; puis le métal fond, devient brillant et est porté au rouge. Il se transforme en une masse liquide brune qui se solidifie rapidement par le refroidissement.

Action sur le calcium. — Le fluor attaque le calcium pur et cristallisé [1] à la température ordinaire. La réaction est très violente; elle produit une vive incandescence et le fluorure qui en résulte est presque toujours fondu. Cependant, on rencontre au milieu du produit de la réaction quelques petits cristaux cubiques blancs ou transparents présentant l'aspect de la fluorine.

Cette production de fluorure de calcium cristallisé, ainsi que la préparation des fluorures de manganèse, nous ont conduit à reprendre l'étude de la fluorine de Quincié.

ÉTUDE DE LA FLUORINE DE QUINCIÉ.

Ces recherches ont été faites en collaboration avec M. Henri Becquerel.

On sait depuis longtemps que certaines variétés de fluorine dégagent, lorsqu'on les casse en fragments, une odeur caractéristique. Une variété bien connue des minéralogistes porte le nom de fluorine antozonée.

Cette propriété curieuse de certains échantillons de fluorine avait, depuis longtemps déjà, éveillé l'attention des chimistes. Kenngott supposait que cette odeur pouvait provenir d'une petite quantité de fluor libre. Schaffhäutl [2], d'après ses expériences, crut démontrer, dans ces minéraux, l'existence d'acide hypochloreux. Schrœtter [3] établit nettement que ces variétés fournissent de l'ozone. Schœnbein [4] voulut voir dans ces

(1) H. MOISSAN. Recherches sur le calcium et ses composés, *Annales de Chimie et de Physique*, 7e série, t. XVIII, p. 303; 1899.

(2) SHAFFHAUTL. Analyse des blauen Flussspaths von Welsendorf, *Annalen der Chemie und Pharmacie*, t. XLVI, p. 344; 1843.

(3) SCHRŒTTER. Ueber das Vorkommen des Ozons im Mineralreiche, *Sitzungsberichte der Kaiserlichen Akademie der Wissenschaften*, *Wien*, t. XLI, p. 725; 1860.

(4) SCHŒNBEIN. Ueber den muthmasslichen Zusammenhang der Antozonhaltigkeit der Welsendorfer Flussspathes mit dem darin enthaltenen blauen Farbstoffe, *Journal für praktische Chemie*, t. LXXXIX, p. 7; 1863.

phénomènes une relation entre la couleur et l'odeur du minéral, et y rencontrer une nouvelle preuve à l'appui de sa théorie de l'antozone. D'après lui, l'ozone se serait combiné au pigment pour fournir les diverses teintes de la fluorine, et l'antozone aurait été emprisonné dans la masse cristalline. Meissner (1) a repris cette étude en 1863. Quelques années après, M. Wyrouboff (2), dans un travail étendu, insista sur la présence d'un carbure d'hydrogène dans certaines variétés de fluorines odorantes. Enfin, M. O. Lœw (3) attribua l'odeur produite par la fluorine de Welsendorf à la dissociation d'un perfluorure de cérium.

La fluorine qui a servi à nos expériences provenait de Quincié, près de Villefranche (Saône). Cet échantillon appartient à la collection du Muséum d'histoire naturelle.

Cette fluorine se présente en masses d'un violet foncé, formées d'un amas de cristaux enchevêtrés et traversés par quelques veines rougeâtres qui, sur certains points, présentent une apparence ocreuse. Sa densité est de 3,117. A l'analyse, elle a fourni les chiffres suivants :

Perte au rouge	2,10
Calcium	36,14
Oxyde de fer et alumine	3,95
Silice	25,00

La quantité de calcium indiquée ci-dessus correspondrait à 70,47 p. 100 de fluorure de calcium. Nous ajouterons aussi que cette substance ne contient pas de manganèse en quantité appréciable à l'analyse chimique.

(1) MEISSNER. *Untersuchungen über der Sauerstoff*. Hanovre, 1863.

(2) WYROUBOFF. Sur les substances colorantes des fluorines, *Bulletin de la Société chimique de Paris*, 2e série, t. V, p. 334 ; 1866.

(3) O. LOEW. Freies Fluor im Flussspath von Welsendorf, *Berichte der deustchen chemischen Gesellschaft*, t. XIV, p. 1144 ; 1881.

Lorsque cette fluorine est concassée, elle dégage aussitôt une odeur pénétrante, qui rappelle celle de l'ozone, mais qui se rapproche aussi de celle du fluor. Nous avons démontré que l'affinité du fluor pour l'hydrogène est telle que ce corps simple décompose l'eau à la température ordinaire, en donnant de l'acide fluorhydrique, et de l'oxygène qui est ozonisé. Aussi, lorsqu'une petite quantité de fluor se trouve répandue dans un gaz légèrement humide, perçoit-on de suite l'odeur de l'ozone, et en même temps une odeur particulière qui semble se rapprocher de celle de l'acide hypochloreux.

La fluorine de Quincié fournit une odeur tout à fait comparable à celle qui se dégage de l'appareil à électrolyse dans la préparation du fluor. Nous ajouterons que cette odeur de l'ozone est tellement sensible qu'elle peut facilement déceler l'existence d'un millionième de ce composé dans un fluorure gazeux. On comprend donc qu'une trace de fluor puisse être ainsi reconnue avec rapidité, et cette réaction organoleptique nous a amené à faire les expériences suivantes.

La fluorine de Quincié, broyée au mortier d'agate, au contact de l'air humide, fournit un gaz qui réagit immédiatement sur le papier ozonoscopique.

Un petit fragment mouillé avec une solution très étendue d'iodure de potassium et d'empois d'amidon, et examiné ensuite sous le microscope, laisse dégager, lorsqu'on l'écrase, des bulles gazeuses. Autour de chaque bulle, il se forme une coloration bleue intense, due à l'action de l'iode mis en liberté sur l'empois d'amidon.

Cette fluorine, broyée avec du chlorure de sodium bien sec, fournit un dégagement très net de chlore. On peut condenser une petite quantité de ce gaz dans l'eau qui mouille la surface d'un verre de montre servant à recouvrir le mortier. Cette eau, traitée ensuite par l'azotate d'argent, fournit un précipité blanc insoluble dans l'acide azotique et soluble dans l'ammoniaque. Un fragment de fluorine, broyé isolément au mortier d'agate, ne produit pas, dans les mêmes conditions, de dégagement de chlore appréciable aux réactifs : c'est là un point décisif.

L'iode et le brome de l'iodure et du bromure de potassium sont de même mis en liberté.

Cette fluorine, chauffée au rouge sombre, décrépite, perd sa couleur, devient ocreuse, et refroidie, puis broyée au mortier d'agate, ne fournit plus aucune trace d'ozone. Mais si, au contraire, cette fluorine n'est portée qu'à 250° pendant une heure, température largement suffisante pour détruire l'ozone, elle produit encore par son broyage une réaction très nette sur le papier ozonoscopique. Ce fait nous semble bien démontrer que l'ozone n'est pas inclus dans le minéral, mais qu'il est produit par une réaction secondaire.

Cette fluorine, réduite en fragments et chauffée dans un petit tube à essai, dépolit légèrement la surface interne de ce tube.

La fluorine de Quincié, séchée à froid au préalable sur l'anhydride phosphorique, puis broyée avec du silicium porphyrisé, fournit une odeur piquante. Légèrement chauffé dans un tube à essai, ce mélange pulvérulent laisse dégager un gaz qui, au contact d'une goutte d'eau, produit un léger dépôt de silice. Cette dernière réaction semble bien établir, comme les précédentes, la présence du fluor libre ou sa production par suite de la décomposition d'un perfluorure.

Enfin, nous citerons encore l'expérience suivante : de petits fragments de fluorine sont abandonnés dans l'eau distillée. Dès le début de l'expérience, l'eau était neutre ; après plusieurs jours de contact, l'eau a fourni une réaction franchement acide, et le liquide, lentement évaporé entre deux verres de montre, nous a donné des stries indiquant nettement l'attaque du verre.

Chacune des expériences précédentes, faites sur la fluorine de Quincié, était répétée comparativement sur un bel échantillon de fluorine des Pyrénées (1). Cette fluorine blanche ne donne pas d'ozone lorsqu'elle est broyée, ne déplace pas le chlore des chlorures, ne donne pas de fluorure avec le silicium et ne produit pas d'acide fluorhydrique au contact de l'eau.

Des expériences que nous venons d'indiquer nous croyons pouvoir conclure :

1° Que la fluorine de Quincié produit un gaz, que l'on voit se dégager lorsqu'on en brise les fragments sous le microscope ;

2° Que toutes les réactions fournies par la fluorine de Quincié pourraient s'expliquer par la présence d'une petite quantité de fluor libre ou par l'existence d'un perfluorure facilement décomposable.

Depuis nos recherches, M. Lebeau a indiqué de même l'existence du fluor libre ou d'un perfluorure facilement décomposable dans une variété d'émeraude de Limoges (2).

Action du fluor sur le magnésium. — Lorsque le magnésium est en lingot ou en fils, il ne semble pas s'attaquer à froid. Cependant sa surface se ternit. Si l'on porte le magnésium en poudre au rouge sombre, il brûle dans le fluor avec beaucoup d'éclat, et il fournit un fluorure de magnésium blanc.

Action sur l'aluminium. — L'aluminium bien décapé se recouvre, en présence du fluor, d'une petite couche de fluorure d'aluminium qui empêche une attaque plus profonde. Mais si l'on porte l'aluminium au rouge sombre, il se produit alors une

(1) Ce gisement a été découvert par Des Cloizeaux.

(2) Lebeau. Sur l'analyse de l'émeraude, *Comptes rendus de l'Académie des Sciences*, t. CXXI, p. 601; 1895.

vive incandescence et l'attaque devient très énergique. Examiné au microscope, le résidu est formé de globules d'aluminium recouverts d'une couche de fluorure non cristallisé.

Action sur le glucinium. — M. Lebeau [1] a démontré, dans son importante étude sur le glucinium, que ce métal pur et cristallisé est attaqué par le fluor à la température ordinaire. Le glucinium devient rapidement incandescent et se transforme en fluorure qui fond, puis qui se volatilise en partie.

Action sur le fer. — Une tige de fer polie, placée dans une atmosphère de fluor, se recouvre aussitôt d'une couche légère de fluorure. L'attaque ne se continue que très lentement.

Le fer porphyrisé est attaqué de même à froid et d'une façon très lente. Au rouge sombre, il se produit une vive incandescence et il se dégage des vapeurs très denses. Le fer, réduit par l'hydrogène employé en excès, se combine au fluor, à froid, avec une très grande énergie ; il y a aussitôt incandescence et formation d'un fluorure de fer anhydre blanc, soluble dans l'eau.

Action sur le chrome. — Le chrome pur porphyrisé ne s'attaque que très superficiellement à froid par le fluor. Légèrement chauffé, il s'y combine avec incandescence : il se produit un fluorure de chrome blanc jaunâtre, fondu en petits globules.

Le carbure de chrome est plus attaquable que le métal.

Action sur le manganèse. — Le fluor attaque à froid le manganèse métallique pur et la fonte de manganèse [2]. Si le métal

(1) LEBEAU. Étude du glucinium, *Thèse de la Faculté des Sciences de Paris*, n° 955 ; 1898.

(2) Nous avons employé, dans ces expériences, du manganèse pur et de la fonte de manganèse préparés au four électrique par les procédés que nous avons indiqués. — MOISSAN. *Le four électrique*, p. 217 et 327.

est en fragments, il se produit à la surface une couche de fluorure qui ne tarde pas à limiter la réaction. Au contraire, s'il est finement pulvérisé, la réaction dégage, dès le début, assez de chaleur pour volatiliser le fluorure formé et l'incandescence se propage dans toute la masse.

Si l'on fait cette expérience en plaçant du manganèse pulvérisé auprès du tube par lequel se dégage le fluor, ce métal devient incandescent puis est projeté dans l'air, où il brûle en donnant de brillantes étincelles.

Pour faire passer un courant de fluor sur du manganèse grossièrement pulvérisé, on dispose ce corps dans une nacelle de platine, au milieu d'un tube de même métal. Il suffit de chauffer très légèrement l'extérieur du tube de platine pour déterminer la réaction qui se continue ensuite avec incandescence.

Après l'expérience, lorsque le fluor a passé à refus, on trouve la nacelle remplie d'un produit dont la couleur peut varier du rose au violet foncé. La teneur de ce produit en manganèse n'est pas constante, d'une expérience à l'autre. De plus, examiné au microscope, le composé obtenu ne présente pas une grande homogénéité.

Comme ce mélange nous avait fourni un certain nombre de réactions intéressantes, nous avons poursuivi ces recherches, ou plutôt nous avons repris l'étude de l'ensemble des composés fluorés du manganèse, étude dont une partie sera exposée plus loin, à propos de l'action du fluor sur l'iodure de manganèse.

Il nous suffira d'indiquer ici les résultats suivants :

L'union directe du fluor et du manganèse se produit avec un dégagement de chaleur assez grand pour amener parfois la fusion de la nacelle et du tube de platine. Ce grand dégagement de chaleur détruit alors le perfluorure de manganèse qui peut se former à température plus basse, et même une partie d'un nouveau composé, le sesquifluorure Mn^2F^6, qui est ramené à l'état de fluorure manganeux MnF^2.

Le mélange de fluorures obtenu par l'action du fluor sur le manganèse métallique présente, en particulier, une réaction intéressante quand il est mis au contact d'une petite quantité d'eau. Il se produit de suite un précipité noir et un liquide rouge foncé En augmentant. la proportion d'eau la décomposition devient complète et l'on obtient finalement un liquide présentant la couleur rosée des sels de manganèse. Ce fait établit nettement l'existence d'un composé plus riche en fluor que le fluorure manganeux; c'est le sesquifluorure que nous venons de mentionner.

Action sur le zinc. — La limaille de zinc ne se combine pas à froid au fluor; mais, légèrement chauffée, la combinaison se produit avec une brillante incandescence: flamme très éclairante et production de fluorure de zinc blanc. Le zinc en poudre est attaqué dans les mêmes conditions, mais à une température un peu plus basse.

Action sur l'étain. — A froid, l'étain ne semble se combiner que lentement au fluor; mais, chauffé à une température de 100°, il y a de suite incandescence et formation d'un fluorure blanc. Après quelques instants de réaction, le dégagement de chaleur devient très grand. Il est probable que cette réaction permettra d'obtenir le tétrafluorure d'étain anhydre, que l'on n'a pas encore préparé.

Action sur l'antimoine. — La limaille d'antimoine s'enflamme à la température ordinaire dans une atmosphère de fluor; il se produit une flamme très éclairante et il reste un fluorure solide blanc.

Action sur le bismuth. — Pas de combinaison à froid; au rouge sombre le métal se recouvre d'un enduit de couleur brun foncé et l'attaque n'est que superficielle.

Action sur le plomb. — Le plomb est attaqué à froid par le fluor ; si l'action du gaz est assez prolongée, la transformation du métal est complète. C'est ainsi que des lamelles de plomb, qui servaient dans nos expériences à réunir les différentes parties de l'appareil producteur de fluor en platine, étaient complètement transformées en vingt-quatre heures en une masse blanche de fluorure de plomb.

Si l'on place une petite lame de plomb dans un vase de platine rempli de fluor, on voit, après quelques heures, que le plomb s'est recouvert d'une couche blanche assez épaisse, craquelée, rappelant la céruse par son aspect; celle-ci peut être détachée facilement du métal qui, par une action prolongée du fluor, s'attaque complètement. Cette matière blanche nous a donné à l'analyse les chiffres suivants :

	I	II
Plomb pour 100..............	83,82	84,10

Si le plomb est légèrement chauffé dans le fluor, la combustion devient alors très vive; il y a incandescence et formation de fluorure de plomb fondu.

Action sur le cuivre. — La limaille de cuivre n'est attaquée à froid que très superficiellement ; il faut porter le cuivre au rouge sombre pour que la combinaison se produise. Elle ne semble même pas aussi énergique qu'on aurait pu le croire. L'incandescence est faible, et il se produit un fluorure blanc volatil. Ces fumées blanches ont paru se combiner à un excès de fluor, ce qui pourrait faire croire à l'existence d'un perfluorure.

Action sur le mercure. — Le mercure est attaqué de suite par le fluor à la température ordinaire. Lorsque le gaz se dégage bulle à bulle à travers une masse de mercure de faible épaisseur, on voit nettement se former, à la surface du métal, une couche jaune de fluorure de mercure anhydre. Ce composé, chauffé dans un petit tube de verre, fournit des vapeurs de mercure et du gaz fluorure de silicium.

La synthèse de ce fluorure m'a amené à reprendre, dans de nouvelles conditions, l'expérience tentée par Fremy sur la décomposition du fluorure de mercure par le chlore.

Action du chlore sur le fluorure de mercure. — Les propriétés aujourd'hui connues du fluor, et en particulier son action énergique sur le silicium cristallisé qu'il enflamme à la température ordinaire, devaient permettre de constater facilement s'il y avait mise en liberté de cet élément.

La difficulté de cette expérience consiste surtout à obtenir du fluorure de mercure anhydre. Fremy a démontré depuis longtemps (1), que par la dessiccation, le fluorure de mercure hydraté, qui peut s'obtenir facilement cristallisé, se décompose en donnant de l'acide fluorhydrique et de l'oxyfluorure.

J'ai préparé le fluorure de mercure hydraté en suivant le procédé de Fremy, c'est-à-dire en faisant dissoudre de l'oxyde rouge de mercure dans un excès d'une solution aqueuse d'acide fluorhydrique pur et en laissant évaporer lentement le liquide en présence de la chaux. J'ai pensé ensuite à déshydrater ce fluorure de mercure en utilisant la grande affinité de l'acide fluorhydrique pour l'eau. Les cristaux de fluorure de mercure sont additionnés d'un excès d'acide fluorhydrique anhydre et le tout

(1) FREMY. Recherches sur les fluorures, *Annales de Chimie et de Physique*, 3e série, t. XLVII, p. 38; 1856.

est chauffé lentement dans un tube de platine à la température de 130°, d'abord dans un courant de gaz acide fluorhydrique et ensuite dans un courant d'azote.

Malgré ces précautions, la matière pulvérulente obtenue dans cette préparation n'est pas d'une pureté absolue; elle ne contenait que 82,12 p. 100 de mercure, tandis que la théorie indique le chiffre de 84,03.

Ces fragments de fluorure ont été placés sur une grille en fluorine dans un tube de même matière et l'appareil a été rempli de chlore sec. Au moyen d'un bain-marie en alliage très fusible et qui enveloppait tout l'appareil en fluorine, il a été facile d'élever lentement la température jusqu'à 350°. Le courant de chlore ne passait que par petites bulles, et au moyen d'un ajutage en platine fixé à l'extrémité du tube de sortie, il était facile de s'assurer si le gaz dégagé de l'appareil avait une action sur le silicium cristallisé. A aucun moment de l'expérience, le silicium n'a pris feu ou même ne s'est échauffé sensiblement : il n'a donc pu se dégager une quantité notable de fluor, du fluorure de mercure.

Enfin, l'appareil démonté nous a fourni, tout d'abord, une très petite quantité de cristaux blancs renfermant 73,70 p. 100 de mercure, c'est-à-dire correspondant à la composition du sublimé corrosif. J'attribue la formation de ce sublimé à des traces d'eau existant encore dans le tube de fluorine malgré tous les soins pris pour le dessécher au préalable. De plus, il restait sur la grille en fluorine une matière amorphe d'un jaune rougâtre dont la partie supérieure contenait du mercure, du chlore et du fluor, et dont la partie inférieure ne renfermait que des traces de chlore. Sa composition se rapprochait de celle du fluorure de mercure. L'analyse nous a fourni en effet 81,64 et 80,68 de mercure p. 100.

En résumé, il ne s'est formé, dans cette expérience, qu'une

petite quantité de fluochlorure de mercure, bien qu'un grand excès de chlore ait passé dans l'appareil; le fluor n'a pas été mis en liberté.

Action du fluor sur l'argent. — A froid, l'argent ne s'attaque que très lentement par le fluor. Si l'on chauffe à 100°, le métal commence déjà à se recouvrir d'une couche jaune clair de fluorure d'argent anhydre. Si l'on maintient de la limaille d'argent au rouge sombre dans un courant de fluor, la combinaison se produit avec incandescence, et il se forme un fluorure fondu de couleur marron foncé et d'aspect satiné. Ce corps est soluble dans l'eau et fournit une solution incolore présentant tous les caractères du fluorure d'argent AgF.

Nous indiquerons ici les précautions à prendre pour préparer, à l'état de pureté, ce composé qui se prête avec facilité à des phénomènes de double décomposition, aussi bien en chimie minérale qu'en chimie organique.

ÉTUDE DU FLUORURE D'ARGENT.

Fremy (1) en traitant l'oxyde d'argent par l'acide fluorhydrique, a préparé le fluorure d'argent hydraté et a indiqué ses principales propriétés. M. Gore (2) a repris avec beaucoup de soin l'étude de ce composé et en a indiqué les principales réactions à l'état anhydre. Enfin M. Guntz (3), dans ses recherches thermiques sur les composés du fluor, a déterminé la chaleur de formation du fluorure d'argent anhydre et la chaleur d'hydratation de ce composé.

(1) FREMY. Recherches sur les fluorures, *Annales de Chimie et de Physique*, 3e série, t. XLVII, p. 5; 1856.

(2) GORE. On Fluoride of Silver, *Chemical News*, t. XXIII, p. 13; 1871.

(3) GUNTZ. Recherches thermiques sur les combinaisons du fluor avec les métaux, *Annales de Chimie et de Physique*, 6e série, t. III, p. 5; 1884.

Lorsque l'on prépare le fluorure d'argent par la méthode de Gore (action de l'acide fluorhydrique sur le carbonate d'argent) et avec les soins qu'il indique dans son premier mémoire, on obtient un produit noir amorphe, très hygroscopique, contenant toujours une petite quantité d'oxyde d'argent et d'argent réduit.

Pour obtenir avec facilité du fluorure d'argent pur, on prépare d'abord du carbonate d'argent en précipitant en liqueur étendue de l'azotate d'argent bien pur par une solution de bicarbonate de soude.

On doit préférer ce bicarbonate alcalin au sel correspondant de potassium, qui tend plus facilement à former un sel double. On lave ensuite par décantation et avec un grand excès d'eau distillée. Le magma épais, qui reste après décantation, est placé dans une capsule de platine et additionné d'acide fluorhydrique bien exempt de silice. Le liquide clair est évaporé rapidement, à feu nu, puis, lorsque la cristallisation commence, la capsule est placée sur un bain de sable et l'on agite constamment la masse avec une spatule de platine jusqu'à dessiccation complète. On obtient ainsi, en peu de temps, une matière noire, pulvérulente ou légèrement grenue et possédant l'aspect et les propriétés du fluorure d'argent décrit par M. Gore. Ce corps, très hygroscopique, se dissout facilement dans l'eau, en laissant déposer une petite quantité d'un produit noir insoluble. Cette solution filtrée, abandonnée sur une lame d'argent, fournit le sous-fluorure d'argent cristallisé, beau sel à reflets mordorés, décrit par M. Guntz (1).

Si l'on veut obtenir rapidement le fluorure d'argent pur, on place cette solution filtrée dans une capsule de platine, et l'on évapore

(1) GUNTZ. Sur le sous-fluorure d'argent, *Comptes rendus de l'Académie des Sciences*, t. CX, p. 1337 ; 1890.

dans le vide, à l'abri de la lumière, au-dessus d'un grand excès d'acide sulfurique.

Propriétés. — On obtient ainsi une masse jaune clair, difficile à casser, possédant l'élasticité de la corne. Ce fluorure est soluble dans l'eau sans aucun dépôt.

Il fond facilement au rouge sombre ; nous avons déterminé son point de fusion au moyen de la pince thermo-électrique de M. Le Chatelier. La moyenne de quatre opérations nous a donné, comme point de fusion du fluorure d'argent, la température de 435°.

Ce fluorure d'argent réagit avec une très grande énergie sur les chlorures des métalloïdes. Avec le pentachlorure de phosphore il donne du chlorure d'argent et du pentafluorure de phosphore.

$$PCl^5 + 5\ AgF = PF^5 + 5\ AgCl.$$

Il suffit de mélanger les deux corps et de chauffer légèrement pour que la masse devienne incandescente ; la réaction est tumultueuse.

Le trichlorure de phosphore donne, avec le fluorure d'argent légèrement chauffé, un dégagement de gaz trifluorure de phosphore.

$$PCl^3 + 3\ AgF = PF^3 + 3\ AgCl.$$

La réaction est identique en tube scellé avec l'oxyfluorure de phosphore.

$$PCl^3O + 3\ AgF = PF^3O + 3\ AgCl.$$

Avec le chlorure de silicium on obtient, en chauffant à + 150° en tube scellé, un dégagement de fluorure de silicium.

$$SiCl^4 + 4\ AgF = Si\ F^4 + 4\ AgCl.$$

Le fluorure d'argent réagit aussi avec beaucoup d'énergie sur le chlorure de bore. Il se produit une vive incandescence aussitôt que le trichlorure de bore tombe sur le fluorure d'argent et il se dégage du fluorure de bore en abondance.

$$BCl^3 + 3AgF = BF_3 + 3AgCl.$$

Action du fluor sur l'or. — L'or n'est pas attaqué par le fluor à la température ordinaire. Au rouge sombre, des fils d'or, maintenus dans un courant de fluor, se recouvrent d'une substance jaune chamois, qui attire l'humidité de l'air avec une grande énergie. Ce fluorure d'or est volatil et, à une température à peine plus élevée que celle à laquelle il a été obtenu, il se dédouble en dégageant du fluor et laissant de l'or métallique.

Action sur le palladium. —Pas de réaction à froid ; au rouge sombre, formation d'un fluorure cristallisé de couleur brune, se décomposant au rouge en laissant le métal comme résidu.

Action sur l'iridium. — Rien à froid ; l'attaque se fait bien au-dessous du rouge sombre ; elle est très vive, et il se dégage des vapeurs abondantes de fluorure d'iridium.

Action sur le ruthénium. — Le ruthénium en poudre est attaqué de même au-dessous du rouge sombre et fournit un fluorure volatil dont la vapeur, fortement colorée, est très dense.

Action sur le platine. — L'action du fluor sur le platine a été étudiée avec soin ; nous avons obtenu les deux fluorures de platine et le tétrafluorure a été préparé en notable quantité.

Dans les recherches entreprises jusqu'ici pour isoler le fluor, plusieurs savants ont cherché inutilement à préparer le fluorure de platine à l'état anhydre. Il semblait, d'après les analogies des fluorures et des chlorures, que le fluorure de platine pourrait se dédoubler en platine et en fluor par une simple élévation de température. C'est ainsi que Fremy écrivait, en 1856, les lignes suivantes : « Quant aux fluorures d'or et de platine qui auraient probablement donné du fluor par la calcination, si j'avais pu les obtenir à l'état anhydre, il m'a été impossible de les produire en unissant l'acide fluorhydrique aux oxydes hydratés d'or et de platine (1). »

Ce qui était impossible, et nous verrons plus loin pourquoi, en partant de l'acide fluorhydrique et d'oxydes hydratés, est devenu relativement facile en se servant de platine et de fluor. Nous avons déjà eu l'occasion, dès le début de cet ouvrage, de dire que le platine était facilement attaqué à chaud par le fluor et aussi qu'à une température de 100° l'attaque du platine fondu ou laminé ne se produisait pas.

Le fluor pur attaquant fortement le platine à une température de 500° à 600°, il a suffi, pour obtenir la combinaison de ces deux corps, de chauffer au rouge sombre du platine maintenu dans un courant de gaz fluor. Si le maniement du fluor à la température ordinaire présente déjà des difficultés, on comprend que notre expérience exige quelques précautions. Pour la réaliser, on prend un faisceau de fils de platine que l'on introduit dans un tube de platine épais ou dans un tube de fluorine traversé par un courant rapide de fluor et maintenu au rouge sombre. Aussitôt qu'il s'est formé une certaine quantité de fluorure de platine, le faisceau de fils métalliques est retiré de l'appareil et placé dans un tube de verre bien sec. Si la préparation a été faite dans un tube de platine, une assez grande quantité de fluorure fondu reste dans l'appareil.

(1) FREMY. Recherches sur les fluorures, *Annales de Chimie et de Physique*, 3e série, t. XLVII, p. 44; 1856.

Il est à remarquer que, si le fluor renferme des vapeurs d'acide fluorhydrique, l'attaque du platine se produit avec plus de facilité. Ce fait semble nous indiquer l'existence d'un fluorhydrate de fluorure analogue à ceux que fournissent les métaux alcalins.

Les tubes de fluorine qui servent dans ces expériences sont faits au tour dans des morceaux choisis de fluorine blanche, aussi homogène que possible. Ils ont une longueur de $0^m,20$ et leurs extrémités sont ajustées dans des montures de platine. Pour les porter au rouge sombre, on les entoure d'abord d'un gros fil de cuivre qui forme sur leur surface extérieure des spires très rapprochées et l'on a soin d'élever lentement la température au moyen d'un brûleur Bunsen.

Le fluorure de platine se présente en masses fondues d'un rouge foncé ou en petits cristaux jaune chamois, rappelant la teinte du chlorure de platine anhydre. Ce sel est volatil ; à chaud, il attaque le verre avec énergie en donnant du fluorure de silicium et du platine.

C'est un corps éminemment hygroscopique, qui attire très rapidement l'humidité de l'air.

Sa réaction la plus curieuse est celle qu'il fournit au contact de l'eau. Vient-on à mettre ce composé en présence d'une petite quantité d'eau distillée, dans une capsule de platine, il se produit de suite une solution de couleur fauve ; mais presque aussitôt le liquide s'échauffe et le fluorure se décompose en donnant de l'oxyde platinique hydraté et de l'acide fluorhydrique. Si la quantité d'eau est assez grande par rapport au fluorure et sa température peu élevée, il est facile de conserver la solution quelques instants sans que la décomposition se produise. Aussitôt que l'on porte le liquide à l'ébullition, on détermine rapidement le dédoublement indiqué ci-dessus.

Cette décomposition par l'eau explique comment il a été impossible jusqu'ici de préparer le fluorure de platine anhydre par voie humide.

Ce composé ne peut pas se produire au contact de l'eau, puisqu'il décompose rapidement ce liquide, le fluor s'unissant à l'hydrogène pour donner de l'acide fluorhydrique, et le platine se combinant à l'oxygène pour former un précipité d'un brun jaune, soluble dans la potasse et rappelant, par ses propriétés, le bioxyde hydraté de Fremy.

Le tétrafluorure de platine peut s'unir aux fluorures et aux chlorures de phosphore en donnant naissance à des composés cristallisés.

Sous l'action d'une chaleur rouge, le fluorure de platine donne lieu à une importante réaction ; il se dédouble en fluor qui se dégage et en platine métallique.

On peut faire cette expérience en portant vivement au rouge, dans un tube de platine fermé à une extrémité, le fluorure préparé ainsi que nous venons de l'indiquer. Si l'on place alors du silicium cristallisé à l'extrémité ouverte du tube de platine, dans lequel se fait le dédoublement, on voit ce silicium prendre feu à la température ordinaire ; cette réaction nous indique nettement que le fluor a été mis en liberté.

Enfin, si l'on examine le platine qui provient de cette décomposition, on voit très bien à l'œil nu que le métal est cristallisé. Le platine qui se produit en présence du fluor prend donc la forme cristalline. Ce nouvel exemple vient s'ajouter à ceux qui ont permis à Daubrée (1) d'appeler l'attention sur le rôle minéralisateur du fluor, conclusion qui a été, depuis, maintes fois confirmée, notamment par les belles synthèses

(1) DAUBRÉE. *Études synthétiques de Géologie expérimentale*, p. 61.

minéralogiques de Henri Sainte-Claire Deville et de M. Hautefeuille.

Analyse. — L'analyse du fluorure de platine a été faite en dissolvant ce sel dans une grande quantité d'eau distillée refroidie à 0°, décantant rapidement pour séparer la petite quantité de protofluorure insoluble qui s'est produite au contact du métal, et décomposant ensuite le liquide à l'ébullition. On évapore à sec, on calcine, puis on laisse refroidir la capsule sous une cloche contenant des fragments de chlorure de calcium fondu. Du poids de platine obtenu il est facile de déduire la composition du fluorure soluble dans l'eau.

Nous avons obtenu ainsi les chiffres suivants :

Première analyse.

	gr.
Poids du tube de platine + fluorure	27,255
» » » après lavage à l'eau	26,650
	0,605

Après décantation, il est resté un résidu insoluble formé de débris de fils de platine et de protofluorure insoluble.

Ce résidu pesait $0^{gr},359$; le poids du fluorure soluble était donc

$$0,605 - 0,359 = 0,246$$

On a évaporé, puis calciné :

	gr.
Capsule + résidu platine	20,852
Capsule vide	20,675
Platine	0,177

d'où l'on déduit :

Platine	71,95 pour 100.

Deuxième analyse.

	gr.
Poids du tube de platine + fluorure............	27,366
» » » après lavage à l'eau....	27,197
	0,169

après décantation il est resté un résidu insoluble pesant 0^gr^,027 ; le poids du fluorure soluble était donc :

$$0,169 - 0,027 = 0,142$$

On a évaporé, puis calciné :

	gr.
Capsule + résidu platine........	21,344
Capsule vide..............................	21,242
Platine........................	0,102

d'où l'on déduit :

Platine.......................... 71,83 pour 100.

Ces analyses sont concordantes et elles conduisent à la formule d'un tétrafluorure de platine. Le composé PtF^4 devrait, en effet, donner les chiffres suivants :

Platine	72,18
Fluor.....................................	27,82

Lorsqu'on épuise par l'eau froide les fils de platine qui ont été soumis à l'action du fluor, on remarque, à la surface du métal, une petite quantité d'un enduit jaune verdâtre, de couleur plus pâle que le tétrafluorure et insoluble dans l'eau. Ce composé est vraisemblablement le protofluorure de platine ; par une élévation de température, il se dédouble aussi en fluor et en platine. Le poids de ce fluorure, préparé dans nos différentes expériences, n'a pas été suffisant pour en établir la composition.

En résumé, on peut obtenir les fluorures de platine par union directe du fluor et du platine au rouge sombre. Le tétrafluorure décompose l'eau à la température ordinaire, ce qui explique pourquoi on ne peut pas le préparer par voie humide. Soumis à l'action d'une chaleur rouge, il se dédouble en platine cristallisé et en fluor.

Nous ajouterons que, lorsqu'il sera possible de préparer le fluorure de platine par une méthode détournée, c'est-à-dire en partant d'un composé fluoré facile à obtenir au moyen de l'acide fluorhydrique, on possédera une préparation chimique du fluor.

Les essais que nous avons tentés dans cette voie ont été infructueux ; cependant nous signalerons la réaction suivante qui nous a donné des résultats intéressants.

Lorsque l'on fait passer du pentafluorure de phosphore sur de la mousse de platine chauffée au rouge sombre, une partie du platine est attaquée et il se forme un composé volatil analogue aux corps très bien cristallisés obtenus par Schützenberger en faisant passer des vapeurs de chlorure de phosphore sur de la mousse de platine (1). Si l'on arrive à préparer ce composé en notable quantité, il sera facile de le dédoubler, dans certaines conditions de température, en fluor et en un composé moins fluoré. Du reste, dans des expériences décrites au début de cet ouvrage, nous avons pu obtenir par l'action de la mousse de platine sur les différents fluorures de phosphore un mélange gazeux dans lequel le fluor libre a pu être caractérisé.

ACTION DU FLUOR SUR QUELQUES COMPOSÉS DES MÉTAUX.

Chlorures.

Chlorure de sodium. — Lorsque l'on met un fragment froid

(1) P. SCHUTZENBERGER. Sur une nouvelle classe de composés platiniques, *Annales de Chimie et de Physique*, 4e série, t. XXI, p. 350 ; 1870.

de chlorure de sodium, fondu au préalable, au contact du gaz fluor, il y a dégagement de chlore et formation de fluorure de sodium. Pour faire cette expérience, on fixe un morceau de chlorure de sodium fondu à un fil de platine. On emplit, par déplacement, une petite éprouvette en platine de gaz fluor, et l'on place ensuite, sans toucher les parois, le chlorure de sodium au milieu de l'atmosphère de fluor. Quelques instants après, on enlève le fragment de chlorure de sodium et l'on décante le gaz restant dans une éprouvette de verre contenant une solution d'azotate d'argent. On voit ce dernier fournir un abondant précipité de chlorure, insoluble dans l'acide azotique et soluble dans l'ammoniaque. On sait que le fluorure d'argent est au contraire un sel très soluble dans l'eau.

Le fluor déplace donc, à froid, le chlore des chlorures alcalins.

On peut disposer cette expérience plus simplement, en faisant passer un courant de fluor dans un tube de platine contenant des fragments de chlorure de sodium. Le gaz qui se dégage, agité avec de l'eau, fournit une solution qui dissout une feuille d'or et précipite en blanc une solution de nitrate d'argent. Ce précipité est insoluble dans l'acide azotique, soluble dans l'ammoniaque et les hyposulfites.

Chlorure de potassium. — Le fluor déplace de même, à froid, le chlore du chlorure de potassium.

Chlorure de calcium. — Le chlorure de calcium fondu est attaqué, à froid, par le fluor ; il se dégage du chlore et il se produit du fluorure de calcium. La réaction se fait sans flamme et sans incandescence.

Sesquichlorure de chrome. — A froid, il ne semble pas y avoir de réaction ; mais, si la température s'élève un peu, la réaction se produit avec incandescence. Le sesquichlorure se recouvre d'une matière jaune insoluble dans l'eau et d'abondantes vapeurs se dégagent.

Protochlorure d'antimoine. — Le fluor réagit, à froid, sur le chlorure d'antimoine anhydre. Le chlorure se trouve entouré d'une flamme pâle, et il se produit de suite du fluorure d'antimoine.

Protochlorure de mercure. — Légèrement chauffé, le calomel est peu attaqué par le fluor. Il se produit, à la surface du protochlorure de mercure, un corps jaune insoluble dans l'eau.

Bichlorure de mercure. — Attaqué surtout à chaud, avec formation d'un fluorure jaune fondu. Cette expérience démontre bien l'inutilité de chercher à décomposer le fluorure de mercure par le chlore pour obtenir le fluor. C'est au contraire le fluor qui déplace le chlore du chlorure de mercure.

Chlorure d'argent. — Le chlorure d'argent bien sec est attaqué de suite, à froid, par le fluor ; il jaunit rapidement et, repris par l'eau, il fournit du fluorure d'argent soluble et présentant tous les caractères de ce sel.

Bromures.

Bromure de potassium. — Dès que le fluor se trouve au contact du bromure de potassium, une réaction très vive se produit. Le brome est de suite déplacé et se combine au fluor avec flamme. En même temps il se produit du fluorure de potassium facile à caractériser en reprenant la masse par l'eau.

Sesquibromure de chrome. — Rien à froid ; au rouge sombre, vive incandescence et formation d'un composé jaune clair en partie volatilisé pendant l'expérience.

Bromure de zinc. — Le fluor ne réagit pas, à froid, sur le bromure de zinc; au rouge sombre, il se produit une vive incandescence : formation de fluorure de brome gazeux et de fluorure de zinc.

Iodures.

Iodure de potassium. — Dès que l'iodure de potassium se trouve au contact du fluor, il devient noir, se recouvre d'iode qui ne tarde pas à brûler dans le fluor en produisant du fluorure d'iode. La réaction se fait avec un grand dégagement de chaleur et il reste finalement du fluorure alcalin transparent.

Iodure de calcium. — Le fluor décompose l'iodure de calcium à froid, avec formation de fluorure de calcium et mise en liberté d'iode, qui se combine avec incandescence à l'excès de fluor.

Iodure de manganèse. — Nous avons préparé l'iodure de manganèse en attaquant le carbonate manganeux pur, parfaitement blanc, par une solution d'acide iodhydrique. La solution a été évaporée dans un courant d'hydrogène jusqu'à siccité et le produit, desséché ensuite, a été fondu dans une atmosphère formée d'hydrogène et de gaz acide iodhydrique. Cet iodure se présente alors sous la forme d'une masse fondue, à cassure cristalline, d'un rose légèrement violacé; il fournit avec l'eau une solution rose d'une grande limpidité.

L'iodure, fondu et concassé à l'abri de l'humidité, est disposé dans plusieurs nacelles de platine, placées elles-mêmes dans un tube de même métal, dont les extrémités sont fermées par des ajutages à vis. Ceux-ci sont reliés d'un côté à l'appareil à fluor et de l'autre à un flacon de verre d'un litre, rempli de gaz azote pur et sec. Ce dernier communique avec l'atmosphère du laboratoire par l'intermédiaire d'un tube desséchant; il sert de réservoir gazeux destiné à éviter l'entrée de l'humidité et de l'oxygène de l'air dans notre appareil.

Avant de réunir le tube de platine à l'électrolyseur qui doit fournir le fluor on a fait passer dans tout l'appareil un courant d'azote pur.

Dès que le gaz fluor arrive au contact de l'iodure de manganèse, il se produit un dégagement de chaleur sensible, et il se dégage du fluorure d'iode gazeux; il n'est donc pas nécessaire de chauffer pour déterminer la réaction. On arrête le courant de fluor, lorsque le tube a repris la température du laboratoire; l'excès de fluor qui se trouve dans le tube de platine est alors chassé par un courant d'azote, et le produit, retiré des nacelles, est enfermé dans des tubes de verre bien desséchés que l'on scelle ensuite à la lampe.

On obtient ainsi un fluorure de manganèse qui a conservé la forme des cristaux d'iodure et qui possède une couleur rouge, violacée.

C'est un corps défini répondant à la formule Mn^2F^6. C'est donc le sesquifluorure de manganèse, composé nouveau, sur lequel nous avons déjà appelé l'attention à propos de l'action du fluor sur le manganèse métallique.

Propriétés du sesquifluorure de manganèse. — Ce sesquifluorure est réduit par l'hydrogène au-dessous du rouge, avec production d'acide fluorhydrique et de fluorure manganeux.

Il réagit sur le phosphore au-dessous du rouge sombre, et la masse devient rapidement incandescente. Il se produit, dans ces conditions, un mélange gazeux de trifluorure et de pentafluorure de phosphore.

Légèrement chauffé avec de l'arsenic en poudre, il donne du trifluorure d'arsenic liquide.

Avec le silicium cristallisé, vers 400°, il se produit une réaction violente ; la masse est portée au rouge, et il se dégage du fluorure de silicium en abondance.

Action du fluor sur l'iodure de plomb. — Incandescence à froid et formation de fluorure de plomb.

Iodure de cuivre. — Rien à froid ; au rouge sombre, incandescence.

Iodure de mercure. — Ce composé est attaqué, à froid, par le fluor ; il se produit une flamme très vive et il reste un corps jaune qui présente les caractères d'un fluorure ou d'un fluoiodure de mercure.

Cyanures.

Cyanure de potassium. — Rien à froid. Légèrement chauffé, le cyanure est attaqué ; il se fait de petites détonations et la combinaison se produit avec une flamme pourpre.

Cyanure de zinc. — Le fluor attaque énergiquement le cyanure de zinc dès la température ordinaire.

Cyanure de mercure. — Rien à froid ; si l'on chauffe légèrement, décomposition vive, flamme pourpre.

Cyanure d'argent. — Se décompose à froid avec incandescence au contact du fluor, en produisant une série de détonations. Il se dégage un corps gazeux.

Ferrocyanure de potassium. — Le fluor produit, à froid, une incandescence très vive et il se dégage du cyanogène brûlant avec une flamme pourpre.

Ferricyanure de potassium. — Même réaction.

Ferricyanure de plomb. — Même réaction.

Sulfocyanure de baryum. — Ce sel est attaqué, à froid, par le fluor ; la décomposition se produit avec une belle flamme bleue.

Sulfocyanure de mercure. — Le fluor décompose instantanément ce sel avec incandescence.

Les chlorures, bromures, iodures et cyanures métalliques sont donc attaqués avec énergie par le fluor. La plupart de ces réactions se produisent dès la température ordinaire et souvent même avec incandescence.

Oxydes.

Potasse. — La potasse fondue, placée dans une atmosphère de fluor, ne tarde pas à produire de l'ozone et à se recouvrir d'une couche de fluorure alcalin, qui diminue ou limite la réaction. La solution aqueuse de potasse pure, dans laquelle on fait passer pendant quelques instants un courant de gaz fluor, ne nous a pas présenté de réactions nouvelles pouvant laisser entrevoir l'existence d'un composé oxygéné du fluor analogue à l'acide hypochloreux. Il semble plutôt se produire dans cette réaction un composé d'oxyde de potassium et d'eau oxygénée mélangé de fluorure de potassium. L'action générale du fluor sur les oxydes semble bien démontrer, du reste, que l'affinité du fluor pour l'oxygène est très faible. Si la solution de potasse renferme du chlorure de potassium, il se fait rapidement de l'acide hypochloreux.

Soude. — La réaction est identique.

Chaux. — Le fluor réagit à froid sur l'oxyde de calcium ; il se produit une lumière éblouissante et il se forme du fluorure de calcium, tandis que l'oxygène se dégage.

Baryte. — L'oxyde de baryum est attaqué à froid comme l'oxyde de calcium. Incandescence, dégagement d'oxygène et formation d'un fluorure. Le résidu, examiné au microscope, présente une apparence cristalline.

Alumine. — Aussitôt que le fluor arrive au contact de l'alumine, toute la masse devient lumineuse ; il se fait un fluorure et il se dégage de l'oxygène.

Protoxyde de fer. — La variété de protoxyde de fer préparé par le procédé de Debray ne réagit pas à froid sur le fluor. Si l'on chauffe légèrement il se produit une vive incandescence et la masse se recouvre d'un fluorure de fer de couleur blanche.

Oxyde de fer magnétique. — L'oxyde de fer magnétique, stable à haute température, n'est pas attaqué, à froid, par le fluor. Au rouge sombre, l'attaque est violente, et il se forme encore un fluorure blanc.

Sesquioxyde de fer. — Cet oxyde n'est pas décomposé par le fluor à froid, mais, lorsqu'il est légèrement chauffé, la réaction se produit avec incandescence. Dans un excès de fluor, il est entièrement transformé en une masse fondue, entourée d'une auréole de poussière d'un très beau rouge. Cette matière rouge provient de la décomposition pyrogénée d'une faible partie du fluorure de fer formé. Examiné au microscope, le résidu renferme souvent de petits cristaux transparents qui paraissent insolubles ou très peu solubles dans l'eau.

Protoxyde de nickel. — La décomposition par le fluor se produit à froid; la réaction est accompagnée d'un grand dégagement de chaleur et il se forme, à la surface de l'oxyde, un fluorure blanc fondu. Au microscope, on voit au milieu de la masse, de petits cristaux très nets légèrement verdâtres.

Sesquioxyde de nickel. —La décomposition se produit encore à froid, et il se forme un fluorure blanc, comme précédemment.

Oxyde de zinc. — Le fluor ne déplace pas l'oxygène de l'oxyde de zinc à froid. Un peu au-dessous du rouge sombre, l'attaque se produit, mais elle est peu énergique; il se forme un fluorure de zinc fondu.

Protoxyde de plomb. — Pas de réaction à froid ; à chaud, formation d'un prodnit jaunâtre qui vraisemblablement est un oxyfluorure de plomb.

Minium. — Rien à froid ; légèrement chauffé, il s'attaque avec formation de fluorure de plomb.

Bioxyde de plomb. — Attaqué à froid, avec formation d'une poudre blanche de fluorure ou d'oxyfluorure de plomb.

Oxyde de cuivre. — Pas de réaction à froid ; légèrement chauffé, il y a incandescence ; il se produit un corps noir fondu qui doit être un oxyfluorure de cuivre.

Oxyde rouge de mercure. — Rien à froid; légèrement chauffé, il y a décomposition avec formation de fluorure jaune de mercure.

En résumé, les oxydes alcalins et alcalino-terreux sont attaqués à froid par le fluor. Avec ces derniers, en particulier, l'expérience est très belle, à cause, sans doute, de la température élevée à laquelle est porté l'excès d'oxyde et peut-être aussi grâce à la phosphorescence des composés formés. Avec les autres oxydes, la décomposition, pour se produire, exige le plus souvent une élévation de température.

Sulfures.

Polysulfure de potassium. — Le polysulfure de potassium devient de suite incandescent au contact du fluor : il se dégage du fluorure de soufre et il reste finalement du fluorure de potassium.

Sulfure de baryum. — Le sulfure de baryum est décomposé, à froid, par le fluor ; une vive incandescence se produit, il se forme du fluorure de soufre gazeux et du fluorure de baryum.

Sulfure de manganèse. — Le sulfure de manganèse cristallisé Mn S, préparé par M. Mourlot, au four électrique, en volatilisant le sulfure fondu, n'est pas attaqué par le fluor à froid. Au rouge sombre, vive incandescence et formation d'abondantes fumées blanches.

Sulfure de fer. — N'est pas attaqué à froid par le fluor ; au rouge sombre, incandescence et dégagement gazeux avec formation de fluorure de fer blanc.

Bisulfure de fer. — La pyrite n'est pas attaquée à froid par le fluor; mais, si l'on chauffe très légèrement, il se produit une attaque violente et il se dégage un corps gazeux.

Sesquisulfure de molybdène. — Ce nouveau sulfure de molybdène cristallisé Mo^2S^3, préparé par M. Guichard, est attaqué par le fluor vers 200°. La masse devient incandescente et il se produit un fluorure volatil de molybdène et du fluorure de soufre gazeux.

Sulfure d'antimoine. — Le sulfure d'antimoine naturel est décomposé à froid par le fluor; il se produit une flamme bleue et il reste une masse amorphe de fluorure d'antimoine.

Azotures.

Azoture de bore. — L'azoture de bore est attaqué à froid par le fluor; la masse devient incandescente et prend une très belle teinte bleue. Il se dégage, en même temps, du fluorure de bore en abondance.

Azoture de titane. — Rien à froid; à chaud, réaction très énergique, incandescence et formation de fumées blanches très épaisses, si l'on opère en présence de l'air.

Phosphures.

Phosphure de calcium.—Ce composé cristallisé est attaqué à froid par le fluor, avec formation de pentafluorure de phosphore et de fluorure de calcium.

Phosphure de magnésium. — Le phosphure de magnésium Mg^3P^2, préparé par M. Henri Gautier, devient rapidement incandescent quand on le place dans une atmosphère de fluor à la température ordinaire. La réaction produit une lumière aussi éclatante que la combustion du magnésium dans l'air. Il reste du fluorure de magnésium et il se dégage un mélange de fluorures de phosphore.

Phosphure de fer. — Le phosphure de fer cristallisé Fe^2P, préparé par le procédé de M. Maronneau, est attaqué par le fluor au rouge sombre avec formation de fluorures de phosphore et de fluorures de fer.

Phosphure de tungstène. — Le composé Tu^2P^2, obtenu par M. Defacqz, est attaqué par le gaz fluor à la température de + 100°. Réaction violente, incandescence, formation de fluorure de tungstène et de fluorure de phosphore.

Phosphure de zinc. — Pas de réaction à froid. Au rouge sombre, attaque énergique avec flamme. Production de fluorure de zinc et de pentafluorure de phosphore.

Phosphure de cuivre. — Le phosphure de cuivre employé a été préparé par l'action directe du phosphore sur le cuivre.

Il ne se produit pas de combinaison à froid ; en élevant la température à + 100°, le phosphure de cuivre, qui, à cette température, émet déjà des vapeurs de phosphore, est entièrement décomposé avec flamme.

Arséniures.

Arséniures alcalino-terreux. — Les arséniures alcalino-terreux sont attaqués par le fluor à la température ordinaire. Incandescence et formation de fluorure alcalino-terreux et de fluorure d'arsenic (Lebeau).

Arséniure de sodium. — Ce composé cristallisé a été préparé par M. Lebeau en faisant réagir l'arsenic sur le sodium en excès, puis en enlevant l'excès de sodium par le gaz ammoniac liquéfié. Cet arséniure prend feu dans le fluor et donne du fluorure de sodium et du fluorure d'arsenic.

Carbures.

Carbure de lithium. — Le carbure de lithium cristallisé et transparent devient incandescent au contact du fluor. Il se transforme complètement en fluorure de lithium.

Carbure de calcium. — A la température ordinaire, le carbure de calcium cristallisé et incolore prend feu dans le gaz fluor, avec formation de fluorure de calcium et de tétrafluorure de carbone. La fluorine que l'on recueille après l'expérience est fondue; une partie en a été volatilisée.

Carbures de strontium et de baryum. — La réaction est identique avec les carbures de strontium et de baryum. Il se produit une vive incandescence, il se dégage du fluorure de carbone et il reste des fluorures fondus.

Carbure de cérium. — Le fluor n'attaque pas ce carbure à froid, mais par une légère élévation de température, il se produit une vive incandescence et il se dégage un fluorure blanc volatil.

Carbure de lanthane. — Même réaction qu'avec le carbure de cérium.

Carbure d'aluminium. — Le carbure d'aluminium C^3Al^4 est attaqué dès qu'on le chauffe légèrement dans un courant de gaz fluor. L'incandescence qui se produit est très vive, il se dégage du fluorure de carbone et il reste dans le tube du fluorure d'aluminium entouré d'un anneau de fluorure volatilisé.

Carbure de glucinium. — Le carbure de glucinium, préparé par M. Lebeau, brûle dans le fluor et fournit un fluorure soluble dans l'eau.

Carbure d'uranium. — Le fluor réagit à froid sur le carbure finement pulvérisé, mais il n'attaque le carbure en fragments que si l'on fait intervenir une élévation de température. Il se produit du fluorure de carbone gazeux et un fluorure d'uranium de couleur marron foncé.

Carbure de zirconium. — Ce carbure, préparé par MM. Moissan et Lengfeld, n'est pas attaqué à froid. Le fluor, au rouge sombre, le décompose rapidement.

Borures.

Borures alcalino-terreux. — Le fluor réagit avec facilité sur les borures alcalino-terreux préparés au four électrique par le procédé de MM. H. Moissan et P. Williams et répondant à la formule B^6M ($M = Ca$, Ba ou Sr). Le borure de calcium est seul attaqué à froid par le fluor. Avec les borures de baryum et de strontium, il suffit de chauffer légèrement pour déterminer la réaction, qui se continue ensuite avec vivacité.

Borure de fer. — Ce composé n'est pas attaqué à froid, mais dès qu'on le chauffe légèrement il devient incandescent et il se produit du fluorure de fer et du fluorure de bore gazeux.

Siliciures.

Siliciure de carbone. — Rien à froid. A 300°, belle incandescence et transformation complète du composé en corps gazeux : fluorure de silicium et fluorure de carbone.

Siliciure de fer. — Le siliciure de fer $SiFe$ de M. Lebeau est attaqué à froid; il donne du fluorure de fer et du fluorure de silicium.

Siliciures de chrome. — Le siliciure de chrome $SiCr^2$ de M. Moissan, et le siliciure $SiCr^3$ de M. Zettel, réagissent à froid sur le fluor avec formation de fluorure de chrome et de fluorure de silicium.

Siliciures de nickel et de cobalt. — Les siliciures de nickel et de cobalt, $SiNi^2$ et $SiCo^2$, préparés par M. Vigouroux, sont attaqués de même à la température ordinaire par le gaz fluor. Formation d'un fluorure métallique et dégagement de fluorure de silicium.

Sulfates.

Sulfate de potassium. — Le sulfate de potassium n'est pas attaqué à froid par le fluor. Au rouge sombre, il y a décomposition ; il se dégage d'abondantes fumées blanches et il reste un résidu de fluorure de potassium.

Sulfate de manganèse. — Le sulfate de manganèse déshydraté n'est pas décomposé à froid par le fluor. Au rouge sombre, il se produit du fluorure de soufre et la masse devient incandescente.

Sulfate de cuivre. — Le sulfate de cuivre anhydre ne donne rien à froid ; il faut le porter au rouge pour qu'il y ait une réaction, qui n'est d'ailleurs pas très vive, et il se forme alors un corps noir qui est, sans doute, un oxyfluorure de cuivre. Le sulfate de cuivre hydraté n'est attaqué qu'au rouge sombre ; mais, dans ce cas, la décomposition se complique de l'action exercée sur le fluor par l'eau d'hydratation.

La réaction du fluor sur la plupart des composés du cuivre se fait, d'ailleurs, avec peu d'énergie. Le faible dégagement de chaleur qui se produit lorsque le fluor s'unit au cuivre permettra probablement la décomposition, par voie ignée, d'un perfluorure de cuivre, si ce composé existe. Cette réaction fournirait peut-être un moyen de préparation chimique du fluor, analogue à celui que pourrait donner le fluorure de platine.

Le seul composé du cuivre qui produise une réaction énergique au contact du fluor est l'hydrure de cuivre, qui se décompose à froid avec une flamme verte, en laissant un produit noir fondu.

Azotates.

Azotate de potassium. — Pas de réaction, ni à froid ni au rouge sombre.

Azotate d'ammoniaque. — Pas de réaction à froid.

Azotate de plomb. — Le fluor ne réagit pas, à froid, sur l'azotate de plomb. Au rouge sombre, la réaction n'est pas très énergique ; cependant il y a décomposition et formation de fluorure de plomb.

Azotate d'argent. — Pas de réaction à froid. Au rouge sombre, décomposition avec formation d'un fluorure jaune.

Phosphates.

Phosphate de sodium. — Le fluor n'attaque pas le phosphate de sodium à froid. Au rouge sombre, le pyrophosphate est attaqué et il se produit une flamme jaune.

Phosphate de calcium. — Le phosphate de calcium est attaqué à froid par le fluor ; il se fait une très belle incandescence en même temps qu'il se produit du fluorure de calcium fondu et un gaz fumant à l'air, absorbable par l'eau, qui paraît être l'oxyfluorure de phosphore.

Phosphate de manganèse. — Pas d'attaque à la température ordinaire. Au rouge sombre, décomposition avec flamme; la température s'élève et il se produit des fluorures de phosphore. Examiné au microscope après la réaction, chaque fragment de phosphate apparaît entouré d'une gaine de petits cristaux incolores.

Phosphate de zinc. — Ce sel n'est pas attaqué à froid; il l'est difficilement au rouge sombre : il faut le porter à une température plus élevée pour que la décomposition se produise avec facilité.

D'une façon générale, les phosphates sont attaqués par le fluor plus rapidement que les sulfates. Cela tient sans doute à ce que la chaleur de formation des fluorures de phosphore est très grande. Les phosphates essayés n'étaient pas attaquables à froid; mais, aussitôt que le rouge sombre était atteint, la décomposition se produisait, et le plus souvent avec énergie.

Carbonates.

Bicarbonate de potassium. — Pas de réaction ni à froid, ni au rouge sombre.

Carbonate de sodium. — Le carbonate de sodium pur et sec est attaqué à froid par le fluor. La masse devient de suite incandescente et fournit un résidu de fluorure de sodium. Cette différence d'action du fluor sur un bicarbonate et sur un carbonate nous a semblé assez curieuse.

Carbonate de lithium. — Le fluor attaque ce sel à froid; la décomposition se produit avec flamme et il se fait un fluorure de lithium blanc.

Carbonate de calcium.— Au contact du fluor à froid le carbonate de calcium devient incandescent, émet une lumière très vive et il se produit du fluorure de calcium ; il se dégage un mélange gazeux contenant de l'oxygène.

Carbonate de strontium.— Même réaction qu'avec le carbonate de calcium; incandescence à froid et dégagement gazeux.

Carbonate de plomb. — Au contact du fluor, le carbonate de plomb devient incandescent et il se fait du fluorure de plomb fondu. Dégagement gazeux comme dans les cas précédents.

Borates.

Borate de sodium. — Pas de réaction ni à froid ni au rouge sombre.

Borate de cuivre. — Le fluor attaque le borate de cuivre à la température ordinaire ; incandescence de toute la masse et production d'un résidu de couleur marron foncé.

Borate de zinc. — Pas d'attaque à froid. Au rouge sombre, décomposition avec incandescence et formation d'un fluorure de zinc blanc.

CHAPITRE VI.

ACTION DU FLUOR SUR QUELQUES COMPOSÉS ORGANIQUES.

COMPOSÉS ORGANIQUES DU FLUOR.

L'action directe du fluor sur les composés organiques est le plus souvent très violente. Dès que la décomposition du corps organique a commencé, la chaleur dégagée est assez grande pour que la destruction devienne totale et que l'on n'obtienne finalement que de l'acide fluorhydrique et des fluorures de carbone. Cette décomposition est surtout rapide pour les composés riches en hydrogène. Nous allons en trouver un exemple bien net dans l'action du fluor sur les carbures d'hydrogène.

Carbures.

Éthylène. — Le fluor réagit avec beaucoup d'énergie sur le gaz éthylène. Aussitôt que les deux gaz se trouvent en présence, la combinaison se produit avec détonation. Cette combinaison dégage une grande quantité de chaleur et, s'il y a excès de fluor, il reste un mélange gazeux transparent, tandis qu'en présence d'un excès de gaz éthylène il se fait un dépôt abondant de carbone amorphe très léger.

Formène. — Lorsque l'on fait arriver le fluor dans une atmosphère de formène, la décomposition du carbure se produit de suite avec flamme. Il se dépose du charbon et il se forme différents corps gazeux ne renfermant qu'une très petite quantité de tétrafluorure de carbone.

Chloroforme. — Le fluor peut traverser bulle à bulle le chloroforme froid sans produire de réaction apparente. Le liquide, après saturation, a été porté à l'ébullition et a fourni un mélange gazeux dont une partie, environ le sixième, a été absorbée par la potasse alcoolique. Le gaz séparé de ce dernier liquide par la chaleur possédait les propriétés du tétrafluorure de carbone.

Lorsque l'on agite, dans un tube de verre, une très petite quantité de chloroforme en présence d'un excès de fluor, une violente détonation, accompagnée de flamme, se produit et le tube est brisé.

Si l'on fait arriver un courant de fluor dans du chloroforme maintenu en ébullition, la réaction devient très vive. Une flamme se produit avec persistance au milieu du liquide ; il se dépose du charbon et il se dégage différents gaz, parmi lesquels on peut caractériser l'acide fluorhydrique et le tétrafluorure de carbone.

Iodoforme. — Le fluor décompose l'iodoforme froid ou légèrement chauffé, avec incandescence.

Benzine. — Le fluor enflamme la vapeur de benzine ; il se produit de l'acide fluorhydrique, des fluorures de carbone et un dépôt de charbon. Si l'on fait arriver le gaz fluor dans la benzine liquide, chaque bulle de gaz s'enflamme, et, si le courant de fluor est rapide, la décomposition se produit avec explosion.

Binitrobenzine. — Le fluor réagit à froid sur la binitrobenzine ; ce composé prend feu et il se dépose du charbon.

Anthracène. — Décomposition très vive à froid, flamme, dépôt abondant de charbon.

Colophène. — Aussitôt que le fluor arrive au contact de ce carbure liquide, la décomposition se produit avec flamme et dépôt de charbon.

Paraffine.—Légèrement chauffée, la paraffine se décompose avec flamme, dépôt de charbon, formation de fluorure de carbone et d'acide fluorhydrique.

Rien à froid, ou du moins pas de réaction instantanée ; cependant, dans nos premiers essais sur l'isolement du fluor, les bouchons de liège enduits de paraffine ont été carbonisés par le fluor. L'attaque semble donc se produire à froid, mais elle est plus lente.

Alcools.

Alcool éthylique. — Le fluor décompose, à la température ordinaire, la vapeur d'alcool éthylique avec flamme. Si l'on fait arriver le fluor au milieu de l'alcool liquide, la combinaison est encore très violente ; il ne se forme pas de dépôt de charbon, et après l'expérience l'alcool restant possède une odeur prononcée d'aldéhyde.

Alcool méthylique.—Réaction analogue, décomposition de la vapeur avec flamme ; dans le liquide chaque bulle devient lumineuse et il n'y a pas de dépôt de charbon.

Alcool amylique.—La vapeur s'enflamme au contact du fluor. Au milieu du liquide, chaque bulle de fluor produit une lueur avec dépôt de charbon.

Saccharose. — Rien à froid ; chauffé jusqu'à son point de

fusion, il commence à se décomposer dans le fluor, mais l'attaque est peu énergique.

Mannite. — Pas de réaction à la température ordinaire. Légèrement chauffée, destruction complète.

Éthers.

Chlorure de méthyle. — Le chlorure de méthyle liquide est décomposé par le fluor à la température de — 23°; flamme jaune, dépôt de charbon, formation d'acide fluorhydrique et de fluorure de carbone. Avec le chlorure de méthyle gazeux, en présence d'un excès de fluor, détonation, flamme et mise en liberté de chlore.

Iodure d'éthyle. — La vapeur d'iodure d'éthyle brûle dans le fluor. Ce dernier gaz réagit très énergiquement sur l'iodure liquide, une flamme sort du tube et il se dépose de l'iode tant que le fluor n'est pas en excès; finalement tout disparaît à l'état de composé volatil.

Acétate d'éthyle. — La vapeur d'éther acétique brûle au contact du fluor. Lorsque l'on fait réagir ce gaz sur l'éther liquide, l'absorption est si violente que le liquide pénètre de suite dans l'appareil.

Borate de méthyle. — Le fluor décompose la vapeur de borate de méthyle avec flamme. Dans le liquide, chaque bulle de fluor détermine la production d'une belle lueur verte. Pas de dépôt de charbon.

Aldéhydes.

Aldéhyde éthylique. — La vapeur d'aldéhyde éthylique brûle au contact du fluor. Ce gaz arrivant dans l'aldéhyde liquide produit une décomposition violente avec flamme, sans dépôt de charbon.

Chloral anhydre. — Le fluor réagit avec énergie sur le chloral; il décompose sa vapeur avec flamme. Chaque bulle de gaz qui traverse le liquide devient lumineuse ; pas de dépôt de charbon, formation d'un mélange gazeux renfermant du chlore, de l'acide fluorhydrique et du tétrafluorure de carbone.

Analyse du gaz recueilli.

	cc.
Volume primitif..................................	14,4
Après agitation avec le mercure..................	13,8
Après action de la potasse alcoolique............	11,4

Chloral hydraté. — Ce composé, très légèrement chauffé, est attaqué par le fluor ; la réaction est accompagnée d'une flamme verdâtre.

Glucose. — Rien à froid ; chauffé légèrement, il est attaqué par le fluor avec dépôt de charbon. Lorsque la température s'élève, par suite de la réaction, la destruction devient rapide et complète, avec formation de fluorure de carbone et d'acide fluorhydrique.

Acides.

Acide formique. — Le fluor, en arrivant dans la vapeur d'acide formique, produit une flamme jaune ; lorsqu'il traverse le liquide, chaque bulle devient lumineuse sans dépôt de charbon. Le liquide possède, après le passage du fluor, une odeur différente de celle de l'acide formique.

Acide acétique. — L'action du fluor sur l'acide acétique est très énergique. La décomposition de la vapeur par le fluor se produit avec flamme, et, lorsque le gaz fluor traverse bulle à bulle l'acide liquide, chaque bulle détermine la production d'une lueur très vive et la réaction a lieu le plus souvent avec détonation.

Acide lactique. — Lorsque le gaz fluor traverse l'acide lactique, chaque bulle s'accompagne d'une flamme. Il n'y a pas de dépôt de charbon et l'on ne perçoit aucune odeur spéciale après l'expérience.

Acide citrique. — L'acide citrique froid fond d'abord au contact du fluor, puis se décompose ensuite mais avec difficulté.

Acide tartrique. — Pas de réaction à froid.

Acide gallique. — Incandescence à froid, combustion vive et dépôt de charbon.

Acide benzoïque. — A froid, incandescence avec flamme, dépôt de charbon.

Acide salicylique. — Même réaction.

Acide picrique. — Pas de réaction ni à froid ni au rouge sombre.

Amines.

Diméthylamine. — La vapeur de diméthylamine brûle au contact du fluor. Dans le liquide chaque bulle gazeuse devient lumineuse, et, pour peu que le courant de fluor soit rapide, il se produit une série de détonations ; il ne se forme pas de dépôt de charbon.

Aniline. — Le fluor et la vapeur d'aniline réagissent avec flamme. L'aniline liquide est décomposée aussi par le fluor avec vivacité. Abondant dépôt de charbon qui brûle rapidement, en fournissant du fluorure de carbone.

Pyridine. — La vapeur prend feu au contact du fluor. Ce dernier traversant le liquide produit une flamme accompagnée d'un abondant dépôt de charbon.

Chlorhydrate de rosaniline. — Rien à froid; légèrement chauffé, décomposition violente avec flamme.

Alcaloïdes.

Nicotine. — Le fluor arrivant au contact de la vapeur de nicotine produit une flamme éclairante. Dans l'alcaloïde liquide chaque bulle devient lumineuse en produisant une décomposition énergique sans dépôt de charbon.

Morphine. — Cet alcaloïde est attaqué à froid par le fluor. Il se produit tout d'abord une décomposition violente avec formation d'acide fluorhydrique et dépôt de charbon, puis ce dernier corps disparaît rapidement en présence d'un excès de fluor.

Quinine. — La quinine prend feu au contact du fluor; la décomposition est très rapide.

Cinchonine. — Même réaction que pour la quinine et la morphine.

Strychnine. — La strychnine n'est pas attaquée à froid par le fluor. C'est un nouvel exemple à l'appui des observations déjà connues sur la stabilité de cet alcaloïde.

Sauf la strychnine, les alcaloïdes sont donc très facilement attaqués par le fluor. Dans un excès de ce gaz, ces composés sont transformés en corps volatils et ne laissent pas de résidu appréciable.

Ainsi que le démontrent les expériences précédentes, l'action du fluor sur les composés organiques est le plus souvent trop violente pour permettre la préparation facile de dérivés de substitution ou d'addition. Nous avons dû rechercher alors d'autres méthodes pour produire ces composés et ce sont ces recherches que nous exposons dans le paragraphe suivant.

ÉTUDE DES ÉTHERS FLUORÉS.

Historique. — Bien que le nombre des publications faites chaque année en Chimie organique soit très élevé, il n'y a eu jusqu'ici qu'un petit nombre de recherches entreprises sur les composés organiques fluorés. L'abandon de ce sujet tient, selon nous, à la difficulté des manipulations et surtout aux complications produites par la présence du fluor dans les analyses.

Nous allons résumer rapidement ce qui a été publié sur cette question.

En 1870, Schmitt et Gehren indiquèrent l'existence d'un acide métafluobenzoïque (1).

Quelques années plus tard, en 1879, W. Lenz prépara l'acide fluobenzolsulfonique (2).

Dans un travail étendu, Paterno et Oliveri, en Italie (3), étudièrent avec soin les trois acides fluobenzoïques isomères et les

(1) SCHMITT und GEHREN. Ueber Fluobenzoësaüre und Fluorbenzol, *Journal für praktische Chemie* [2], t. I, p. 394 ; 1870.

(2) W. LENZ. Ueber Fluorbenzolsulfonsaüre und Schmelztemperaturen substituirter Benzolsulfonverbindungen, *Berichte der deutschen chemischen Gesellschaft*, t. XII, p. 580 ; 1879.

(3) PATERNO e OLIVERI. Ricerche sui tre acidi fluobenzoici e sugli acidi fluotoluico e fluoanisico, *Gazetta chimica italiana*, t. XII, p. 85 ; 1882.

acides fluotoluique et fluoanisique. Ces savants préparèrent ces composés en partant de l'acide diazobenzoïque qu'ils décomposaient par une solution aqueuse concentrée d'acide fluorhydrique. Ils conclurent de leurs recherches que, contrairement à ce qui avait été indiqué par Schmitt et Gehren, les acides fluobenzoïques avaient des points de fusion moins élevés que les acides chlorés correspondants. Ils insistent aussi sur les difficultés de dosage que ces différents composés leur ont présentées. Dans un nouveau Mémoire (1), paru en 1883, les mêmes auteurs obtinrent le fluobenzol et le fluotoluène en chauffant en tubes scellés, en présence d'acide fluorhydrique, les acides diazobenzolsulfonique et diazotoluolsulfonique.

On sait que l'acide benzoïque introduit dans le tube digestif des animaux se transforme et fournit de l'acide hippurique. En 1883, Coppola démontra que, dans les mêmes conditions, l'acide fluobenzoïque peut produire un acide fluohippurique (2).

De nouvelles recherches sur les composés organiques fluorés furent entreprises par O. Wallach, en 1886 (3). Ce savant obtint avec facilité le fluobenzol en faisant réagir la diazobenzolpipéridine sur l'acide fluorhydrique ; ce procédé fournit de très bons rendements. Il obtint d'une manière analogue le fluotoluol et, poursuivant ces recherches, il prépara et étudia le fluonitrobenzol, la fluoraniline et ses sels.

Dans un deuxième Mémoire, Wallach et Heusler (4) reprirent un certain nombre de déterminations relatives au fluobenzol

(1) PATERNO e OLIVERI. Fluorobenzina e fluorotoluene, *Gazetta chimica italiana* t. XIII, p. 533 ; 1883.

(2) COPPOLA. Transformazione degli acidi fluobenzoici nell' organismo animale, *Gazetta chimica italiana*, t. XIII, p. 521 ; 1883.

(3) O. WALLACH. Ueber einen Weg zur leichten Gewinnung organischer Fluorverbindungen, *Liebig's Annalen der Chemie*, t. CCXXXV, p. 255 ; 1886.

(4) WALLACH und HEUSLER. Ueber organische Fluorverbindungen, *Liebig's Annalen der Chemie*, t. CCXLIII, p. 219; 1887.

et à la fluoraniline, et ils étudièrent ensuite la fluobenzoldiazopipéridine, le difluobenzol, le fluochlorobenzol, le fluophénol et quelques autres dérivés fluorés.

Ces différentes recherches ont donc porté spécialement sur la série aromatique, et aucun travail important n'a été publié sur les composés fluorés de la série grasse

Nous avons pensé qu'il était utile d'entreprendre cette étude, d'abord pour reconnaître si les puissantes affinités du fluor n'imprimeraient pas à ces composés des propriétés particulières, et enfin pour fixer d'une façon définitive la place du fluor dans la classification des métalloïdes. En effet, les propriétés générales du fluor et les réactions que ce gaz fournit en présence de l'eau, des chlorures, des bromures et des iodures semblent indiquer nettement qu'il doit être placé en tête de la famille du chlore. Pour qu'il ne puisse rester aucun doute sur ce point, il fallait cependant se rendre compte si les dérivés organiques fluorés venaient, par leurs propriétés générales et surtout physiques, se placer avant les dérivés similaires chlorés et bromés. De plus, les différents savants que je viens de citer n'avaient employé jusqu'ici, pour obtenir des combinaisons fluorées, qu'un seul procédé, fondé sur l'emploi de l'acide fluorhydrique. J'ai pensé que la question pouvait être abordée autrement, et j'ai pu utiliser les deux réactions suivantes qui fournissent un grand nombre de composés organiques fluorés :

1° Action du fluorure d'argent sur le dérivé organique iodé ;

2° Action du trifluorure d'arsenic sur le composé chloré.

Dans certains cas, la réaction commence à froid et se fait alors avec facilité dans des vases de métal ou même de verre. Lorsqu'il est nécessaire d'élever la température, l'appareil se complique nécessairement, et l'on ne doit pas oublier que le fluorure d'arsenic est un corps toxique et d'un maniement très dangereux.

Fluorure d'éthyle.

Nos premières recherches ont porté sur le fluorure d'éthyle ou éther éthylfluorhydrique. Ce composé a été plutôt entrevu qu'étudié, et son analyse n'a jamais été faite. Reinsch, par exemple, le regarde comme un corps liquide, tandis que Fremy lui attribue l'état gazeux.

Reinsch (1), pour obtenir le fluorure d'éthyle, faisait arriver, dans de l'alcool absolu, des vapeurs d'acide fluorhydrique produit par l'action de l'acide sulfurique sur le fluorure de calcium. Il distillait ensuite le liquide dans un appareil de platine, recueillait le premier quart, et en y ajoutant de l'eau il précipitait un liquide mobile volatil, qu'il regardait comme l'éther éthylfluorhydrique. Nous avons répété plusieurs fois cette expérience en employant de l'alcool absolu et de l'acide fluorhydrique anhydre obtenu au moyen du fluorhydrate de fluorure de potassium, et jamais nous n'avons pu séparer de corps liquide par addition d'eau. Les deux liquides ont toujours été miscibles en toutes proportions. Si l'on répète cette expérience en préparant l'acide fluorhydrique, ainsi que Reinsch l'a fait, au moyen du fluorure de calcium, en ayant bien soin de ne pas distiller d'acide sulfurique, on n'obtient pas de meilleurs résultats. Il est impossible de rien séparer par l'eau dans le quart de l'alcool distillé.

Fremy (2) a obtenu le fluorure d'éthyle en chauffant dans un appareil de platine un mélange de sulfovinate de potasse et de fluorhydrate de fluorure de potassium. Ce savant signale l'existence de ce composé, sans insister sur ses propriétés ni sur sa composition.

(1) REINSCH. Einige Versuche über die Wirkung der Flussspathsaüre auf alkohol und Terpentinol, *Journal für praktische Chemie* [1], t. XIX, p. 314; 1840.

(2) FREMY. Recherches sur les fluorures, *Annales de Chimie et de Physique*, 3e série, t. XLVII, p. 13; 1856.

Préparation. — Les différents procédés de préparation du chlorure d'éthyle ne semblent pas s'appliquer au fluorure. L'action de l'acide fluorhydrique sur l'alcool éthylique, action étudiée plus tard avec soin par M. Meslans, ne nous avait pas fourni de résultats bien nets. Nous avons alors essayé de faire réagir le pentafluorure de phosphore sur l'alcool anhydre.

Le gaz pentafluorure de phoshore est absorbé avec facilité par l'alcool, et la réaction est différente suivant que l'on arrête l'expérience aussitôt après le passage du gaz, ou que l'on abandonne le tout au repos pendant quelques semaines. Dans le premier cas, si l'on fractionne de suite dans un appareil en métal, on obtient des liquides fluorés et un dégagement régulier d'oxyfluorure de phosphore. Dans le second cas, il se produit un corps liquide fluoré, facilement volatil, et de l'éther triéthylphosphorique. La quantité de liquides organiques fluorés que nous avons eue à notre disposition ne nous a pas permis de terminer cette étude.

Mais, après de nombreux essais, nous avons pu établir une méthode de préparation simple et facile, en faisant réagir le fluorure d'argent anhydre sur l'iodure d'éthyle.

Le fluorure d'argent a été préparé en décomposant le carbonate d'argent par l'acide fluorhydrique pur jusqu'à réaction nettement acide. Le liquide filtré est évaporé rapidement, d'abord au bain-marie jusqu'à cristallisation, puis séché dans le vide sec, en ayant soin, comme nous l'avons déjà fait pour le fluorhydrate de fluorure de potassium, de triturer souvent la masse, afin de briser les petits cristaux jaunes qui se produisent. La dessiccation devient ainsi complète. Le carbonate d'argent employé dans cette préparation était obtenu en mélangeant deux solutions, l'une d'azotate d'argent et l'autre de bicarbonate de soude, et en lavant ensuite longtemps par décantation le précipité obtenu.

Si l'on projette du fluorure d'argent anhydre dans un excès d'iodure d'éthyle froid, on voit aussitôt un gaz se dégager en abondance et, en quelques instants, tout le fluorure est transformé en iodure d'argent de couleur jaune. Cette réaction est générale et peut s'appliquer à la préparation d'un grand

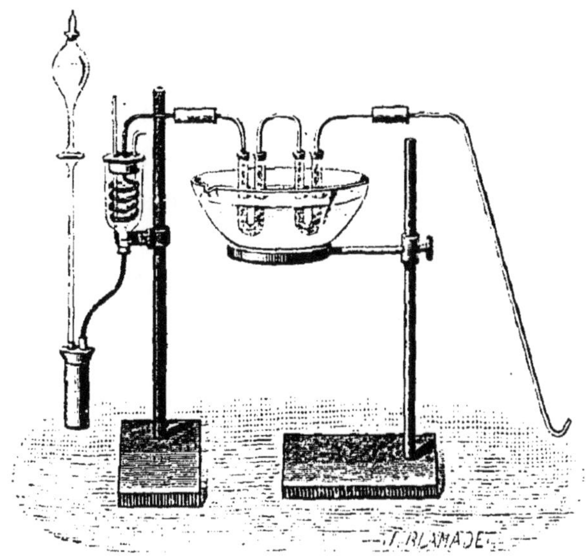

Fig. 21.

nombre d'éthers fluorhydriques. Le plus souvent, elle commence à la température ordinaire et, dans certains cas, on doit modérer la réaction en refroidissant le vase dans lequel elle se produit. Elle a fourni jusqu'ici de bons résultats pour la préparation des fluorures de méthyle ([1]), d'éthyle, de propyle ([2]), d'isopropyle, d'isobutyle et d'amyle ordinaire.

Pour obtenir le fluorure d'éthyle, on place le fluorure d'argent dans un tube de laiton (*fig.* 21) et l'on adapte à ce

(1) Moissan et Meslans. Préparation et propriétés du fluorure de méthyle et du fluorure d'isobutyle, *Comptes rendus de l'Académie des Sciences*, t. CVII, p. 1155; 1888.

(2) Meslans. Préparation et propriétés du fluorure de propyle et du fluorure d'isopropyle, *Comptes rendus de l'Académie des Sciences*, t. CVIII, p. 352; 1889.

dernier un bouchon de liège, donnant passage à un tube abducteur en plomb et à un tube à brome qui permet de faire couler goutte à goutte l'iodure d'éthyle. Le tube à dégagement en plomb s'élève au-dessus de l'appareil en forme d'un serpentin, que l'on maintient dans du chlorure de méthyle en ébullition tranquille à — 23°. Il est facile de condenser ainsi la majeure partie des vapeurs d'iodure d'éthyle entraînées avec le fluorure gazeux et de ramener le liquide dans l'appareil contenant le fluorure d'argent. Deux tubes en U, en verre, remplis de fluorure d'argent sec et maintenus à + 40°, retiennent les dernières traces d'iodure. Enfin, le gaz est recueilli sur le mercure dans des flacons de verre séchés avec soin.

Le fluorure d'argent en excès, au contact de l'iodure d'éthyle, s'échauffe rapidement, et il se dégage aussitôt un corps gazeux, en même temps que le fluorure d'argent marron prend une teinte jaune. Il s'est produit dans ces conditions un fluoiodure d'argent qui, à + 100° et en présence d'une nouvelle quantité d'iodure d'éthyle, va continuer à fournir un dégagement gazeux avec formation finale d'iodure d'argent.

Propriétés. — Le fluorure d'éthyle est un corps gazeux, incolore, d'une odeur éthérée, agréable, pouvant être liquéfié à — 32° sous la pression normale. On voit ainsi que son point d'ébullition est bien inférieur à celui des chlorure, bromure et iodure d'éthyle.

A la température de + 19°, le fluorure d'éthyle peut être liquéfié dans l'appareil de M. Cailletet sous la pression de 8^{atm}. On obtient, dans ces conditions, un liquide incolore, n'attaquant pas le verre sec et dissolvant en petites quantités le soufre, le phosphore et les corps gras. En augmentant la pression, on peut ensuite, par la détente, passer de l'état liquide à l'état solide;

il se produit une neige blanche reprenant presque instantanément l'état liquide.

La densité de ce corps gazeux a été déterminée par une méthode que nous avons décrite, en collaboration avec M. Henri Gautier (1), et la moyenne de trois expériences a fourni le chiffre 1,70. La densité théorique serait 1,684.

Le fluorure d'éthyle est soluble dans un assez grand nombre de corps liquides. L'eau privée d'air en dissout, à la température ordinaire, une notable quantité : 100^{cc} d'eau, à 14°, absorbent 198^{cc} de gaz. Un fragment de potasse ajouté à cette solution en dégage presque tout le gaz. La solubilité du fluorure d'éthyle est surtout très grande en présence de liquides dont la composition est similaire : 100^{cc} d'iodure d'éthyle dissolvent environ 1480^{cc} de fluorure. Le bromure d'éthyle, l'éther ordinaire, et surtout l'alcool anhydre, en dissolvent aussi de grandes quantités. Par une élévation de température, il est facile de séparer le fluorure d'éthyle de ces différents liquides et de le régénérer avec toutes ses propriétés. L'acide sulfurique bouilli absorbe aussi, par agitation, le fluorure d'éthyle.

Chauffé dans une cloche courbe en verre, au rouge sombre et pendant plusieurs heures, le fluorure d'éthyle fournit un mélange complexe de carbures ne renfermant que des traces de fluorure de silicium. Sous l'action de l'étincelle d'induction faible, le volume augmente beaucoup ; on obtient surtout de l'éthylène, de l'acide fluorhydrique et une petite quantité d'acétylène, sans dépôt de charbon. Avec de fortes étincelles il y a dépôt de charbon, avec formation d'acétylène, d'éthylène, de propylène, etc. L'analyse qualitative de ces mélanges gazeux a été faite d'après les méthodes indiquées par M. Berthelot, à

(1) MOISSAN et H. GAUTIER. Nouvelle méthode pour la détermination de la densité des gaz, *Annales de Chimie et de Physique*, 7e série, t. V, p. 568 ; 1895.

propos de ses recherches sur la synthèse des carbures d'hydrogène [1].

En déplaçant le gaz par du mercure et en le faisant passer très lentement dans un tube de platine chauffé au rouge sombre, on obtient de l'acide fluorhydrique mélangé de carbures d'hydrogène; ceux-ci sont absorbables en partie par l'acide sulfurique bouilli, et le résidu subit une nouvelle diminution de volume au contact de l'eau bromée. Lorsque l'appareil est démonté, on trouve à l'intérieur du tube de platine une petite quantité de carbone peu adhérent qui traité, comme l'a conseillé M. Berthelot [2], par un mélange d'acide azotique et de chlorate de potassium, disparaît facilement. Ce carbone est entièrement formé de noir de fumée et ne contient pas de graphite.

Le fluorure d'éthyle est un gaz combustible, brûlant, lorsqu'il est pur, avec une flamme bleue. Une trace de chlorure d'éthyle ou de méthyle donne à la flamme une coloration verte. Dans la combustion du fluorure d'éthyle, il se produit d'abondantes vapeurs d'acide fluorhydrique qui corrodent la partie supérieure de l'éprouvette. Additionné d'une petite quantité d'oxygène, ce gaz brûle dans un tube allongé, avec une flamme blanche, en fournissant un léger dépôt de charbon. Enfin, en présence d'un excès d'oxygène, il produit, au contact d'une flamme, une violente détonation.

Chauffé à 100° en tube scellé, en présence d'une solution très étendue de potasse, le fluorure d'éthyle est décomposé et fournit principalement un fluorure alcalin, de l'alcool et surtout de l'éther ordinaire. Chaque fois, d'ailleurs, que le fluorure d'éthyle, au moment de sa production, s'est trouvé en présence

(1) BERTHELOT. Sur l'analyse des gaz carbonés, *Annales de Chimie et de Physique*, 3e série, t. LI, p. 59; 1857.

(2) BERTHELOT. Recherches sur les états du carbone, *Annales de Chimie et de Physique*, 4e série, t. XIX, p. 392; 1870.

d'une certaine quantité d'eau, il y a eu décomposition du fluorure et formation d'oxyde d'éthyle. C'est sans doute cette réaction qui a toujours empêché l'éthérification directe de l'alcool par l'acide fluorhydrique sous la pression atmosphérique.

Le chlore ne réagit pas sur le fluorure d'éthyle à l'obscurité dans l'espace de quelques heures. Au contraire, si nous faisons arriver un courant de fluor gazeux dans un flacon rempli de chlorure d'éthyle, il y a toujours mise en liberté de chlore, qu'il est facile de caractériser en dissolvant le gaz dans une petite quantité d'eau. Le liquide ainsi obtenu décolore l'indigo et fournit avec l'azotate d'argent un précipité blanc caillebotté, soluble dans l'ammoniaque et insoluble dans l'acide azotique.

En résumé, le fluor déplace le chlore de sa combinaison organique, comme il le fait pour les composés métalliques.

Action toxique du fluorure d'éthyle. — L'action du fluorure d'éthyle sur les animaux semble être différente de celle du chlorure d'éthyle. On sait que ce dernier corps a été indiqué, dès 1831, par Hérat et de Lens, comme pouvant produire l'anesthésie, et qu'en 1878 il a été employé par Steffen, une vingtaine de fois, pour amener l'anesthésie chez l'homme. Nous devons ajouter que l'emploi du chlorure d'éthyle n'a jamais été très important ; on lui a reproché de produire des convulsions et l'arrêt de la respiration. Nous avons pensé cependant qu'il était utile, au point de vue chimique, de comparer l'action du chlorure et du fluorure d'éthyle.

Pour cela, nous avons disposé deux appareils identiques, formés par une cloche de 7^{lit},5, dans laquelle on pouvait faire arriver lentement, en le déplaçant par du mercure, un volume déterminé de gaz chlorure ou fluorure d'éthyle.

1re *cloche :* cobaye femelle de 355^{gr}. — Le gaz chlorure d'éthyle a été déplacé peu à peu par du mercure et l'anesthésie s'est produite lorsque l'atmosphère de la cloche contenait 8 pour 100 de chlorure. L'animal ayant été retiré de l'appareil, le réveil a été rapide ; nous avons constaté ensuite un peu de parésie du train postérieur.

2e *cloche :* cobaye femelle de 350^gr^. — On fait passer lentement le fluorure d'éthyle ; dès le début, agitation, respiration plus rapide, poils hérissés. Après trente minutes, l'atmosphère contenant 3,30 pour 100 de fluorure, l'animal semble excité ; puis, la teneur augmentant, on observe des secousses convulsives, une respiration saccadée et de la paraplégie du train postérieur. L'animal tombe ensuite sur le côté et, lorsque la proportion de fluorure atteint le chiffre de 6 à 7 pour 100, les mouvements du thorax s'arrêtent. La cloche est ouverte et, malgré un essai de respiration artificielle, le cobaye n'a plus donné signe de vie.

A l'autopsie, les poumons étaient rosés, le sang d'une belle couleur rouge, les ventricules du cœur étaient contractés et les oreillettes battaient encore, une heure et demie après la mort apparente.

Deux autres expériences faites avec le fluorure d'éthyle ont fourni les mêmes résultats. Lorsque la dose n'atteint pas 6 à 7 pour 100, l'animal peut être retiré de la cloche sans présenter autre chose que de l'agitation et quelques phénomènes de paraplégie. D'après ces premières expériences, le fluorure d'éthyle ne paraît pas posséder de propriétés anesthésiques.

Cependant, chez un lapin auquel nous avions fait respirer, au moyen d'une muselière, un mélange d'air et de fluorure d'éthyle, on a pu, pendant quelques instants très courts, toucher la cornée avec un fragment d'allumette sans produire le mouvement des paupières. L'animal rendu à lui-même a continué à se bien porter, tout en présentant, pendant plusieurs jours, une très grande agitation.

En résumé, si le fluorure d'éthyle a des propriétés anesthésiques, la zone maniable doit être très peu étendue et, si la quantité augmente, ce gaz devient très rapidement toxique.

Analyse. — L'analyse du fluorure d'éthyle comprend deux séries d'opérations : d'une part, le dosage du carbone et de l'hydrogène ; d'autre part, le dosage du fluor.

A.— Pour doser le carbone et l'hydrogène dans le fluorure d'éthyle, on a dû modifier la méthode ordinaire d'analyse des composés organiques, qui consiste à brûler la substance dans un tube de verre au moyen d'oxyde de cuivre. Les corps organiques fluorés chauffés dans du verre fournissent, en effet, du fluorure de silicium. Nous nous sommes assuré, par des expériences préliminaires, que ce gaz n'était pas détruit par l'oxyde de cuivre maintenu au rouge sombre ; de plus, si l'on fait passer à chaud des vapeurs d'acide fluorhydrique dans un tube de métal rempli d'oxyde de cuivre, tout l'acide n'est pas décomposé et l'eau obtenue attaque le verre et rougit fortement le papier de tournesol.

Pour éviter ces inconvénients, nous avons déterminé la combustion du composé organique dans un tube métallique, au moyen d'un mélange d'oxyde de cuivre et d'oxyde de plomb. Ce dernier corps retient tout le fluor à l'état d'oxyfluorure, et la vapeur d'eau et l'anhydride carbonique sont recueillis comme d'habitude dans des tubes de verre pesés au préalable.

On opère alors de la façon suivante :

Un tube de cuivre rouge renferme le mélange d'oxyde de cuivre et de litharge, cette dernière étant à peu près dans la proportion de 20 pour 100. Deux tubes de plomb, contournés en spirale et traversés par un courant d'eau, permettent de refroidir les extrémités du tube de cuivre, dont le milieu est porté au rouge. Deux bouchons de liège ferment le tube et le mettent en communication, d'un côté avec les appareils pesés, de l'autre avec le tube abducteur qui amène le fluorure d'éthyle. Ce dernier est déplacé lentement, d'un flacon taré, par du mercure sec et passe au travers du mélange d'oxyde de cuivre et de litharge maintenu au rouge sombre. Un courant d'oxygène pur et sec balaye ensuite tout l'appareil pendant environ quarante-cinq minutes. On note la pression atmosphérique, au début et à la fin de l'analyse, puis la température du fluorure d'éthyle et l'on détermine le poids du mercure qui se trouve dans le flacon; ce poids permet de calculer le volume du fluorure d'éthyle soumis à l'expérience. On ramène ce volume gazeux à 0° et à 760^{mm}, on en calcule le poids, et il est facile ensuite de déduire les poids de l'hydrogène et du carbone des quantités d'eau et d'anhydride carbonique obtenus.

Il est très important, pour établir les résultats, de s'assurer de la pureté du gaz employé. Pour cela, avant l'analyse, on en prélève sur la cuve à mercure un échantillon de quelques centimètres cubes, qui sert à doser la petite quantité d'air que le fluorure peut contenir.

Ce procédé de dosage nous a fourni des résultats toujours comparables. Au contraire les essais tentés pour doser le carbone et l'hydrogène du fluorure d'éthyle, au moyen d'une analyse eudiométrique, ont toujours laissé à désirer. Si, en effet, nous essayons de brûler un éther fluoré gazeux au moyen d'un excès d'oxygène, il se formera de l'eau et de l'acide fluorhydrique qui, au contact du verre, produira de suite du fluorure de silicium.

La composition théorique du fluorure d'éthyle est la suivante :

Carbone	50,00
Hydrogène	10,41
Fluor	39,59
	100,00

Les dosages du carbone et de l'hydrogène par la méthode que nous venons d'indiquer, nous ont fourni les chiffres suivants :

	I	II	III	IV
Carbone	49,29	49,21	50,45	50,30
Hydrogène	10,38	10,42	10,49	10,46

B. — J'ai pensé que le dosage du carbone et celui de l'hydrogène n'étaient pas suffisants pour établir la formule du fluorure d'éthyle. J'ai tenu, en outre, à déterminer la quantité de fluor renfermé dans ce composé et, après bien des essais, j'y suis arrivé en utilisant la propriété que possède ce gaz d'être absorbé par l'acide sulfurique. Le fluorure d'éthyle bien sec n'attaque pas le verre, mais il n'en est pas de même du liquide obtenu en dissolvant ce gaz dans l'acide sulfurique. Cette propriété nous a servi à effectuer le dosage du fluor. D'après sa composition, le fluorure d'éthyle gazeux doit donner le quart de son volume de fluorure de silicium. Pour effectuer le dosage du fluor, on place un volume déterminé de fluorure d'éthyle (15^{cc} à 20^{cc}), dans un tube de verre fermé par du mercure, en présence d'une très petite quantité ($0^{cc},2$ environ) d'acide sulfurique bouilli. Si l'on en employait davantage, un ou deux centimètres cubes, par exemple, on devrait tenir compte de la solubilité du fluorure de silicium dans ce liquide, solubilité que l'on détermine, en même temps que se fait l'analyse, par une expérience comparative. Par l'agitation, le gaz est presque entièrement absorbé par l'acide sulfurique ; l'attaque du verre se produit alors lentement et, après sept à huit jours, il ne reste dans le tube que du fluorure de silicium. On transvase sur la cuve à mercure et la détermination du volume de fluorure de silicium, ramené à 0° et à 760mm, permet facilement d'évaluer la quantité de fluor. Dans toutes nos expériences, la diminution de volume observée a toujours été égale au quart du volume de fluorure gazeux mis en expérience :

Volume primitif........	14,21	14,42	18,07	12,23
Diminution	3,46	3,55	4,51	3,01

Fluorure de méthyle.

Les recherches sur les fluorures de méthyle et d'isobutyle ont été faites en collaboration avec M. Meslans.

Dumas et Peligot ont indiqué, les premiers, l'existence de ce composé dans leurs belles recherches sur l'alcool méthylique [1]. Ils le préparaient en faisant réagir l'acide méthylsulfurique sur le fluorure de potassium. Nous avons répété cette expérience et nous avons obtenu en effet un gaz incolore, d'une odeur agréable, brûlant avec une flamme bleue analogue à celle de l'alcool éthylique. Cependant, en poursuivant l'étude de ce corps gazeux, nous avons remarqué que ce procédé de préparation fournissait le plus souvent un mélange de fluorure de méthyle et d'oxyde de méthyle. Il est possible de séparer ces deux gaz en utilisant leur solubilité dans l'eau qui est très différente. Nous avons alors employé la réaction indiquée précédemment pour le fluorure d'éthyle.

En faisant réagir l'iodure de méthyle sur le fluorure d'argent on obtient, en effet, un dégagement régulier de gaz, qui com-

(1) DUMAS et PELIGOT. Nouvelles combinaisons du méthylène, *Annales de Chimie et de Physique*, 2e série, t. LXI, p. 193 ; 1836.

mence même à froid. L'expérience se fait dans un appareil en laiton, semblable à celui qui a été employé pour le fluorure d'éthyle (*fig.* 21, *p.* 252). Comme le fluorure de méthyle entraîne des vapeurs d'iodure, on sépare ces dernières en faisant passer le mélange gazeux d'abord dans un serpentin de plomb refroidi à — 50°, ensuite dans deux tubes de verre chauffés à + 90° et remplis de fluorure d'argent. Ce composé arrête l'iodure de méthyle, en le transformant en iodure d'argent.

Cette purification est assez délicate et doit être répétée deux fois lorsqu'on veut obtenir du fluorure de méthyle bien pur. Dans la recherche de la densité ou dans l'analyse de ce corps gazeux on ne doit pas oublier, en effet, qu'une très petite quantité d'iodure de méthyle modifie considérablement les chiffres obtenus.

Cette réaction du fluorure d'argent sur l'iodure de méthyle est la seule qui nous ait donné de bons résultats. Nous n'avons pu obtenir d'éthérification par l'action, sur l'alcool, ni du pentafluorure de phosphore ni de l'acide fluorhydrique, sous la pression atmosphérique.

Nous tenons à rappeler que M. Collie a préparé aussi le fluorure de méthyle par décomposition du fluorure de tétraméthylammonium [1].

Aux observations de Dumas et Peligot, nous ajouterons les faits suivants.

Le fluorure de méthyle, préparé par notre procédé, possède une densité de 1,22 ; cette densité a été déterminée au moyen de l'appareil de Chancel. La densité théorique serait 1,19.

Ce gaz se liquéfie à la température ordinaire dans l'appareil de M. Cailletet, sous la pression de 32^{atm}. Le fluorure de méthyle est peu soluble dans l'eau dont 100^{cc} à 18° n'en dissolvent que

(1) N. Collie. Note on methylfluoride, *Proceedings of the Chemical Society of London*, t. V, p. 16 ; 1889.

193[cc] environ. Il est beaucoup plus soluble dans l'alcool méthylique et dans l'iodure de méthyle.

Le fluorure de méthyle est un éther d'une grande stabilité. Chauffé en tubes scellés à 120°, en présence d'eau ou d'une solution étendue de potasse il ne se saponifie que très difficilement.

Le dosage du carbone et de l'hydrogène nous a fourni les chiffres suivants :

	I	II	III	CALCULÉ
Carbone.........	36,09	35,23	35,92	35,29
Hydrogène......	9,42	9,29	9,32	8,82

Fluorure d'isobutyle.

Ce composé, qui n'avait pas encore été obtenu, a été préparé en faisant réagir le fluorure d'argent sur l'iodure d'isobutyle. La réaction commence à froid, mais elle se ralentit bientôt par suite de la formation d'un fluoiodure d'argent, de couleur rouge. Une élévation de température de 50° produit la transformation complète du fluorure d'argent.

Le fluorure d'isobutyle peut être manié l'été comme un corps gazeux, car il se liquéfie à la température de + 16°.

A l'état gazeux, il brûle d'une manière incomplète au contact d'une flamme en fournissant un abondant dépôt de noir de fumée et des vapeurs d'acide fluorhydrique. S'il est parfaitement sec, il n'attaque pas le verre. Sa densité, prise à + 21°, est de 2,58 ; la densité théorique serait 2,66. Il est très soluble dans les différents alcools et dans les autres éthers.

Au-dessous de + 16° c'est un liquide incolore très mobile, d'une odeur peu agréable, n'attaquant pas non plus le verre sec et dissolvant en petites quantités le soufre ainsi que le phosphore, et avec facilité le brome et l'iode.

Le corps gazeux a donné à l'analyse les chiffres suivants :

	I	II	CALCULÉ
Carbone................	63,14	63,14	63,15
Hydrogène..............	11,34	11,78	11,84

A la suite de nos recherches sur les éthers fluorés, M. Meslans a poursuivi cette étude des composés organiques du fluor et, dans un mémoire important, il a décrit successivement les fluorures de propyle, d'isopropyle et d'allyle, qui sont des corps gazeux [1].

Il a obtenu le premier les fluorhydrines mixtes de la glycérine, le fluorure d'acétyle et enfin le fluoroforme [2]. Ce dernier composé est un gaz qui à 0° se liquéfie sous une pression de 22^{atm}. Il s'obtient en faisant réagir le fluorure d'argent sur l'iodoforme dans certaines conditions. M. Meslans en a fait une étude très complète et très intéressante.

Dans un second mémoire, M. Meslans a abordé l'étude de l'éthérification de l'acide fluorhydrique [3]. Il a établi : 1° que l'éthérification de l'acide fluorhydrique est nulle ou extrêmement lente à la température de $+100^{\circ}$; 2° que, déjà manifeste à $+140^{\circ}$, la vitesse d'éthérification croît rapidement avec la température et qu'à $+220^{\circ}$ le coefficient d'éthérification peut atteindre 60 p. 100 en une heure ; 3° que cette vitesse d'éthérification, à température constante, croît d'abord rapidement, mais qu'elle se ralentit, à mesure que la quantité d'acide éthérifiée augmente et que celle-ci tend vers une limite, inférieure à celle des autres hydracides pour la même température. On peut conclure de ces expériences de M. Meslans que l'action de l'acide fluorhydrique sur les alcools,

(1) MAURICE MESLANS. Recherches sur quelques fluorures organiques de la série grasse, *Annales de Physique et de Chimie*, 7e série, t. I, p. 346 ; 1894.

(2) MAURICE MESLANS. Sur le fluoroforme. *Comptes rendus de l'Académie des Sciences*, t. CX, p. 717 ; 1890.

(3) MAURICE MESLANS. Action de l'acide fluorhydrique anhydre sur les alcools, *Comptes rendus de l'Académie des Sciences*, t. CXV, p. 1080; 1892.

bien que se rapprochant de celle des hydracides, possède cependant un caractère particulier qui, dans certains cas, est comparable à celle de l'acide sulfurique.

Nous devons rappeler aussi, à propos de ces composés organiques fluorés, la préparation et l'étude du fluorure de benzoyle faite par M. Émile Guenez (1), les recherches de M. Colson (2) sur le fluorure de propionyle et sur le fluorure d'acétyle, le travail plus récent de MM. Meslans et Girardet sur le fluorure de butiryle et sur le fluorure d'isovaléryle (3), les recherches de M. Chabrié sur les fluorures de méthylène et d'éthylène (4), ainsi que les importants travaux de M. F. Swarts sur les acides fluoracétiques (5).

En résumé, la réaction du fluorure d'argent sur les iodures de méthyle, d'éthyle, de propyle, de butyle et d'amyle peut fournir avec facilité les éthers fluorés, qui n'avaient pas été étudiés jusqu'ici. Bien que les conditions d'éthérification des alcools par l'acide fluorhydrique soient un peu différentes de celles relatives aux acides chlorhydrique, bromhydrique et iodhydrique, les propriétés générales des éthers fluorés sont comparables le plus souvent à celles des éthers chlorés. Cependant ces éthers sont doués d'une stabilité plus grande et se saponifient plus difficilement que les éthers chlorés. Le point d'ébullition du fluorure d'éthyle est bien inférieur à celui des chlorure, bromure et iodure

(1) GUENEZ. Sur la préparation et les propriétés du fluorure de benzoyle, *Comptes rendus de l'Académie des Sciences*, t. CXI, p. 681 ; 1890.

(2) COLSON. Mode de préparation des fluorures d'acides, *Comptes rendus de l'Académie des Sciences*, t. CXXII, p. 243 ; 1896.

(3) MESLANS et GIRARDET. Sur les fluorures d'acides, *Comptes rendus de l'Académie des Sciences*, t. CXXII, p. 239 ; 1896.

(4) CHABRIÉ. Sur quelques dérivés organiques halogénés, *Bulletin de la Société chimique*, 3e série, t. VII, p. 24 ; 1892.

(5) SWARTS. Sur l'acide fluoracétique, *Bulletin de l'Académie Royale de Belgique*, 3e série, t. XXXI, p. 675 ; 1896.

d'éthyle. Nous trouvons en effet pour ces composés les valeurs suivantes :

	POINTS D'ÉBULLITION
Fluorure d'éthyle	— 32°
Chlorure d'éthyle	+ 12
Bromure d'éthyle	+ 38,8
Iodure d'éthyle	+ 72

Cette différence se retrouve, d'ailleurs, pour les points d'ébullition des autres éthers halogénés d'une même série ; elle est d'environ 42° entre le fluorure et le chlorure :

Fluorure de propyle	+ 2° (Meslans).
Chlorure de propyle	+ 45
Fluorure d'isopropyle	— 5 (Meslans).
Chlorure d'isopropyle	+ 36

Par conséquent, lorsqu'on s'élève dans la série en partant du méthyle, on remarque que les éthers fluorés, jusqu'au fluorure de butyle, sont gazeux ; le fluor, en se substituant au chlore dans la molécule, abaisse donc, et de beaucoup, le point d'ébullition.

CHAPITRE VII.

SUR QUELQUES CONSTANTES DU FLUOR. NOUVELLES PROPRIÉTÉS DE CE GAZ. CONCLUSIONS.

DÉTERMINATION DU POIDS ATOMIQUE DU FLUOR.

Le poids atomique du fluor a été déterminé successivement par Berzelius (1), Louyet (2), Fremy (3) et Dumas (4).

Pour ses déterminations Louyet a préparé des fluorures alcalins et des fluorures alcalino-terreux amorphes qui l'ont conduit au nombre 18,99, nombre très voisin de 19 donné par Dumas en 1859.

Fremy, dans son important mémoire sur les composés du fluor, a conclu, de nombreuses analyses de fluorures métalliques, que le poids atomique du fluor était voisin de 18,85, chiffre indiqué précédemment par Berzelius.

Berzelius et Dumas se sont servis principalement d'échantillons naturels de fluorure de calcium aussi pur que possible. On

(1) BERZELIUS. Recherches sur l'acide fluorique et ses combinaisons les plus remarquables, *Annales de Chimie et de Physique*, 2e série, t. XXVII, p. 53, 167 et 287; 1824.

(2) LOUYET. Recherches sur l'équivalent du fluor, *Annales de Chimie et de Physique*, 3e série, t. XXV, p. 291; 1849.

(3) FREMY. Recherches sur les fluorures, *Annales de Chimie et de Physique*, 3e série, t. XLVII, p. 15; 1856.

(4) DUMAS. Mémoire sur les équivalents, *Annales de Chimie et de Physique*, 3e série, t. LV, p. 169; 1859.

peut toujours craindre, en employant cette méthode, que la fluorine rencontrée dans la nature ne contienne une petite quantité de silicium ou de phosphore, ainsi que l'ont démontré Berzelius et Louyet.

Des considérations relatives à la densité de nouveaux composés gazeux fluorés nous ont amené à reprendre la détermination du poids atomique du fluor. Nous avons pensé qu'il serait utile pour cette détermination d'utiliser de la fluorine bien cristallisée, préparée synthétiquement.

Dans ces nouvelles expériences nous avons toujours décomposé, par un excès d'acide sulfurique ajouté en plusieurs reprises, un poids déterminé de fluorure de calcium. Nous avons aussi opéré de même avec du fluorure de sodium et du fluorure de baryum purs.

Cette décomposition se faisait dans un petit alambic en platine, afin d'éviter toutes les projections et les pertes de matière ; on prenait toutes les précautions nécessaires à la pesée d'un semblable appareil. Des expériences préliminaires avaient indiqué dans quelles conditions la décomposition des fluorures était complète ; l'acide sulfurique, employé en excès, était ajouté à plusieurs reprises.

Les premières expériences ont porté sur le fluorure de sodium. Pour obtenir ce sel dans un grand état de pureté, complètement exempt de potassium en particulier, nous avons opéré de la façon suivante :

Du chlorure de sodium naturel (environ $2^{kg.}$) a été lavé à l'eau distillée froide sur un entonnoir, puis mis en solution dans une quantité d'eau suffisante. On évapore de façon à obtenir environ les neuf dixièmes du chlorure en très petits cristaux ; ces derniers sont épuisés à nouveau par l'eau froide, puis mis à cristalliser comme précédemment et ce traitement est répété une dizaine de fois. Il reste alors à peu près 500gr. de chlorure qui sont mis en solution dans l'eau saturée de gaz ammoniac, où l'on fait ensuite passer un courant d'anhydride carbonique pur. Il se précipite du bicarbonate de soude qu'on lave longuement à l'eau distillée froide. On décompose ensuite la solution de ce sel à l'ébullition et l'on fait cristalliser le carbonate un nombre de fois suffisant pour qu'il soit complètement exempt de chlorure. Lorsque le premier lavage a été bien fait il suffit de cinq à six cristallisations pour obtenir du carbonate de soude pur. Ce sel est enfin décomposé par l'acide fluorhydrique, préparé au moyen du fluorhydrate de fluorure de potassium et redistillé. Le fluorure de sodium ainsi obtenu est évaporé à sec et séché au rouge.

Cinq expériences ont été faites avec ce fluorure de sodium. Elles ont fourni des chiffres qui oscillaient entre 19,04 et 19,08, en prenant 23,05 (Stas) pour poids atomique du sodium, 32,074 (Stas) pour celui du soufre et 16 (Dumas) pour celui de l'oxygène.

Le fluorure de calcium employé dans ces recherches était préparé en faisant réagir une solution de fluorure de potassium, sur une solution de chlorure de calcium. On sait qu'à la température ordinaire, lorsque les solutions sont un peu concentrées, le fluorure qui se précipite est amorphe, plus ou moins gélatineux et toujours difficile à laver. Il n'en est plus de même si l'on ajoute lentement une solution de chlorure de calcium au dixième dans une solution bouillante de fluorure de potassium aux deux millièmes. Dans ces conditions le fluorure de calcium qui se précipite a l'apparence d'un sable cristallisé. L'ébullition est continuée pendant 30 minutes dans la capsule de platine où la réaction a été faite. On lave ensuite à grande eau, on sèche à l'étuve et l'on calcine au rouge. Examinés au microscope, ces cristaux sont limpides, très nets mais très petits.

Ce fluorure, décomposé par l'acide sulfurique, nous a donné, pour quatre expériences tout à fait concordantes, des chiffres qui nous ont conduit à regarder le poids atomique du fluor comme compris entre 19,02 et 19,08.

Le fluorure de baryum cristallisé a été obtenu aussi en cristaux microscopiques en versant lentement, dans une solution bouillante de fluorure de potassium au centième, une autre solution de 18gr de chlorure de baryum dans 500gr d'eau. La capsule de platine est maintenue à la température d'ébullition pendant 30 minutes, puis le précipité est lavé à l'eau distillée avec beaucoup de soin. L'attaque de ce composé, par l'acide sulfurique, se fait moins régulièrement que celle du fluorure de calcium. L'acide doit être ajouté à plusieurs reprises et il est indispensable de ne chauffer que très lentement.

La décomposition de ce fluorure de baryum a fourni, dans cinq expériences, des chiffres qui ont varié entre 19,05 et 19,09.

Conclusions. — De ces trois séries de déterminations nous croyons pouvoir conclure que le poids atomique du fluor est très voisin de 19 ; d'après les expériences faites sur le fluorure de sodium et sur le fluorure de calcium, expériences que nous regardons comme plus exactes que celles faites avec le fluorure de baryum, le poids atomique du fluor serait 19,05.

ACTION DE L'ACIDE FLUORHYDRIQUE ET DU FLUOR SUR LE VERRE.

Depuis longtemps déjà, différents expérimentateurs ont insisté sur l'action que peut exercer une impureté sur la mise en train d'une réaction. On a discuté pour savoir si tel corps, qui se combine avec facilité à l'oxygène, par exemple, ne deviendrait pas inerte ou si sa température de réaction ne serait pas reculée en l'absence de toute trace d'eau. Ces expériences touchent à des questions théoriques intéressantes; mais, à cause des difficultés qu'elles présentent, on comprend fort bien qu'elles aient été souvent contredites. Il nous suffira de rappeler sur ce sujet les travaux de Dubrunfaut [1], et ceux de Dumas [2], ainsi que les expériences plus récentes sur le même sujet de Dixon [3], de Shenstone [4], de Gautier et Charpy [5], de Brereton Baker [6] et de Gutmann [7].

D'autre part, nous rappellerons aussi que dans ses études de thermochimie M. Berthelot a insisté maintes fois sur le rôle important, au point de vue de la combinaison, que peut jouer une trace d'un composé intermédiaire qui se forme, se dédouble, puis se reproduit ainsi sans cesse, entraînant enfin l'union totale des deux corps mis en réaction.

Nous avons pensé que cette étude de l'influence d'une trace d'impureté dans les réactions pouvait être reprise au moyen du fluor, ce corps simple étant le plus actif de tous ceux que nous connaissons.

On sait que, dans des expériences déjà anciennes, Louyet avait

(1) DUBRUNFAUT. Sur la combustibilité du carbone, *Comptes rendus de l'Académie des Sciences*, t. LXXIII, p. 1395, et t. LXXIV, p. 126; 1871 et 1872.

(2) DUMAS. Combustion du carbone dans l'oxygène, *Comptes rendus de l'Académie des Sciences*, t. LXXIV, p. 128 et 137; 1872.

(3) H. B. DIXON. Explosion of a mixture of carbonic oxid and oxygen, *Report of the British Association*, 1880, p. 503, et *Journal of the Chemical Society of London*, t. XLIX, p. 94; 1886.

(4) A. SHENSTONE and R. BECK. Note on the preparation of platinous chloride and on the interaction of chlorine and mercury. *Proceedings of the Chemical Society of London*, t. IX, p. 38; 1893.

(5) H. GAUTIER et G. CHARPY. Sur la combinaison directe des métaux avec le chlore et le brome, *Comptes rendus de l'Académie des Sciences*, t. CXIII, p. 597; 1891.

(6) H. B. BAKER. The influence of moisture on chemical action, *Journal of the Chemical Society of London*, t. XLVII, p. 353; 1885. — *Philosophical Transactions of the Royal Society of London*, t. CLXXVIII, p. 571; 1888. — *Proceedings of the Chemical Society of London*, t. IX, p. 129, t. X, p. 111, et t. XIV, p. 99; 1893, 1894 et 1898.

(7) GUTMANN. Untersuchungen Baker's über die Nichtvereinigung von trocknem Chlorwasserstoff und Ammoniak, etc., *Liebig's Annalen der Chemie*, t. CCXCIX, p. 267; 1898.

indiqué que l'acide fluorhydrique sec n'attaquait pas le verre. On s'est servi quelquefois, pour constater l'attaque du verre par l'acide fluorhydrique et les fluorures, de l'aspect que prenait le verre mis au contact de ces corps : le verre était dépoli. Mais il peut arriver, quand l'acide fluorhydrique réagit sur le verre dans des conditions de concentration déterminées, que le verre sorte de ce liquide avec un poli parfait, bien que, par la balance, on constate nettement une diminution de poids. Le phénomène est analogue au polissage de certains calcaires durs par l'action de l'acide chlorhydrique étendu.

Nous avons déjà fait remarquer, dans le premier chapitre de cet ouvrage, que les expériences de Louyet comportaient une autre cause d'erreur. Ce savant avait desséché son acide fluorhydrique au moyen d'anhydride phosphorique, et il pensait ainsi obtenir des vapeurs d'acide fluorhydrique absolument privées d'eau. Or, l'anhydride fluorhydrique réagit à la température ordinaire sur l'anhydride phosphorique pour donner naissance au gaz que nous avons découvert en 1886 : l'oxyfluorure de phosphore PF^3O. Ce gaz sec n'attaque pas le verre.

Nous rappellerons aussi que M. Gore [1] estime que le verre n'est pas attaqué par l'acide fluorhydrique absolument sec. Ce savant a tiré ces conclusions de l'expérience suivante : il a chauffé du fluorure d'argent dans une atmosphère d'hydrogène et, d'après lui, la transformation de l'hydrogène en hydracide est complète et l'acide fluorhydrique ainsi préparé n'exerce aucune action sur le verre.

Nous ne nous arrêterons pas aux critiques qui ont été faites [2] de la préparation du fluorure d'argent de M. Gore : elles étaient

(1) GORE. On silver fluoride, *Philosophical Transactions of the Royal Society of London*, t. CLX, p. 227 ; 1870.

(2) PRAT. Recherches sur la constitution chimique des composés fluorés et sur l'isolement du fluor, *Comptes rendus de l'Académie des Sciences*, t. LXV, p. 345 ; 1867.

déplacées. Cependant nous rappellerons que cette préparation est très délicate et qu'il est important d'employer de l'acide fluorhydrique et du carbonate d'argent absolument purs (1).

Fremy (2) avait antérieurement établi d'une façon bien nette la formation possible d'un oxyfluorure, puis sa décomposition par la chaleur avec mise en liberté d'oxygène et d'argent métallique (3); mais nous pensons qu'il existe d'autres causes d'erreur dans les expériences de M. Gore.

Pour réaliser cette synthèse de l'acide fluorhydrique, M. Gore s'est servi d'un cylindre de platine presque horizontal réuni par du mastic à un autre appareil de platine. Ce dernier se terminait par un cylindre de même métal portant une graduation extérieure et disposé dans un vase de verre renfermant du mercure. L'appareil était rempli de gaz hydrogène, dont le volume avait été exactement déterminé, et le tube de platine contenait du fluorure d'argent sec. On chauffait alors pendant trente à quarante-cinq minutes, parfois une heure, le fluorure d'argent pour produire l'acide fluorhydrique.

Tout l'appareil était maintenu par un courant d'air chaud à une température voisine de 100°. Le changement de volume était mesuré par le déplacement du mercure dans l'espace annulaire.

Cette expérience était compliquée, la mesure de la variation de volume peu exacte et nous ne devons pas oublier que le platine porté au rouge devient perméable aux gaz.

De plus, M. Gore n'a pas établi que le gaz produit dans son

(1) Nous avons déjà insisté sur les précautions qu'il est nécessaire de prendre dans a préparation de ce sel (vide supra, p. 214).

(2) FREMY. Recherches sur les fluorures. *Annales de Chimie et de Physique*, 3e série, t. XLVII, p. 15; 1856.

(3) Depuis les recherches de M. Gore, M. Guntz a obtenu le fluorure d'argent anhydre sous forme d'une poudre amorphe, jaune d'or, se dissolvant dans l'eau sans résidu sensible. Recherches thermiques sur les combinaisons du fluor avec les métaux, *Annales de Chimie et de Physique*, 6e série, t. III, p. 43; 1884.

expérience était bien de l'acide fluorhydrique. Il dit, il est vrai [1] :

« La vapeur acide obtenue en chauffant le fluorure d'argent avec l'hydrogène en vase clos, comme il vient d'être décrit, a été transvasée sur le mercure dans des vases en verre. Le produit était incolore, transparent ; il ne corrodait pas le verre et ne le dépolissait en aucune façon, même après plusieurs semaines, pourvu que l'humidité fît complètement défaut, mais s'il y avait la moindre trace de vapeur d'eau, la surface du verre perdait aussitôt son brillant. Un fragment de glace introduit dans ce gaz suffisait pour que le verre fût aussitôt attaqué et rendu complètement opaque. La vapeur d'acide, en s'échappant d'un vase qui la renferme à l'état anhydre, condense l'humidité de l'atmosphère autour de l'orifice de sortie. »

Mais tous ces caractères sont communs à certains fluorures de métalloïdes tout aussi bien, il est vrai, qu'à l'acide fluorhydrique. L'analyse du corps gazeux obtenu n'a pas été faite.

Un fragment de glace introduit dans une atmosphère de fluorure de silicium produit de suite des vapeurs d'acide fluorhydrique qui attaquent le verre.

Le phénomène serait identique avec un grand nombre d'oxyfluorures de métalloïdes gazeux encore peu connus, tels que les oxyfluorures de soufre par exemple.

Nous ferons remarquer aussi que M. Gore n'a pas obtenu une

(1) The acid vapour obtained by heating fluoride of silver in the closed vessel of hydrogen over mercury, as already described, was transferred to glass vessels over mercury; it was colourless and quite transparent ; it did not corrode the glass vessels or render them dim in the slightest degree during several weeks, provided moisture was entirely absent, but if there was the slightest trace of damp present the surface of the glass soon lost its brightness. A fragment of ice introduced into the gas instantly caused the surface of the glass near it to become corroded and opaque white. The vapour of hydrofluoric acid escaping at any minute orifice from a vessel of the dry acid, condenses moisture rapidly upon the contiguous part of the vessel. — GORE. On hydrofluoric acid, *Philosophical Transactions of the Royal Society of London*, t. CLIX p. 184 ; 1869.

concordance bien grande entre le volume final de l'acide fluorhydrique et le volume primitif de l'hydrogène. D'après l'équation ci-dessous nous devrions en effet trouver, pour un volume d'hydrogène, deux volumes de gaz acide fluorhydrique.

$$2AgF + \underbrace{H^2}_{2\ vol.} = \underbrace{2HF}_{4\ vol.} + 2Ag.$$

Il est vrai que s'il existe en même temps de la vapeur d'eau la réaction sera plus compliquée. Une partie de cette vapeur d'eau pouvait être maintenue à l'état gazeux puisque le résidu était mesuré à la température de 100°; mais une partie devait aussi réagir sur le fluorure d'argent pour donner de l'oxyfluorure d'argent et de l'acide fluorhydrique. En résumé, l'expérience était beaucoup trop complexe pour que l'on puisse en déduire la composition en volumes de l'acide fluorhydrique.

Du reste, dans son mémoire, M. Gore a bien mentionné cette formation de vapeur d'eau ([1]) :

« Dans chaque cas, pendant la décomposition du sel d'argent par l'hydrogène, après l'expansion due à la chaleur, il se produisit une grande contraction; par exemple $163^{cc},87$ étaient réduits à $106^{cc},5$ et, en retirant la lampe et laissant l'appareil se refroidir à + 12°, la contraction devenait plus considérable. Cette contraction est probablement due à une petite quantité d'air dont l'oxygène donnait de l'eau et, aussi, à la liquéfaction de l'acide fluorhydrique. »

(1) In each instance, during the decomposition of the silver salt by the hydrogen, a very large reduction of volume occurred; for instance $163^{cc},87$ were reduced to $106^{cc},5$ and, on removing the lamp and allowing the whole apparatus to cool to 50° or 60° Fahr., a still further contraction occurred. These reductions of volume were, in the earlier trials somewhat due to small quantities of air present, the oxygen of which formed water. In all cases, however, the contraction of volume was evidently nearly wholly due to the partial condensation of the hydrofluoric acid in the liquid state. — GORE. On hydrofluoric acid, *Philosophical Transactions of the Royal Society of London*, t. CLIX, p. 182; 1869.

J'ajouterai maintenant, que je regarde l'expérience de M. Gore comme très sincère; j'en critique l'interprétation, mais dans mon esprit cette critique ne diminue en rien le mérite des recherches originales et consciencieuses de ce savant.

Action de l'acide fluorhydrique sur le verre. — Pour étudier l'action de l'acide fluorhydrique sur le verre, nous avons d'abord décomposé des fluorures parfaitement privés d'eau, par l'acide sulfurique monohydraté bouilli, dans un tube de verre retourné sur du mercure bien sec. Dans ces conditions il se produit rapidement de l'acide fluorhydrique qui reste gazeux pour peu que la température soit supérieure à + 20°, et le verre est de suite attaqué. Mais on peut objecter à ces expériences que l'acide sulfurique monohydraté contient de l'eau et que l'acide fluorhydrique formé n'est pas absolument sec. Si l'on remplace l'acide sulfurique monohydraté par l'acide de Nordhausen, riche en anhydride sulfurique, on voit se dégager un corps gazeux qui ne tarde pas à se condenser dans l'excès de liquide acide et qui est formé, en grande partie, d'acide fluosulfonique que MM. Thorpe et Walter Kirman ont étudié.

Dans cette dernière expérience, le verre est encore attaqué.

Pour éviter les objections dues à l'emploi de l'acide sulfurique qui dissout l'acide fluorhydrique, nous avons fait réagir l'acide fluorhydrique anhydre sur le verre absolument sec.

L'expérience était disposée de la façon suivante :

Une nacelle de platine, remplie de fluorhydrate de fluorure de potassium fondu dans un courant de gaz sec était introduite, encore chaude et à l'abri de l'humidité de l'air, dans un tube de platine parfaitement desséché. Ce tube de platine était fermé par des ajutages à vis de même métal. Il était traversé par un courant d'anhydride carbonique pur, séché sur de la ponce phosphorique et de la tournure brillante de sodium. Naturellement le liège et le caoutchouc avaient été soigneusement proscrits de tout l'appareil. Les joints étaient formés de tubes à frottement doux, recouverts de paraffine, corps qui n'est pas attaqué par l'acide fluorhydrique.

L'extrémité de l'ajutage de platine, qui était disposé après la nacelle renfermant le fluorure, venait déboucher dans un tube de verre recourbé en forme d'U et qui avait été, au préalable, séché avec le plus grand soin. L'autre branche du tube en U laissait passer un tube abducteur dont l'extrémité plongeait dans du mercure recouvert d'acide sulfurique. Cette expérience étant ainsi préparée, on laissait passer le courant d'anhydride carbonique absolument sec pendant deux heures à la température ordinaire. On interceptait ensuite le courant de gaz et l'on chauffait lentement la nacelle contenant le fluorhydrate de fluorure. De l'acide fluorhydrique gazeux se produisait aussitôt en abondance et, dès qu'il arrivait au contact du verre, ce dernier était d'abord dépoli puis rapidement corrodé.

Après une expérience de quinze minutes, le tube avait perdu de son poids $0^{gr},332$.

Cette expérience, répétée trois fois, nous a toujours donné les mêmes résultats.

Il est à remarquer aussi que l'attaque du verre ne se produit que sur une longueur de quelques centimètres (deux ou trois), à partir de l'extrémité mise en contact avec l'acide fluorhydrique. Dans le reste de l'appareil le fluorure de silicium, qui a pris naissance, n'agit plus sur le verre.

Nous avons repris cette étude de l'action de l'acide fluorhydrique sur le verre sous une autre forme. Nous avons retourné sur le mercure une éprouvette en verre mince de 100^{cc} de capacité environ. Dans cette éprouvette, était disposée une petite spirale de platine qui était mise en communication avec les conducteurs d'un accumulateur. Au milieu de la spirale de platine, et entouré d'une feuille de même métal, se trouvait disposé un petit cylindre de fluorhydrate de fluorure de potassium fondu. Ce dernier avait été placé dans l'appareil lorsqu'on venait de le fondre, et qu'il était encore chaud. L'éprouvette, les tubes de verre recourbés, qui laissaient passer les fils conducteurs, avaient été séchés, au préalable, à l'étuve à + 150°. Le mercure, sur lequel l'éprouvette était retournée, avait été privé d'humidité avec soin, et il était disposé dans une capsule de porcelaine placée sur un fourneau à gaz. On portait ensuite cette capsule et le mercure qu'elle contenait à la température de + 200°, pendant cinq heures et, durant ce temps, ce petit appareil était traversé par un courant d'azote, desséché au moyen d'anhydride phosphorique et de tournure de sodium à surface bien brillante.

Après cette dessiccation, on laissait l'appareil reprendre la température du laboratoire, puis on arrêtait le courant d'azote. Dans ces conditions, on avait une petite quantité de fluorhydrate de fluorure de potassium sec (1) au milieu d'une atmosphère d'azote, contenue dans un vase de verre fermé par du mercure.

On faisait alors passer le courant électrique, pendant un instant très court, dans la spirale de platine, qui était de suite portée au rouge. Une petite quantité de gaz acide fluorhydrique se dégageait, et, bien que l'expérience n'eût duré que quelques secondes, bien que la paroi de l'éprouvette n'ait pas eu le temps de s'échauffer, la surface intérieure du verre était de suite dépolie.

(1) Nous rappelons que le fluorhydrate de fluorure de potassium est un composé beaucoup moins hygroscopique que le fluorure de potassium.

L'expérience a été répétée une seconde fois ; la quantité d'acide fluorhydrique mise en liberté a été très faible et cependant l'attaque du verre s'est encore produite.

Cette même expérience a été répétée sous une autre forme. Nous avons démontré précédemment que les trois fluorures de phosphore, qui sont gazeux, n'attaquaient pas le verre lorsqu'ils étaient bien privés d'humidité. De plus, nous avons établi que le mélange d'hydrogène et de trifluorure ou de pentafluorure, traversé par des étincelles d'induction, produisait des vapeurs de phosphore et d'acide fluorhydrique.

En répétant ces expériences, avec le dispositif de M. Berthelot que nous avons décrit dans le premier chapitre de cet ouvrage (*fig.* 1, *p.* 14), nous avons pu établir à nouveau que l'acide fluorhydrique gazeux, qui se produisait dans ces conditions, attaquait le verre à la température ordinaire. Or, dans cette dernière expérience, le mélange de trifluorure et d'hydrogène était suffisamment sec pour qu'il ne se soit pas produit, au bout de vingt-quatre heures, la moindre irisation à la surface interne de l'éprouvette.

De toutes ces expériences, nous concluons que l'acide fluorhydrique gazeux anhydre attaque le verre à la température ordinaire.

Action du fluor sur le verre. — Nous devons rappeler tout d'abord que le fluor liquide obtenu vers — 187° par M. Dewar et l'auteur de cet ouvrage n'agissait pas sur le verre à cette basse température. Mais dans toutes les expériences sur le fluor gazeux, que nous avons décrites jusqu'ici, ce gaz attaquait le verre. Nous rappellerons que ce fluor était préparé par électrolyse du fluorure de potassium en solution dans l'acide fluorhydrique. Par suite d'une action secondaire du métal alcalin mis en liberté au pôle négatif, de l'hydrogène se dégageait à ce pôle, tandis qu'au pôle positif on recueillait le fluor. Ce corps simple était purifié des vapeurs d'acide fluorhydrique entraînées par son passage dans un petit serpentin de cuivre maintenu à — 23°; enfin, par son contact avec du fluorure de sodium bien sec.

Le fluor ainsi préparé ne fumait plus à l'air; mais, comme nous le faisions remarquer plus haut, il attaquait toujours le verre.

Après avoir varié l'expérience que nous avons décrite précédemment et nous être assuré qu'une très petite quantité d'acide fluorhydrique répandue dans un gaz inerte suffisait pour dépolir le verre, nous avons cherché à retenir avec plus de soin les dernières traces d'acide fluorhydrique, et pour cela nous nous sommes adressé à un procédé physique.

L'acide fluorhydrique bout à + 19°,5 (Moissan); il se solidifie, d'après Wroblewski, à la température de — 92°. Nous avons pensé que, étant donnée la différence des températures d'ébullition du fluor et de l'acide fluorhydrique, soit — 187° (Moissan et Dewar) à + 19°,5, il nous serait facile de débarrasser le gaz fluor des dernières traces d'acide, en portant le mélange gazeux à une température inférieure au point de solidification de l'acide fluorhydrique et très voisine du point de liquéfaction du fluor (1).

Le fluor, préparé dans un appareil en cuivre et purifié ainsi que nous l'avons indiqué précédemment, passait alors dans un petit tube de verre plongé dans l'air liquide. L'extrémité de ce tube en U était terminée par une série d'ampoules, séparées les unes des autres, par des parties étranglées.

L'extrémité du tube à ampoules étant mise en communication avec une atmosphère d'air absolument desséché, on pro-

(1) Nous ajouterons que cette méthode peut être employée pour séparer des traces d'eau dans le gaz et que nous l'utilisons en ce moment dans l'étude de quelques réactions.

duit un dégagement régulier de gaz fluor et bientôt tout l'air de l'appareil est chassé par déplacement. Le tube de verre s'emplit de gaz fluor et l'on scelle les ampoules, dans la partie étranglée, au moyen de la flamme du chalumeau. Le fluor réagissant sur le verre sec, dans la partie étranglée même chaude, ne peut pas produire la moindre trace d'acide fluorhydrique puisqu'il n'y a pas d'hydrogène en présence.

Après l'expérience, on reconnaît que le verre n'a pas été dépoli. Le verre d'une série d'ampoules ainsi préparées avait, après deux semaines, conservé le brillant du premier jour.

Une de ces ampoules est-elle portée sur la cuve à mercure, on voit, en brisant la pointe, que le mercure monte, dans le tube de verre, d'une petite quantité ; il se forme, à la surface du métal, une petite couche de fluorure de mercure, puis l'attaque s'arrête. Nous avons pu conserver ainsi, pendant plusieurs jours, du fluor pur dans des appareils de verre sur la cuve à mercure, à la condition de ne pas rompre la pellicule de fluorure métallique. Si l'on agite le tube, cette mince couche de fluorure de mercure se brise et l'absorption se produit avec facilité. L'ampoule s'emplit alors complètement de mercure et, si ce métal est bien privé d'humidité, le verre reste inattaqué.

Nous avons cherché ensuite à reconnaître si ces expériences ne pouvaient pas réussir en refroidissant le fluor, tel qu'il sort de l'appareil, à une température beaucoup moins basse que celle fournie par l'air liquide. Nous avons condensé les vapeurs d'acide fluorhydrique entraînées, au moyen d'un mélange d'anhydride carbonique et d'acétone qui donne avec facilité la température de — 85° et nous a même permis, dans une dernière série d'expériences, d'atteindre — 95°.

Nous avons pu alors préparer, avec du verre sec, un certain nombre de ces ampoules et nous avons reconnu que le fluor qui paraissait bien exempt de vapeurs d'acide fluorhydrique, n'attaquait, à la température ordinaire, ni le cristal, ni le verre blanc, ni le verre vert, ni le verre de Bohême. Bien plus, des ampoules de ces différents verres, remplies de fluor et maintenues deux heures à une température de 100° dans l'eau bouillante, n'ont pas été attaquées. Il va de soi que ces expériences ne réussissent qu'avec des verres absolument propres et secs.

La plus petite trace de matière organique adhérant au verre, étant brûlée par le fluor à la température ordinaire et fournissant de l'acide fluorhydrique, ce dernier intervient plus ou moins rapidement et l'attaque se produit alors.

Je considère cette dernière expérience comme importante, car elle démontre bien l'action exercée sur le verre par une très petite quantité d'acide fluorhydrique noyée dans un grand excès de gaz fluor. Si l'une de nos ampoules de verre, remplies de fluor, contient une impureté organique imperceptible, adhérente à la paroi, on ne voit aucune attaque se produire tout d'abord. Mais, plusieurs jours après, la surface du verre devient irisée ; puis, un léger voile se forme autour du point où se trouvait la matière organique et, finalement, tout l'intérieur de l'ampoule ne tarde pas à se dépolir.

Après un certain temps, deux à trois semaines, on remarque cependant une différence bien nette entre les ampoules qui ont été préparées avec du fluor refroidi à — 95° ou refroidi au moyen d'air liquide. Tandis que, dans le cas de l'air liquide, si la température a été voisine de — 180°, le verre des ampoules reste tout à fait transparent, au contraire si le fluor n'a été porté qu'à la température de — 95° le verre s'irise d'abord, puis s'attaque ensuite très lentement.

Trois à quatre mois plus tard, la surface interne de l'ampoule présente un léger dépoli qui augmente avec le temps. Ces expériences sont décisives et démontrent bien l'influence d'une trace d'impureté sur la marche d'une réaction.

Nous pouvons employer ici le mot de trace dont les chimistes abusent parfois, car la quantité de vapeurs d'acide fluorhydrique qui, dans un volume de 10^{cc} de fluor, correspond à la différence de tension de l'acide fluorhydrique solide entre $-95°$ et $-180°$, n'est certainement pas appréciable à la balance. Quelque faible que puisse être cette quantité, elle est cependant suffisante pour produire l'attaque d'un verre dont la surface est absolument dépouillée de toute matière organique.

Pour démontrer que l'attaque du verre se produit grâce à la présence de l'acide fluorhydrique, nous avons encore fait l'expérience suivante :

Nous avions du fluor placé dans un tube de verre, sur le mercure sec, depuis trois jours et le tube avait conservé sa transparence. Nous avons alors fait passer dans ce tube un petit fragment de fluorure de potassium fondu, corps très hygroscopique qui avait fixé, pendant une demi-minute de contact avec l'air atmosphérique, une très petite quantité d'humidité. Dès que ce fluorure eut pénétré dans l'atmosphère gazeuse de fluor, on vit en quelques instants le tube s'iriser progressivement à sa partie inférieure, et cette irisation ne tarda pas à s'élever dans tout le tube.

Nous avons signalé plus haut l'emploi de verre dont la surface était dépouillée complètement de matière organique. Nous ajouterons que, pour débarrasser ainsi nos ampoules de verre de toute trace de matière organique, nous avons liquéfié le fluor dans un petit serpentin de verre ; puis, en laissant ce serpentin reprendre une température plus élevée, nous avons balayé ainsi tout le tube à ampoules par du gaz fluor qui ne laisse subsister aucune matière organique, puisqu'il les détruit à la température ordinaire. L'excès de fluor entraîne l'acide fluorhydrique formé.

Les ampoules sont ensuite scellées par un très petit dard de chalumeau, et le verre reste absolument transparent.

Que devient ensuite le fluor dans cette enveloppe de verre ?

Si l'on ouvre une de ces ampoules sur la cuve à mercure, quatre ou cinq jours après, on peut constater qu'elle est encore remplie de fluor. Ce dernier gaz est, en effet, entièrement absorbé par le mercure après agitation et il ne reste qu'un onglet de gaz étranger.

Mais l'expérience fournit des résultats différents si l'on étudie une de ces ampoules après un temps plus long, environ soixante jours.

On remarque alors que tout le gaz contenu dans l'ampoule ne s'absorbe plus par le mercure. Nous citerons comme exemple l'expérience suivante : une ampoule de verre ordinaire à base de soude a été remplie de fluor bien privé d'acide fluorhydrique le 10 novembre 1899; elle est ouverte le 23 janvier 1900. L'expérience a donc duré soixante-huit jours, et l'ampoule avait été abandonnée à la température du laboratoire. A la fin de janvier 1900, la surface intérieure était très légèrement irisée. Pour apercevoir cette irisation, il fallait regarder sous une certaine incidence. L'ampoule est pesée pleine de fluor; puis, on entame la pointe par un trait de lime, on casse cette pointe sous le mercure sec et l'on remarque que le volume a diminué. On agite ensuite pour absorber le fluor, puis l'on recueille le gaz restant. L'ampoule est ensuite pesée pleine de mercure pour en déterminer le volume intérieur.

Le gaz non absorbé par le mercure est mesuré et analysé. On décompose par l'eau le fluorure de silicium; on traite ensuite par le pyrogallate de potassium pour absorber l'oxygène; enfin, il reste un résidu non absorbable. Les différents volumes ramenés à 0° et à 760mm nous ont donné les chiffres suivants :

	cc
Fluor restant	4,76
Fluorure de silicium	0,16
Oxygène	3,32
Gaz non absorbable	0,33
	8,57

Il ressort donc de cette expérience que le fluor à la température ordinaire attaque lentement le verre, et que ce gaz est remplacé par un volume plus faible d'oxygène. Cette attaque se fait sans que le verre paraisse dépoli. Mais une fois que le tube est au contact de l'air humide, il perd sa transparence. Il est vraisemblable qu'il se forme, dans cette curieuse attaque du verre, un oxyfluosilicate analogue aux composés si intéressants de Marignac.

Nous remarquons ici que la quantité de fluorure de silicium est très faible. Nous pensons qu'il faut attribuer sa formation à l'élévation de température nécessaire pour souder les extrémités de l'ampoule.

Si l'ampoule de verre remplie de fluor est recouverte à sa surface interne de quelque trace de matière organique, il se produit une très petite quantité d'acide fluorhydrique, et l'attaque se produit lentement, comme nous l'avons indiqué précédemment. Cette attaque est visible, car le verre se dépolit peu à peu.

Après cinquante jours, une semblable ampoule contenait :

	cc
Fluor restant	2,29
Oxygène	3,87
Fluorure de silicium	1,31
Gaz non absorbable	0,11

D'après ces analyses, le fluor bien exempt d'acide fluorhydrique n'attaque le verre qu'avec une grande lenteur et, dans ce cas, le fluor déplace lentement l'oxygène du silicate double.

De plus ces expériences, en nous permettant de manier le fluor pur sur la cuve à mercure dans des appareils en verre, nous ont amené à donner une forme nouvelle à la combustion du soufre, de l'iode, du brome, du silicium et du carbone. Les corps gazeux qui se produisent dans ces réactions peuvent, dès lors, être étudiés avec plus de facilité et l'on peut se rendre compte de suite des variations de volumes.

Nous ajouterons que cette propriété inattendue du fluor nous permet, en ce moment, de poursuivre de nouvelles recherches sur les fluorures de métalloïdes, recherches qui seront publiées plus tard aux *Annales de Chimie et de Physique*.

SUR LA COMPOSITION EN VOLUMES DE L'ACIDE FLUORHYDRIQUE.

Dans une première série d'expériences, nous avons essayé de faire réagir directement un volume déterminé de fluor sur un volume connu d'hydrogène.

Nous avons démontré précédemment que ces deux corps simples gazeux se combinent à l'obscurité, sans qu'il soit besoin de l'intervention d'aucune énergie étrangère. D'autre part, M. Berthelot et l'auteur de cet ouvrage ont établi que la formation de l'acide fluorhydrique, en partant des éléments, se produisait avec un dégagement de $38^{\text{Cal}},6$. Ce chiffre montre avec quelle énergie la combinaison se produit ; il explique très bien pourquoi nos premiers essais n'ont pu nous conduire à une méthode exacte ; la réaction était trop violente.

Nous avons employé alors une méthode détournée, qui consiste à faire agir un volume connu de fluor sur l'eau, et à mesurer le volume de l'oxygène produit :

$$H^2O + F^2 = 2HF + O.$$

Nous avons montré précédemment que l'oxygène, qui se forme dans cette réaction, était fortement ozonisé.

Voici comment l'expérience était disposée :

Le fluor était obtenu dans l'appareil à électrolyse en cuivre, que nous avons décrit précédemment. Lorsque le dégagement gazeux avait déjà duré deux heures, de telle sorte que la préparation électrolytique était devenue bien régulière, on recueillait, dans des tubes gradués, placés sur un cristallisoir rempli d'eau, le gaz qui se dégageait à chaque pôle. On décomposait ensuite l'ozone produit en chauffant l'éprouvette de verre de façon à le ramener à l'état d'oxygène, et l'on reconnaissait alors que les volumes des deux gaz produits étaient, à peu de chose près, dans le rapport de 1 à 2. Nous indiquerons les chiffres suivants, fournis par quelques-unes de nos expériences :

Volume du gaz recueilli dans le même temps.

AU PÔLE POSITIF	AU PÔLE NÉGATIF
cc 21,45	cc 43,50
24,25	49,20
26,10	52,80

La concordance entre les volumes d'hydrogène produits au pôle négatif et les volumes d'oxygène dégagés au pôle positif, par suite de la réaction secondaire du fluor sur l'eau, nous indique déjà que la composition en volume de l'acide fluorhydrique, contenu dans l'électrolyseur de cuivre, correspond bien à des volumes égaux d'hydrogène et de fluor.

Dans une deuxième série d'expériences, la question a été étudiée d'une façon plus complète. Pour cela, notre appareil à électrolyse était disposé de façon à permettre de recueillir, sur l'eau, l'hydrogène qui se produisait au pôle négatif. Le fluor du pôle positif passait dans un petit barbotteur en verre, enduit intérieurement de paraffine et contenant de l'eau, à la température du laboratoire. A la suite de ce barbotteur, se trouvait un tube de verre horizontal dont une partie était chauffée avec un bec de gaz vers + 500°, de façon à détruire l'ozone formé. Enfin, le gaz était recueilli dans un tube gradué rempli d'eau. Le petit barbotteur et le tube horizontal avaient été au préalable remplis d'azote pur.

Lorsque l'appareil était ainsi disposé, on faisait passer le courant dans l'électrolyseur en cuivre, et l'on recueillait au pôle négatif de l'hydrogène, et au pôle positif, un mélange d'azote et d'oxygène, ce dernier gaz provenant de la décomposition de l'eau par le fluor. A un moment donné, le courant électrique était arrêté et l'on balayait le fluor restant dans le barbotteur, au moyen d'un nouveau courant d'azote.

Le gaz recueilli au pôle positif était mesuré, puis analysé par le pyrogallate de potassium. On déduisait de cette analyse le volume exact d'oxygène produit ; voici les résultats de deux expériences :

VOLUME DE L'HYDROGÈNE (pôle négatif)	VOLUME DE L'OXYGÈNE (pôle positif)
cc 49,0	cc 24,5
45,5	23,7

D'après ces chiffes, le volume d'oxygène est la moitié du volume de l'hydrogène exactement dans le premier cas, et d'une façon très approchée dans le second. Par conséquent, l'acide fluorhydrique gazeux est formé de volumes égaux de fluor et d'hydrogène.

Nous avons songé alors à vérifier ce résultat, en titrant l'acide fluorhydrique qui s'était formé dans la décomposition de l'eau par le fluor; mais les chiffres trouvés ont toujours été un peu faibles, et nous avons pensé, pour utiliser ce procédé de vérification, à donner une autre forme à l'expérience.

Nous avons indiqué précédemment que le fluor, débarrassé des vapeurs d'acide fluorhydrique qu'il peut contenir par un abaissement de température de — 180°, n'avait pas d'action sur le verre sec; de plus, ce fluor, placé sur la cuve à mercure, forme, à la surface du métal, une couche de fluorure qui, si elle n'est pas brisée, limite l'action chimique de ce gaz.

On peut donc, dans ces conditions, avoir un volume déterminé de fluor dans une éprouvette de verre, fermée par du mercure. Si l'on place ensuite, avec précaution, ce tube dans un petit cristallisoir rempli d'eau, le mercure tombe au fond du cristallisoir; il se produit, de suite, de l'acide fluorhydrique, qui entre en solution dans l'eau, en même temps qu'il reste, dans le tube de verre, de l'oxygène ozonisé. On lit le volume de ce gaz; puis, dans une expérience comparative faite en même temps, et dans les mêmes conditions, on titre l'ozone; enfin, on dose très exactement l'acide fluorhydrique qui est entré en solution dans l'eau.

La quantité d'acide fluorhydrique trouvée vérifie, dès lors, le volume d'oxygène recueilli dans nos expériences, pour lesquelles l'oxygène renfermait 10 p. 100 d'ozone.

Les chiffres obtenus dans cette nouvelle série d'expériences sont résumés dans le tableau suivant :

VOLUME DE FLUOR MESURÉ	VOLUME D'OXYGÈNE		VOLUME DE L'ACIDE FLUORHYDRIQUE	
	Trouvé.	Théorie.	Trouvé.	Théorie.
cc	cc	cc	cc	cc
12,5	6,40	6,25	24,49	25,00
14,7	7,24	7,35	30,02	29,40
20,8	10,70	10,40	39,60	41,60

De l'ensemble de nos expériences, nous pouvons donc conclure que l'acide fluorhydrique est formé de volumes égaux de fluor et d'hydrogène.

Nous rappellerons maintenant que M. Mallet (1), professeur à l'Université de Virginie, a déterminé la densité de l'acide fluorhydrique gazeux à + 30°, et qu'il a trouvé, par rapport à l'hydrogène, la valeur 19,66.

Quelques années plus tard, MM. Thorpe et Hambly (2) ont repris cette détermination et, à + 32°, ils regardent cette densité comme égale à 19,87. Ces chiffres correspondraient à $H^2 F^2$. Mais jusqu'à la température de + 88°,1 cette densité diminue et, d'après MM. Thorpe et Hambly, elle devient égale à 10,29 pour cette température.

En résumé, la densité de l'acide fluorhydrique gazeux varie très rapidement avec la température aux environs de son point d'ébullition. On sait qu'il en est de même pour l'acide acétique, le peroxyde d'azote et d'autres composés.

C'est donc à partir de la température de 88°,1 que l'acide fluorhydrique se comporte comme l'acide chlorhydrique, sous le rapport de la composition en volumes. Il est facile de voir, en effet, qu'avec cette valeur, et en tenant compte de la densité du fluor ainsi que du rapport des volumes de l'hydrogène et du fluor que nous avons déterminés, le volume de l'acide fluorhydrique est égal à la somme des volumes de l'hydrogène et du fluor qu'il renferme.

En désignant par x le volume de l'acide fluorhydrique gazeux, par V les volumes égaux de l'hydrogène et du fluor qu'il contient, on aura :

(1) MALLET. On the molecular weight of hydrofluoric acid, *American Chemical Journal*, t. III, p. 189 ; 1881.

(2) THORPE and HAMBLY. The vapour density of hydrogene fluoride, *Journal of the Chemical Society of London*, t. LIII, p. 765 et t. LV, p. 163 ; 1888 et 1889.

$$V \times 0,0695 + V \times 1,266 = x \times 10,29 \times 0,0695$$

d'où l'on déduit :

$$x = V \times \frac{1,3355}{0,7152}$$

ou très sensiblement :

$$x = 2V$$

En résumé, un volume de fluor s'unit à un égal volume d'hydrogène pour donner un volume double de gaz acide fluorhydrique.

PLACE DU FLUOR DANS LA CLASSIFICATION DES CORPS SIMPLES.

D'après l'ensemble de ses propriétés, le fluor se place nettement en tête de la famille naturelle : fluor, chlore, brome et iode. Sa densité est normale ; elle correspond au poids moléculaire 38. Il est coloré, comme tous les corps simples de cette famille, et sa couleur se rapproche beaucoup de celle du chlore, tout en étant plus affaiblie.

Un volume de fluor se combine à un égal volume d'hydrogène pour donner un volume double d'acide fluorhydrique, et l'acide fluorhydrique produit dans ces conditions se rapproche bien de l'acide chlorhydrique par son énergie et par ses principales propriétés.

Le fluor fournit, avec les métalloïdes et les métaux, des combinaisons le plus souvent comparables à celles que donne le chlore dans les mêmes conditions.

Au point de vue chimique, le parallélisme est très grand. Le fluorure de silicium SiF^4 et le chlorure de silicium $SiCl^4$ ont une composition analogue.

Nous avons démontré qu'il en est de même pour les fluorures et les chlorures de phosphore. Les composés PF^3, PF^5, PF^3O répondent bien aux chlorures PCl^3, PCl^5, PCl^3O. Le chlore transforme le trichlorure de phosphore en pentachlorure, et le fluor transforme le trifluorure en pentafluorure.

Les fluorures métalliques sont très souvent isomorphes des chlorures : c'est ce qui se présente pour les fluorures alcalins et alcalino-terreux.

Nous indiquerons cependant ici une particularité que nous avons remarquée relativement à l'action exercée par le fluor et le chlore sur les métalloïdes et les métaux.

Lorsque le fluor se combine aux métalloïdes il fournit des corps plus volatils que les composés chlorés correspondants. Au contraire, lorsqu'il s'unit aux métaux, il donne des produits dont le point de fusion est plus élevé que celui des chlorures correspondants. En un mot, le chlorure métallique est plus facilement liquide que le fluorure.

Le chlorure d'aluminium, par exemple, fond entre + 186° et + 190° (Friedel et Crafts). A la température de 350° ce composé est gazeux ; il a été possible de prendre sa densité de vapeur (H. Deville et Troost). Le fluorure d'aluminium, au contraire, n'est pas volatil à cette température et, même au rouge, il ne produit pas de vapeurs.

Le sesquichlorure de fer est facilement volatil au rouge sombre ; le fluorure ferrique, à la même température, est absolument fixe.

Le chlorure de sodium fournit déjà des vapeurs au rouge sombre, tandis qu'à la même température le fluorure ne se volatilise pas.

La différence indiquée plus haut ressort nettement de l'ensemble de nos études sur les composés fluorés. Nous la mettons en évidence dans les quatre tableaux suivants, qui donnent les points d'ébullition des fluorures et des chlorures de métalloïdes et les points de fusion des chlorures et des fluorures métalliques.

Chlorures de métalloïdes.

	ÉTAT PHYSIQUE	POINT D'ÉBULLITION
Trichlorure de phosphore........	liquide.....	+ 78°
Pentachlorure de phosphore.....	solide......	se dissocie à partir de 160°
Oxychlorure de phosphore.......	liquide.....	+ 107,5
Chlorure de silicium............	liquide.....	+ 59
Chlorure de bore...............	liquide.....	+ 18,5
Chlorure de soufre..............	liquide.....	+ 139
Tétrachlorure de carbone........	liquide.....	+ 76,5

Fluorures de métalloïdes.

	ÉTAT PHYSIQUE
Trifluorure de phosphore.....................	gazeux
Pentafluorure de phosphore..................	gazeux
Oxyfluorure de phosphore....................	gazeux
Fluorure de silicium........................	gazeux
Fluorure de bore............................	gazeux
Fluorures de soufre.........................	gazeux
Tétrafluorure de carbone....................	gazeux

Chlorures métalliques.

	POINT DE FUSION
Chlorure de potassium........................	738°
Chlorure de sodium...........................	772
Chlorure de lithium..........................	598
Chlorure de rubidium.........................	710
Chlorure de calcium..........................	719
Chlorure de strontium........................	825
Chlorure de glucinium........................	440
Chlorure de manganèse (1)....................	646

(1) Ce point de fusion ainsi que celui du fluorure de manganèse ont été déterminés par nous sur des échantillons purs, au moyen de la pince thermo-électrique de M. Le Chatelier.

Fluorures métalliques.

	POINT DE FUSION
Fluorure de potassium	789°
Fluorure de sodium	902
Fluorure de lithium	801
Fluorure de rubidium	753
Fluorure de calcium	902
Fluorure de strontium	902
Fluorure de glucinium	800
Fluorure de manganèse	856

Nous pouvons donc conclure qu'avec les métalloïdes le fluor produit des corps tendant plus facilement vers l'état gazeux que le composé chloré correspondant, tandis qu'avec les métaux le fluor fournit des composés généralement moins fusibles que les chlorures de même formule.

La combinaison du fluor avec l'hydrogène, l'acide fluorhydrique, se rapproche des composés métalliques. Son point d'ébullition est beaucoup plus élevé que celui du composé chloré correspondant. L'acide fluorhydrique bout à + 19°,5, l'acide chlorhydrique, gazeux à la température ordinaire, bout vers — 80°, sous la pression atmosphérique.

A côté de ces analogies il existe aussi des différences que nous rappellerons.

Le fluorure de calcium semble se rapprocher plutôt de l'oxyde de calcium que du chlorure. Le fluorure d'argent est très soluble dans l'eau, tandis que le chlorure d'argent est insoluble. Le fluorure d'aluminium, composé très difficilement fusible, est insoluble dans l'eau et possède une grande stabilité. Au contraire, le chlorure d'aluminium fond avec facilité ; c'est un composé hygroscopique qui se détruit en présence de l'eau. Enfin les chaleurs de neutralisation de l'acide fluorhydrique par les oxydes métalliques, déterminées par M. Guntz, sont plus voisines de celles correspondant aux sulfates que de celles des chlorures. De telle sorte que, tout en se rapprochant certainement du chlore, le fluor semble conserver aussi quelques lointaines analogies avec les éléments de la famille de l'oxygène.

L'action du fluor sur le carbone vient encore confirmer cette manière de voir. En effet, le charbon de bois bien sec brûle dans le fluor comme il le fait dans l'oxygène, en produisant un corps gazeux qui est un fluorure de carbone.

Si l'on compare maintenant les séries similaires des composés organiques fluorés et chlorés, tels, par exemple, que les premiers éthers de la série grasse, on voit de suite que les propriétés de ces corps sont assez voisines. Cependant les éthers fluorés sont doués d'une stabilité très grande; ils se saponifient plus difficilement que les éthers chlorés.

Les points d'ébullition des composés fluorés sont toujours beaucoup moins élevés que ceux des éthers halogénés de la même série, ainsi qu'il est facile de s'en rendre compte par les chiffres suivants :

	POINTS D'ÉBULLITION
	°
Fluorure d'éthyle	— 32
Chlorure d'éthyle	+ 12
Bromure d'éthyle	+ 38,8
Iodure d'éthyle	+ 72

Cette différence se poursuit, d'ailleurs, pour les points d'ébullition des autres composés de la même série. Elle est environ de 42° entre le fluorure et le chlorure correspondant. Enfin, lorsque l'on s'élève dans la série en partant du méthyle, on remarque que les éthers fluorés jusqu'au fluorure de butyle sont gazeux ;

quand on substitue le fluor au chlore dans la molécule on abaisse donc, et de beaucoup, le point d'ébullition.

Ainsi ces éthers fluorés sont comparables aux combinaisons du fluor avec les métalloïdes et leurs points d'ébullition sont encore un nouvel argument pour placer le fluor en tête de la famille du chlore.

Nous ajouterons que l'action du fluor libre sur les composés organiques hydrogénés ne peut pas être comparée à l'action du chlore. En effet, les réactions qui se font avec le fluor sont tellement violentes, qu'il ne se produit pas de composés intermédiaires, et que le plus souvent on arrive de suite aux produits ultimes, c'est-à-dire l'acide fluorhydrique et les fluorures de carbone.

Mais ce qui ressort avec évidence de toutes nos expériences, c'est l'activité chimique que possède ce nouveau corps simple. Parmi les éléments connus il n'en n'existe aucun qui présente des réactions aussi énergiques.

En effet, le fluor se combine directement à l'hydrogène et au carbone sans l'intervention d'une énergie étrangère, ce qui ne se produit ni pour l'oxygène ni pour le chlore. Sa chaleur de combinaison avec l'hydrogène est supérieure à celle de tous les autres hydracides.

		Cal.
F + H = HF	gaz	+ 38,6
Cl + H = HCl	gaz	+ 22,0
Br + H = HBr	gaz	+ 12,3
I + H = HI	gaz	+ 0,4

S'il était besoin d'un nouvel exemple encore pour démontrer cette énergie, il suffirait de rappeler que le fluor décompose l'eau à la température ordinaire, en fournissant de l'ozone assez concentré pour apparaître avec la belle couleur bleue indiquée par

MM. Hautefeuille et Chappuis. Son action si énergique sur le silicium et sur tous les métalloïdes avait d'ailleurs été mise en évidence dans des recherches précédentes.

CONCLUSIONS.

Nous pouvons résumer de la façon suivante nos longues recherches sur le fluor et ses composés.

Préparation.

On peut isoler le fluor de l'acide fluorhydrique par l'électrolyse en rendant cet acide conducteur au moyen du fluorure de potassium ; l'hydrogène se dégage au pôle négatif et le fluor au pôle positif. Cette expérience se fait dans un tube en U en cuivre refroidi vers — 50° au moyen d'un mélange d'acétone et d'anhydride carbonique solide. Les électrodes de platine sont isolées de l'appareil au moyen de bouchons en fluorine.

Pour avoir le fluor pur, on fait passer le gaz obtenu d'abord dans un petit serpentin refroidi à — 50° et enfin dans un tube horizontal renfermant des fragments de fluorure de sodium. Ce composé retient les dernières traces de vapeurs d'acide fluorhy drique.

Lorsque le fluor, préparé dans ces conditions, traverse un réfrigérant entouré d'air liquide à — 180°, il abandonne à l'état solide les dernières traces d'acide fluorhydrique qu'il contient, et ce gaz ramené à la température du laboratoire n'attaque plus le verre sec. Il peut même être manié sur la cuve à mercure, car il forme à la surface de ce métal une couche de fluorure qui, si elle n'est pas brisée, arrête toute combinaison.

Propriétés organoleptiques.

Le gaz fluor possède une odeur qui rappelle tout à la fois celle de l'acide hypochloreux et celle du peroxyde d'azote, odeur masquée par celle de l'ozone, qui se produit chaque fois que le fluor se trouve en présence de vapeur d'eau. Lorsque l'on a manié une certaine quantité de ce gaz, on reconnaît facilement son odeur quand il existe dans l'air en petites quantités, à la condition que cet air ne soit pas trop humide. Nous ajouterons aussi qu'il est très dangereux de respirer l'air contenant un peu de fluor et que ce gaz produit facilement une violente irritation des bronches et une anesthésie de la muqueuse nasale qui peut durer huit ou quinze jours.

Propriétés physiques.

Sous une épaisseur de 1^{m}, ce gaz possède une couleur jaune verdâtre, plus pâle et plus jaune que celle du chlore.

Ce gaz a été liquéfié à une température un peu inférieure à celle de l'ébullition de l'air atmosphérique. Le point d'ébullition du fluor liquide est voisin de — 187°. Il est soluble en toutes proportions dans l'oxygène et dans l'air liquides. Il n'est pas solidifié à — 210°.

La densité de ce liquide est de 1,14 ; sa constante capillaire est moindre que celle de l'oxygène liquide ; il ne présente point de spectre d'absorption. Il n'est pas magnétique.

A la température de — 210°, le fluor liquide n'a pas d'action sur l'oxygène sec liquide, l'eau et le mercure solides ; mais il réagit encore, avec dégagement de lumière, sur l'hydrogène gazeux et l'essence de térébenthine solidifiée.

La densité du fluor gazeux est de 1,265, d'après nos expériences; la densité théorique serait de 1,316.

Son spectre présente 13 lignes brillantes placées dans le rouge, entre la raie $\lambda = 744$ et la raie $\lambda = 623$.

Ces raies répondent aux longueurs d'ondes suivantes :

$\lambda = 744$	très faible	$\lambda = 685,5$	faible
740	»	683,5	»
734	»	677	forte
714	faible	640,5	»
704	»	634	»
691	»	623	»
687,5	»		

Examiné sous une épaisseur de 1ᵐ, le fluor gazeux ne présente pas de bandes d'absorption.

Propriétés chimiques.

L'hydrogène et le fluor se combinent dès qu'ils sont en présence, même à l'obscurité.

Le fluor s'unit au brome et à l'iode avec flamme.

A la température ordinaire, le fluor enflamme le soufre, le sélénium et le tellure. Avec le soufre il produit un mélange de fluorures gazeux, avec le sélénium et le tellure des composés solides.

Il ne paraît pas fournir de combinaison avec l'oxygène et l'azote.

Le phosphore se combine avec flamme au fluor, en produisant du pentafluorure de phosphore.

Nous avons étudié aussi complètement que possible la préparation et les propriétés des différents composés du fluor et du phosphore qui sont gazeux : le trifluorure PF^3, le pentafluorure PF^5 et l'oxyfluorure PF^3O.

L'arsenic et l'antimoine s'unissent au fluor dès la température ordinaire en donnant les fluorures correspondants. La combinaison se produit avec incandescence.

Le silicium cristallisé, le noir de fumée et le bore amorphe projetés dans une atmosphère de fluor, deviennent de suite incandescents, se transforment en fluorures et la combinaison se produit avec un très grand dégagement de chaleur.

Nous avons préparé ainsi un mélange de fluorures de carbone, parmi lesquels nous avons étudié plus spécialement le tétrafluorure.

L'action du fluor sur les métaux est moins énergique que sur les métalloïdes, en raison de la production de fluorures solides qui limitent la réaction.

Les métaux alcalins et alcalino-terreux prennent feu dans le fluor.

Le calcium pur et cristallisé reproduit, en se combinant au fluor, des cristaux microscopiques de cette fluorine qui a servi à préparer d'abord l'acide fluorhydrique et qui a permis ensuite par électrolyse du fluorure de potassium, d'isoler le gaz fluor.

Le plomb en présence du fluor se transforme lentement et complètement en fluorure de plomb. Le fer réduit par l'hydrogène devient de suite incandescent au contact de ce gaz.

Le magnésium, l'aluminium, le nickel et l'argent, légèrement chauffés, brûlent avec éclat au contact du fluor.

Le manganèse, maintenu dans un courant de fluor, fournit un sesquifluorure cristallisé de formule $Mn^2 F^6$. Ce nouveau composé, d'une belle couleur violette, est intéressant, car, porté au rouge sombre, il donne le fluorure $Mn F^2$ et du fluor.

L'or et le platine ne sont attaqués qu'au rouge sombre et fournissent alors des fluorures capables de se dédoubler en fluor et en métal à une température plus élevée. Le fluorure de platine préparé dans ces conditions répond à la formule PtF^4.

L'eau est transformée par le fluor à la température ordinaire, en acide fluorhydrique et en oxygène ozonisé. Lorsque la quantité d'eau est très petite et se trouve par conséquent en présence d'un grand excès de fluor, l'ozone est assez concentré pour apparaître avec sa belle couleur bleue. En présence d'un petit excès d'eau à 0°, on peut obtenir de l'oxygène ozonisé, renfermant de 15 à 19 p. 100 d'ozone, complètement exempt de composés oxygénés de l'azote.

L'hydrogène sulfuré, l'anhydride sulfureux, les acides chlorhydrique, bromhydrique et iodhydrique gazeux sont décomposés avec flamme par le fluor.

Le trifluorure de phosphore, au contact du fluor, fournit de suite du pentafluorure.

L'oxyde de carbone et l'anhydride carbonique ne sont pas attaqués par ce gaz. Au contraire, le sulfure de carbone et le cyanogène sont décomposés avec flamme.

Les chlorures des métalloïdes et les chlorures métalliques sont décomposés, à froid, par le gaz fluor. Il en est de même de la plupart des bromures, iodures et cyanures métalliques.

Le fluor réagit sur un grand nombre d'oxydes métalliques, soit à froid, comme pour les oxydes alcalino-terreux, soit au rouge sombre pour les oxydes de fer, de nickel, de zinc et de plomb.

Il en est de même pour les sulfures.

Les phosphures et les arséniures sont attaqués le plus souvent à la température ordinaire.

Le fluor réagit avec incandescence sur le carbure de lithium et les carbures alcalino-terreux. Les carbures d'aluminium, d'uranium et de zirconium sont décomposés aussitôt qu'on les chauffe légèrement.

Les sulfates, les azotates et les phosphates, sauf ceux des métaux alcalino-terreux, ne sont attaqués qu'au rouge sombre. La plupart des carbonates le sont au contraire à froid.

Les composés organiques, lorsqu'ils sont riches en hydrogène, sont attaqués par le fluor avec une violence telle qu'il y a incandescence et, grâce à cette élévation de température, la décomposition est totale et ne fournit, le plus souvent, que de l'acide fluorhydrique et des composés fluorés du carbone.

C'est ainsi que les carbures d'hydrogène et leurs dérivés prennent feu au contact du fluor. Il en est de même pour la plupart des alcools et des éthers.

Les acides organiques sont décomposés avec plus de difficulté, surtout lorsque leur molécule est complexe.

Les amines et la plupart des alcaloïdes sont brûlés rapidement par le fluor et transformés en produits volatils.

Ces réactions sont trop violentes pour permettre l'étude des composés organiques fluorés. Nous avons dû chercher une autre voie pour aborder cette question.

En utilisant les doubles réactions que fournissent les fluorures d'argent et de zinc, nous avons pu préparer et étudier les fluorures d'éthyle, de méthyle et d'isobutyle. M. Meslans, en poursuivant ces recherches, a obtenu le fluoroforme, le fluorure d'acétyle, les fluorhydrines mixtes de la glycérine, ainsi que les fluorures de propyle, d'isopropyle et d'allyle.

Enfin une nouvelle détermination du poids atomique du fluor nous a donné le chiffre 19,05.

Par l'ensemble de ses caractères physiques et chimiques, le fluor se place nettement en tête de la famille naturelle : fluor, chlore, brome et iode.

Telles sont les propriétés de ce nouveau corps simple, de ce radical des fluorures, pressenti par Ampère et par Sir Humphry

Davy et que la Chimie peut enfin compter au nombre de ses éléments.

Les réactions si vives exercées par le fluor sur les corps simples ou composés, la façon violente avec laquelle ce gaz se substitue au chlore, au brome ou à l'iode, son énergie de combinaison avec l'hydrogène, le silicium et le carbone, nous démontrent surabondamment que, de tous les corps simples isolés jusqu'ici, le fluor est celui qui possède les affinités chimiques les plus puissantes.

BIBLIOGRAPHIE.

Nous avons eu le plaisir, pendant nos recherches, de lire un grand nombre de mémoires sur les combinaisons du fluor. Après avoir classé ces publications, nous avons pensé faire un travail utile en publiant, à la fin de cet ouvrage, une bibliographie du fluor et de ses composés, bibliographie que nous avons cherché à rendre aussi complète que possible.

Nous n'avons pas la prétention de n'avoir oublié aucun mémoire, mais nous avons fait pour le mieux. Tous nos efforts ont tendu à mener à bien une tâche en elle-même assez ingrate.

Cette bibliographie est double. Nous avons classé tout d'abord les mémoires par ordre alphabétique de noms d'auteurs.

Nous avons reproduit, ensuite, la bibliographie totale en classant les mémoires d'après la date de leur publication et, dans une même année, d'après l'ordre alphabétique, espérant que, malgré l'ennui d'une répétition, cette manière de présenter l'historique d'une question faciliterait et simplifierait les recherches.

Les renseignements bibliographiques ont été pris sur les mémoires originaux et nous indiquons, de plus, certaines traductions qui en ont été faites. Nous avons toujours évité les extraits ou les résumés qui sont la cause de nombreuses erreurs.

Enfin, nous avons fait partir cette bibliographie de l'année 1558, date de la publication d'un ouvrage de G. Agricola où, pour la première fois, il est question du spath fluor d'une manière bien nette, et nous l'avons arrêtée à la fin de l'année 1899.

ABRÉVIATIONS.

Acad. Roy. Sc. — *Histoire de l'Académie Royale des Sciences.* — Paris.

Amer. Chem. Journ. — *American Chemical Journal.* — Baltimore.

Amer. Journ. Sc. — *The American Journal of Science and Arts*, conducted by professor SILLIMAN. — Newhaven.

Ann. Chim. Ph. — *Annales de Chimie et de Physique.* — Paris.

Ann. Min. — *Annales des Mines.* — Paris.

Arch. Sc. Ph. Nat. — *Archives des Sciences physiques et naturelles.* — Genève.

Bull. Soc. Chim. — *Bulletin de la Société Chimique.* — Paris.

Bull. Ac. Sc. Brux. — *Bulletin de l'Académie des Sciences, des Lettres et des Beaux-Arts de Bruxelles.* — Bruxelles.

C. R. — *Comptes rendus hebdomadaires des séances de l'Académie des Sciences.* — Paris.

Chem. News. — *The Chemical News and Journal of Physical Science.* — London.

Chem. Soc. — *Journal of the Chemical Society of London.* — London.

Chem. Soc. M. — *Memoirs and Proceedings of the Chemical Society of London.* — London.

Chem. Soc. P. — *Proceedings of the Chemical Society of London.* — London.

Chem. Zeit. — *Chemiker Zeitung.* — Cöthen.

Crells Entdeck. — *Die neuesten Entdeckungen in der Chemie*, von Dr LORENZ CRELLS. — Leipzig.

Crells ch. Arch. — *Neues chemisches Archiv*, von Dr Lorenz Crells. — Leipzig.

Crells ch. An. — *Chemische Annalen*, von Dr Lorenz Crells. — Leipzig.

D. chem. G. — *Berichte der Deutschen chemischen Gesellschaft.* — Berlin.

Ding. Polyt. J. — *Polytechnisches Journal*, von Johann Gottfried Dingler und M. Dingler. — Stuttgart.

Gazz. Chim. Ital. — *Gazzetta Chimica Italiana.* — Palermo.

Journ. Ph. — *Journal de Pharmacie et de Chimie.* — Paris.

Journ. Phys. — *Journal de Physique* de l'abbé Rozier. — Paris.

Journ. prak. Chem. — *Journal für praktische Chemie.* — Leipzig.

Lieb. Ann. — *Annalen der Chemie und Pharmacie*, herausgegeben von F. Wöhler, J. Liebig und H. Kopp. — Leipzig und Heidelberg.

Lieb. Ann. Sup. — *Annalen der Chemie und Pharmacie*, Supplementband.

Mém. Belg. — *Mémoires de l'Académie Royale des Sciences, des Lettres et des Beaux-Arts de Belgique.* — Bruxelles.

Monat. Chem. — *Monatshefte für Chemie.* — Wien.

Phil. Mag. — *Philosophical Magazine and Journal of Science.* — London.

Phil. Trans. — *Philosophical Transactions of the Royal Society of London.* — London.

Pogg. Ann. — *Annalen der Physik und Chemie*, herausgegeben von J. C. Poggendorff. — Berlin.

Rép. Chim. — *Répertoire de Chimie pure.* — Paris.

Rev. Sc. — *Revue des Cours scientifiques.* — Paris.

Rev. Ph. Ch. — *Revue de Physique et de Chimie.* — Paris.

Roy. Soc. Proc. — *Proceedings of the Royal Society of London.* — London.

Berl. Gesells. — *Schriften der berlinischen Gesellschaft.* — Berlin.

Svens. vetens. Acad. — *Svenska vetenska academiens handlingar.* — Stockholm.

Wied. Ann. — *Annalen der Physik und Chemie*, Neue Folge, herausgegeben von G. Wiedemann. — Leipzig.

Wien. Sitz. Ber. — *Sitzungsberichte der Mathematisch-naturwissenschaftlichen Classe der Kaiserlichen Akademie der Wissenschaften.* — Wien.

Zeit. an. Chem. — *Zeitschrift für analytische Chemie*, von C. R. Fresenius. — Wiesbaden.

Zeit. Chem. — *Zeitschrift für Chemie.* — Leipzig.

Zeit. anorg. Chem. — *Zeitschrift für anorganische Chemie.* — Hamburg und Leipzig.

ORDRE ALPHABÉTIQUE.

Abildgaard. — Nogle forsog med fluss-spath og flusss path-syre. *Skrifter som udi det kiobenhavnske selskab.*, t. XII, p. 285; 1777.

Achard. — Ueber Flussspathsaüre. *Crells ch. An.*, t. I, p. 145; 1785.

Agricola. — Bermannus sine de re metallica, publié dans le recueil intitulé : G. Agricola. *De ortu et causis subterraneorum, etc.*, p. 458 ; in-8°, Bâle, 1558.

Ahrens. — Ueber einige Derivate des Meta-Xylols. (Fluor nitro-xylol.) *Lieb. Ann.*, t. CCLXXI, p. 17 ; 1892.

Aimé. — Note sur le fluor. *Ann. Chim. Ph.*, t. LV, p. 443 ; *Ann. Min.*, (3), t. VII, p. 373 ; *Journ. prak. Chem.*, t. II, p, 469 ; 1834 et 1835.

Ampère. — Lettres d'Ampère à Davy sur le fluor (publication posthume). *Ann. Chim. Ph.*, (6), t. IV, p. 5 ; 1885.

Arnot. — On the estimation of phosphates and detection of fluorine in coprolites. *Chem. News*, t. XI, p. 49 ; 1865.

Atterberg. — Sur les combinaisons bromées du molybdène. *Bull. Soc. Chim.*, t. XVIII, p. 22 ; 1872.

Ibid. — Sur les combinaisons du glucinium (fluosilicate). *Bull. Soc. Chim.*, t. XXI, p. 160 ; 1874.

Aubrée, Millet et **Leborgne.** — Présentent deux photographies obtenues rapidement à la lumière électrique au moyen du fluorure de brome comme accélérateur. *C. R.*, t. XXXIII, p. 501 ; 1851.

Avery. — Decomposition of refractory silicates by fluorides in the wet way. *Chem. News*, t. XIX, p. 270; 1869.

Backeland. — The use of fluorides in the manufacture of alcohol. *Chem. News*, t. LXVI, p. 203 et 219 ; 1892.

H. Baker. — On some fluorine compounds of vanadium. *Chem. Soc.*, t. XXXIII, p. 388 ; *Bull. Soc. Chim.*, t. XXXII, p. 401 ; *D. chem. G.*, t. XI, p. 1722 ; 1878 et 1879.

Ibid. — Studium gewisser Fälle von Isomorphismus (Isomorphismus von Doppel-und Oxyfluoriden). *Lieb. Ann.*, t. CCII, p. 229 ; 1880.

Balbians. — Sopra alcuni fluorati del rame ed un ossifluorure cuprammonico. *Gazz. Chim. Ital.*, t. XIV, p. 74 ; *Bull. Soc. Chim.*, t. XLIV, p. 264 ; 1884 et 1885.

Barton. — Virginia and Illinois fluor-spar. *Amer. Journ. Sc.*, t. III, p. 243, et t. IV, p. 217 ; 1821 et 1822.

Basarow. — Ueber die Fluorborsaüre und ihre Salze. *D. chem. G.*, t. VII, p. 1121 ; 1874.

Ibid. — Sur l'acide fluoxyborique. *C. R.*, t. LXXVIII, p. 1698 ; 1874.

Ibid. — Sur les fluoxyborates. *C. R.*, t. LXXIX, p. 483 ; 1874.

Baudrimont. — Annonce de l'isolement du fluor. *C. R.*, t. II, p. 421 ; *Phil. Mag.*, (3), t. IX, p. 149 ; *Journ. prak. Chem.*, t. VII, p. 447 ; 1836.

H. Becquerel. — Mémoire sur l'analyse de la lumière émise par les composés d'uranium phosphorescents (fluorure). *Ann. Chim., Ph.*, (4), t. XXVII, p. 553 ; 1872.

H. Becquerel et **H. Moissan.** — Étude de la fluorine de Quincié. *C. R.*, t. CXI, p. 669 ; *Bull. Soc. Chim.*, (3), t. V, p. 154 ; 1890 et 1891.

H. Behrens. — Micro-chemical analysis of minerals. Test for fluorine. *Chem. News*, t. LIV, p. 301 ; 1886.

Belohoubek. — Beitrag zur spectranalytischen Nachweisung der Alkalien. *Journ. prak. Chem.*, t. XCIX, p. 236 ; 1866.

Benedikt. — Flusssaüre. *Chem. Zeit.*, t. XV, p. 881 ; 1891.

Bergmann. — Ueber eine längst schon bekannte und noch bessere Art, durch Flussspathsaüre auf Glas zu ätzen. *Crells ch. An.*, t. II, p. 195 ; 1772.

Ibid. — De la forme des cristaux et principalement de ceux qui viennent du spath. *Journ. Phys.*, t. XL, p. 258 ; 1792.

Berthelot. — Sur la formation et la décomposition des composés binaires par l'électrolyse (fluorures de bore et de silicium). *Ann. Chim. Ph.*, (5), t. X, p. 71 ; 1877.

Berthelot. — Sur les limites de l'électrolyse. *Ann. Chim. Ph.*, (5), t. XXVII, p. 98; 1882.

Ibid. — Recherches sur le fluorure phosphoreux. *Ann. Chim. Ph.*, (6), t. VI, p. 358; *Bull. Soc. Chim.*, t. XLIII, p. 260; 1885.

Ibid. — Sur la chaleur de formation des fluorures. *C. R.*, t. XCVIII, p. 61; 1884.

Ibid. — Recherches thermochimiques sur le fluorure phosphoreux. *C. R.*, t. C, p. 81; 1885.

Berthelot et **Guntz.** — Sur les déplacements réciproques entre l'acide fluorhydrique et les autres acides. *C. R.*, t. XCVIII, p. 395; 1884.

Ibid. — Sur les équilibres entre les acides chlorhydrique et fluorhydrique. *C. R.*, t. XCVIII, p. 463; 1884.

Berthelot et **Moissan.** — Chaleur de combinaison du fluor avec l'hydrogène. *C. R.*, t. CIX, p. 206; *Bull. Soc. Chim.*, (3), t. II, p. 647; *Ann. Chim. Ph.*, (6), t. XXIII, p. 570; 1889 et 1891.

Berzelius. — Supplément pour l'éclaircissement de plusieurs objets dans la dissertation de M. Berzelius; analyse de quelques minéraux trouvés dans les environs de Fahlun. *Ann. Chim. Ph.*, (2), t. III, p. 34; 1816.

Ibid. — Nouveaux minéraux trouvés en Suède. *Ann. Chim. Ph.*, (2), t. IV, p. 243; 1817.

Ibid. — Suite des expériences pour déterminer la composition de plusieurs combinaisons inorganiques qui servent de base aux calculs relatifs à la théorie des proportions chimiques. *Ann. Chim. Ph.*, (2), t. XI, p. 120; 1819.

Ibid. — Extrait d'une lettre de M. Berzelius à M. Dulong. *Ann. Chim. Ph.*, (2), t. XXVI, p. 39; 1824.

Ibid. — Untersuchungen über die Flussspathsaüre und deren merkwürdigste Verbindungen. *Pogg. Ann.*, t. I, p. 169; t. II, p. 113; t. IV, p. 1; *Ann. Chim. Ph.*, (2), t. XXVII, p. 53, 167 et 287 et t. XXIX, p. 295 et 337; 1824 et 1825.

Ibid. — Note sur l'urane, le silicium, le zirconium, etc. (fluosilicates). *Journ. Ph.*, (2), t. X, p. 461; 1824.

Ibid. — Ueber das Gewicht der Atome der einfachen Körper (Fluor). *Pogg. Ann.*, t. VIII, p. 18 et t. X, p. 339; 1826 et 1827.

Berzelius. — Sur le fluorure de chrome. *Ann. Min.*, (2), t. I, p. 137; 1827.

Ibid. — Untersuchung über die Eigenschaften des Tellurs. (Fluotellur.) *Pogg. Ann.*, t. XXXII, p. 623 ; 1834.

Ibid. — Einige Versuche, die Verschiedenheit in der chemischen Natur der Fluorborsaüre und der Borfluorwasserstoffsaüre zu bestimmen. *Pogg. Ann.*, t. LVIII, p. 503; *Lieb. Ann.*, t. XLVI, p. 48 ; 1843.

Besson. — Sur les combinaisons de l'hydrogène phosphoré gazeux avec les fluorures de bore et de silicium. *C. R.*, t. CX, p. 80; 1890.

Bineau. — Recherches sur les combinaisons de l'eau avec les acides (acide fluorhydrique). *Ann. Chim. Ph.*, (3), t. VII, p. 272; 1843.

Bischof. — The clear etching of glass with hydrofluoric acid and the carrying out of the product on the manufacturing scale. *Chem. Soc.*, t. XXVIII, p. 1299 ; *Ding. Polyt. J.*, t. CCXV, p. 129 ; 1875.

Bolton. — Zur Kenntniss der Fluorverbindungen des Urans. *Journ. prak. Chem.*, t. XCIX, p. 269 ; *Zeit. Chem.*, t. II, p. 353; *Bull. Soc. Chim.*, t. VI, p. 450 ; 1866.

Bonsdorf. — Lettre à Gay-Lussac sur les fluorures. *Ann. Min.*, (2), t. III, 135; 1828.

Borodin. — Beiträge zur Geschichte der Fluorüre. *Zeit. Chem.*, t. V, p. 577; *Rép. Chim.*, p. 334; *Chem. News*, t. VI, p. 267 ; 1862.

Ibid. — Faits pour servir à l'histoire des fluorures et préparation du fluorure de benzoyle. *C. R.*, t. LV, p. 553 ; *Lieb. Ann.*, t. CXXVI, p. 58 ; 1862 et 1863.

Boulanger. — Lettre relative aux recherches de M. Monnet sur le spath fusible. *Journ. Phys.*, t. I, p. 379 ; 1778.

Bouquet. — Présence du fluor dans l'eau de Vichy. *Ann. Chim. Ph.*, (3), t, XLII, p. 300 ; 1854.

Boyd. — Fluor-spar on the Genesee-River. *Amer. Journ. Sc.*, t. III, p. 235 ; 1821.

Brauner. — Zur Frage über das Vorkommen und die Bildungweise des freien Fluors. *Monat. Chem.*, t III, p. 1 ; *D. Chem. G.*, t. XIV, p. 1494 ; 1881.

Ibid. — Fluoplumbate und freies Fluor. *Zeit. anorg. Chem.*, t. VII, p. 393; *Chem. Soc. P.*, t. X, p. 58; *Chem. Soc.*, t. LXV, p. 1 ; 1894.

Breithaupt. — Flusssaüre im Periklin, Petalit, Tetartin, Orthoklas, Oligoklas, Porcellanit, Labrador und Anorthit. *Pogg. Ann.*, t. IX, p. 179 ; 1827.

Brewster. — On a new phenomenon of color in certain specimens of fluor-spar. *Amer. Journ. Sc.*, t. XXXV, p. 295 ; 1839.

Ibid. — Ueber die Zerlegung und Zerstreuung des Lichts innerhalb starrer und flüssiger Körper (Flussspath). *Pogg. Ann.*, t. LXXIII, p. 533 ; 1848.

Briegleb. — Ueber die Einwirkung des phosphorsauren Natrons auf Flussspath in der Glühhitze. *Lieb. Ann.*, t. XCVII, p. 95; *Journ. prak. Chem.*, t. LXVIII, p. 307 ; 1856.

Ibid. — Verbesserter Apparat zur Darstellung von chemisch reiner Fluorwasserstoffsaüre. *Lieb. Ann.*, t. CXI, p. 380 ; 1859.

Brühl. — Experimentelle Prüfung der älteren und der neueren Dispersions-Formeln. (Flussspath.) *Lieb. Ann.*, t. CCXXXVI, p. 282 ; 1886.

Buchner. — Ueber das Fluorthallium. *Journ. prak. Chem.*, t. XCVI, p. 404; 1865.

Bucholz. — Ueber Flussspathsaüre. *Crells Entdeck.*, t. III, p. 50 ; 1781.

Bunsen. — Ueber das Alkarsin und einige daraus entstehende Verbindungen. (Fluorarsin.) *Lieb. Ann.*, t. XXXI, p. 178 ; 1839.

Ibid. — Untersuchungen über die Kakodylreihe. (Kakodylfluoride.) *Lieb. Ann.*, t. XXXVII, p. 38, et t. XLVI, p. 45 ; 1843.

Carles. — Le fluor des eaux de Néris-les-Bains. *Journ. Ph.*, (6), t. VIII, p. 566 ; 1898.

Carnot. — Sur une nouvelle méthode de dosage de la lithine au moyen des fluorures. *Bull. Soc. Chim.*, (3), t. I, p. 280 ; 1889.

Ibid. — Sur le dosage du fluor. *C. R.*, t. CXIV, p. 750 ; *Chem. News*, t. LXV, p. 198 ; 1892.

Ibid. — Recherche du fluor dans les différentes variétés de phosphates naturels. *C. R.*, t. CXIV, p. 1003 et 1189, et t. CXV, p. 243 ; *Journ. Ph.*, (5), t. XXVI, p. 124 ; 1892.

Ibid. — Sur les variations observées dans la composition des apatites. *C. R.*, t. CXXII, p. 1375 ; 1896.

H. Caron. — De l'emploi du fluorure de calcium pour l'épuration des minerais de fer phosphoreux. *C. R.*, t. LXVI, p. 744 ; 1868.

Voyez aussi **Sainte-Claire-Deville** et **Caron**.

Carvallo. — Spectres calorifiques (applications à la fluorine). *Ann. Chim. Ph.*, (7), t. IV, p. 56 ; 1895.

J. Casares. — Ueber das Vorkommen einer beträchtlichen Menge Fluor in einigen Mineralwassern. *Zeit. an. Chim.*, t. XXXIV, p. 546 ; 1895.

A. Cavazzi. — Azione del fluoruro di silico sulla china sciolta in liquidi diversi. *Gazz. Chim. Ital.*, t. XVII, p. 560 ; 1887.

Chabrié. — Sur la synthèse des fluorures de carbone. *C. R.*, t. CX, p. 279 et 1202 ; 1890.

Ibid. — Sur quelques dérivés organiques halogénés. *Bull. Soc. Chim.*, (3), t. VII, p. 24 ; 1892.

H. Chance. — On the manufacture of glass (employment of neutral fluorides of the alkalies for etching upon glass). *Chem. Soc.*, t. XXI, p. 256 ; 1868.

Chapman. — A new and simple method for estimating fluorine, especially applicable to commercial phosphates. *Chem. News*, t. LIV, p. 287 ; 1886.

Chevreul. — Note sur la proportion de fluorure de chaux qu'il a trouvée dans des os fossiles. *C. R.*, t. LXIII, p. 402 ; 1886.

Christensen. — Das Atomgewicht des Fluors und die Anwendung der Mangani-doppelfluoride zur Bestimmung desselben. *Journ. prak. Chem.*, t. XXXV, p. 41, 57, 161 et 541 ; 1887.

Chydenius. — Ueber die Thorerde und deren Verbindungen (Fluorthorium). *Journ. prak. Chem.*, t. LXXXIX, p. 467 ; 1863.

Cillis. — Ueber Prat's angebliche Zerlegung des Fluors. *Zeit. Chem.*, t. XI, p. 660 ; 1868.

Clarke. — Neues Verfahren bei Mineralanalysen. (Fluornatrium). *Journ. prak. Chem.*, t. CV, p. 246 ; 1868.

Ibid. — Note upon some fluorides. *Amer. Journ. Sc.*, (3), t. XIII, p. 291 ; 1877.

Cleve. — Sur les combinaisons du lanthane. (Fluocarbonate.) *Bull. Soc. Chim.*, t. XXI, p. 201 ; 1874.

Cleve. — Recherches sur le didyme. *Bull. Soc. Chim.*, t. XXI, p. 246; 1874.

Cleve et Hoegland. — Sur les combinaisons de l'yttrium et de l'erbium. *Bull. Soc. Chim.*, t. XVIII, p. 193 ; 1872.

N. Collie. — Note on methylfluoride. *Chem. Soc. P.*, t. V, p. 16; 1889. *Voyez aussi* **Lawson** et **Collie**.

Colson. — Mode de préparation des fluorures d'acides. *C. R.*, t. CXXII, p. 243; *Bull. Soc. Chim.*, (3), t. XVII, p. 55; 1896 et 1897.

Conney and **Jackson**. — The action of fluoride of silicon on organic bases. *Am. Chem. Journ.*, t. X, p. 165; 1888.

Cooley. — Fluate of lime in Deerfield. *Am. Journ. Sc.*, t. V, p. 407; 1822.

Coppola. — Transformazione degli acidi fluobenzoici nell' organismo animale. *Gazz. Chim. Ital.*, t. XIII, p. 521; *Bull. Soc. Chim.*, t. XIII, p. 489; 1884.

Cossa. — Sul fluoro di magnesio. *Gazz. Chim. Ital.*, t. VII, p. 212; *D. chem. G*, t. X, p. 294; *Bull. Soc. Chim.*, t. XXVIII, p. 166; 1877.

J. Curie. — Recherches sur le pouvoir inducteur spécifique et la conductibilité des corps cristallisés (fluorine). *Ann. Chim. Ch.*, (6), t. XVII, p. 429, et t. XVIII, p. 234 ; 1889.

Dana. — On the occurrence of Fluor-Spar, Apatite and Chondrodite in Limestone. *Am. Journ. Sc.* (2), t. II, p. 88; 1846.

Ch. Daubeny. — On the occurrence of Fluorine in recent as well as in fossil bones. *Chem. Soc. M.*, t. II, p. 97; *Phil. Mag.*, t. XXV, p. 122; 1844.

Daubrée. — Sur le gisement, la composition et l'origine des amas de minerai d'étain. *C. R.*, t. XIII, p. 854; 1841.

Ibid. — Recherches sur la production artificielle de quelques espèces minérales cristallisées, particulièrement des oxydes d'étain et de titane et du quartz. *C. R.*, t. XXIX, p. 227 ; *Ann. Min.*, (5), t. XVI, p. 129; 1849.

H. Davy. — On the decomposition and composition of the fixed alkalies (fluoric acid non-conductor in gaseous state). *Phil. Trans.*, t. XCVIII, p. 43 ; 1808.

H. Davy. — Some experiments and observations on the substances produced in different chemical processes on Fluor-Spar. *Phil. Trans.*, t. CIII, p. 263; *Ann. Chim. Ph.*, (1), t. LXXXVIII, p. 271; 1813.

Ibid. — An account of some new experiments on the Fluoric compounds with some observations on other objects of chemical inquiry. *Phil. Trans.*, t. CIV, p. 62; 1814.

Ibid. — Lettres à Ampère sur le fluor. *Ann. Chim. Ph.*, (2), t. II, p. 21 ; 1816.

J. Davy. — An account of some experiments on different combinations of fluoric acid. *Phil. Trans.*, t. CIII, p. 352 ; *Ann. Chim. Ph.*, (1), t. LXXXVI, p. 178; 1812 et 1813.

Debray. — Rapport fait au nom de la section de chimie sur les recherches de M. Moissan relatives à l'isolement du fluor. *C. R.*, t. CIII, p. 850; *Journ. Ph.*, (5), t. XIV, p. 499; 1886.

Delafontaine. — Sur la composition des molybdates alcalins (fluoxymolybdates). *Arch. Sc. Ph. Nat.*, t. XXIII, p. 5 ; *Bull. Soc. Chim.*, t. IV, p. 29 ; *Journ. prak. Chem.*, t. XCV, p. 145 ; 1865.

Ibid. — Recherches sur plusieurs molybdates nouveaux ou peu connus et sur les fluoxymolybdates. *Arch. Sc. Ph Nat.*, t. XXX, p. 232 ; *Zeit. Chem.*, t. XI, p. 106; 1867 et 1868.

Delaméthérie. — Note sur la présence du fluor dans les os fossiles. *Journ. Phys.*, t. LXII, p. 225 ; 1806.

H. Fredericus Delius. — *Curæ posteriores nonnullæ circa acidum spati*, t. IV, p. 16; 1783.

Demarçay. — Sur quelques procédés de spectroscopie pratique. (Emploi de l'acide fluorhydrique comme dissolvant.) *C. R.*, t. XCIX, p. 1069; 1884.

Dexter. — Apparat zur Darstellung der Flusssaüre. *Zeit. Chem.*, t. IX, p. 512; 1866.

J. Dewar. — (*Voyez* **Moissan** et **Dewar**.)

Diacon. — Recherche sur l'influence des éléments électro-négatifs sur le spectre des métaux (spectre des fluorures). *Ann. Chim. Ph.*, (4), t. VI, p. 19 ; 1865.

Ditte. — Sur les spectres de métalloïdes des familles du soufre, du chlore et de l'azote. *C. R.*, t. LXXIII, p. 623 et 738 ; *Bull. Soc. Chim.*, t. XVI, p. 229 ; 1871.

Ibid. — Dosage de l'acide borique. Sa séparation d'avec la silice et le fluor. *C. R.*, t. LXXX, p. 561 ; 1875.

Ibid. — Recherches relatives à la décomposition des sels métalliques et à certaines réactions inverses qui s'accomplissent en présence de l'eau (fluorure de potassium et sulfate de plomb). *Ann. Chim. Ph.*, (5), t. XIV, p. 228 ; 1878.

Ibid. — Sur les composés fluorés de l'uranium. *C. R.*, t. XCI, p. 115 et 166 ; *Chem. Soc.*, t. XXXVIII, p. 853 ; 1880.

Ibid. — Sur les apatites fluorées. *C. R.*, t. XCIX, p. 792 et 967 ; 1884.

Ibid. — Recherches sur l'uranium ; action de l'acide fluorhydrique sur l'oxyde d'uranium. *Ann. Chim. Ph.*, (6), t. I, p. 338 ; 1884.

Ibid. — Recherches sur les apatites et les wagnérites. *Ann. Chim. Ph.*, (6), t. VIII, p. 502 ; 1886.

Ibid. — Recherches sur le vanadium (action des fluorures sur l'acide vanadique). *Ann. Chim. Ph.*, (6), t. XIII, p. 190 ; 1888.

Duboin. — Fluorure double d'aluminium et de potassium. *Journ. Ph.*, (5), t. XXVI, p. 320 ; 1892.

Dulk. — Atomgewicht oder Atomgravitation. *D. chem. G.*, t. XXXI, p. 1867 ; 1898.

Dumas. — Note sur quelques composés nouveaux. (Fluorures.) *Ann. Chim. Ph.*, (2), t. XXXI, p. 433 ; *Journ. Ph.*, (2), t. II, p. 297 ; *Ann. Min.*, (2), t. I, p. 112 ; 1826 et 1827.

Ibid. — Mémoire sur les équivalents. (Fluor.) *Ann. Chim. Ph.*, (3), t. LV, p. 129 ; 1859.

Dumas et **Péligot.** — Nouvelles combinaisons du méthylène. *Ann. Chim. Ph.*, (2), t. LXI, p. 193 ; *Lieb. Ann.*, t. XV, p. 59 ; 1835 et 1836.

Effront. — Action des fluorures solubles sur la diastase. *Bull. Soc. Chim.*, (3), t. V, p. 149 ; 1891.

Ibid. — Influence des fluorures sur l'activité et l'accroissement de la levure. *Bull. Soc. Chim.*, (3), t. V, p. 476 et 731, et t. VI, p. 786 ; 1891.

Effront. — Action de l'acide fluorhydrique et des fluorures dans la fermentation des matières amylacées. *Journ. Ph.*, (5), t. XXIV, p. 224 ; *Bull. Soc. Chim.*, (3), t. V, p. 734 ; 1891.

Ekbom und **Mauzelius**. — Ueber die Monofluornaphtaline. *D. chem. G.*, t. XXII, p. 1846 ; 1889.

F. M., garçon fondeur à Sainte-Marie-aux-Mines. — Examen critique des expériences de quelques chimistes sur les spaths séléniteux et vitreux. *Mémoires littéraires, critiques, etc., pour servir à l'histoire ancienne et moderne de la médecine* Année 1776, p. 5. Pyre et Bastien, Paris.

Faraday. — On the Liquefaction and Solidification of Gases. *Phil. Trans.*, t. CXXXV, p. 155 ; *Pogg. Ann.*, t. LXIV, p. 467 ; *Lieb. Ann.*, t. LVI, p. 155 ; 1845.

Ferrari. — Nouveau gaz désinfectant (gaz fluoborique). *Journ. Ph.*, (2), t. XIX, p. 48 ; 1833.

Finkener. — Sur le fluorure de mercure. *Journ. Ph.*, (3), t. XXXVIII, p. 158 ; *Pogg. Ann.*, t. CX, p. 142 ; 1860.

Ibid. — Ueber Quecksilberoxyfluorid und Quecksilberfluorid. *Pogg. Ann.*, t. CX, p. 628 ; *Zeit. Chem.*, t. IV, p. 21 ; 1861.

Ibid. — Ueber Kieselquecksilberfluorid, Kieselquecksilberoxyfluorid, und Kieselquecksilberfluorür. *Pogg. Ann.*, t. CXI, p. 246 ; 1860.

Flückiger. — Ueber die Fluorsalze des Antimons. *Pogg. Ann.*, t. LXXXVII, p. 245 ; *Lieb. Ann.*, t. LXXXIV, p. 248 ; *Journ. prak. Chem.*, t. LVIII, p. 72 ; 1852 et 1853.

Forchhammer. — Ueber die Einwirkung des Kochsalzes bei der Bildung der Mineralien. *Pogg. Ann.*, t. XCI, p. 568 ; 1854.

Forster. — Notiz zur Kenntniss der Phosphorescenz durch Temperaturerhöhung. (Fluorcalcium). *Pogg. Ann.*, t. CXLIII, p. 658 ; 1871.

Fremy. — Recherches sur les fluorures. *C. R.*, t. XXXVIII, p. 393 ; *Journ. Ph.*, (3), t. XXV, p. 241 ; *Lieb. Ann.*, t. XCII, p. 246 ; *Journ. prak. Chem.*, t. LXII, p. 65 ; *Ann. Chim. Ph.*, (3), t. XLVII, p. 5 ; 1854 et 1856.

Ibid. — Décomposition des fluorures au moyen de la pile. *C. R.*, t. XL, p. 966 ; *Journ. Ph.*, (3), t. XXVII, p. 401 ; *Journ. prak. Chem.*, t. LXVI, p. 118 ; 1855.

Fremy. — Production artificielle du rubis. *C. R.*, t. CIV, p. 737 ; 1887.

Fremy et Verneuil. — Action des fluorures sur l'alumine. *C. R.*, t. CIV, p. 738 ; 1887.

Ibid. — Production artificielle des cristaux de rubis rhomboédriques. *C. R.*, t. CVI, p. 565 ; 1888.

Ibid. — Nouvelles recherches sur la synthèse des rubis. *C. R.*, t. CXI, p. 667 ; 1890.

Fresenius. — Ueber die Löslichkeitsverhältnisse von einigen bei der quantitativen Analyse als Bestimmungsformen etc. dienenden Neiderschlägen. *Lieb. Ann.*, t. LIX, p. 117 ; 1846.

Ibid. — Notizen ueber Auffindung des Fluors bei Gegenwart von Kieselsaüre. *Journ. prak. Chem.*, t. LVII, p. 375 ; 1852.

Ibid. — Chemische Analyse anorganischer Körper. (Fluorthorium.) *Zeit. an. Chem.*, t. II, p. 366 ; 1863.

Ibid. — Ueber ein neues Verfahren zur Bestimmung des Fluors, namenlich auch in Silicaten. *Zeit. an. Chem.*, t. V, p. 190 ; *Zeit. Chem.*, t. IX, p. 623 ; 1866.

Ibid. — Atom- und Aequivalentgewichte der Elemente. (Fluor.) *Zeit. an. Chem.*, t. XXII, p. 129 ; 1888.

Friedel. — Action du sulfate d'aluminium sur le fluorure de calcium. *Bull. Soc. Chim.*, t. XXI, p. 241 ; 1874.

Gabriel. — Zur Frage nach dem Fluorgehalt der Knochen und Zähne. *Zeit. an. Chem.*, t. XXXI, p. 522 ; 1892.

Gahn, Berzelius, Wallman, Eggertz. — Examen de quelques minéraux trouvés dans les environs de Fahlun et de leurs gisements. *Ann. Chim. Ph.*, (2), t. V, p. 5 ; 1817.

Gasselin. — Action du fluorure de bore sur quelques composés organiques. *Ann. Chim. Ph.*, (7), t. III, p. 5 ; 1894.

Gay-Lussac et Thenard. — Mémoire sur l'acide fluorique. *Ann. Chim. Ph.*, (1), t. LXIX, p. 204 ; Recherches physico-chimiques, t. II, p. 1 ; 1809 et 1811.

Geijer. — Versuche über Flussspath. *Crells ch. An.*, t. II p. 169 ; 1787.

Gibbs. — Ueber die Anwendung des Fluorwasserstoff-Fluorkalium in der Analyse. *Zeit. an. Chem.*, t. III, p. 399 ; *Zeit. Chem.*, t. VIII, p. 16 ; *Chem. News*, t. X, p. 37 et 49 ; 1864 et 1865.

J. Gibson. — The preparation of glucina from beryl (fluorides of aluminium, iron and beryllium, behaviour when heated). *Chem. Soc. P.*, t. IX, p. 13 ; 1893.

Girardet. — *Voyez* **Meslans** et **Girardet.**

J. H. Gladstone and **G. Gladstone.** — Refraction and dispersion of fluorobenzene and allied compounds. *Phil. Mag*, (5), t. XXXI, p. 1; 1861.

Glatzel. — Ueber die bei der Lösung des Titanmetalls in Saüren entstehende Oxydationsstufe und einige neue Verbindungen des Titans. (Fluortitan). *D. chem. G.*, t. IX, p. 1835 ; *Bull. Soc. Chim.*, t. XXVIII, p. 252 ; 1876 et 1877.

Gonnard. — Sur un phénomène de cristallogénie à propos de la fluorine de la roche Cornet, près de Pontgibaud (Puy-de-Dôme). *C. R.*, t. XCIX, p. 1136 ; 1884.

Ibid. — Sur une association de fluorine et de Babelquartz de Villevieille. *C. R.*, t. CVI, p. 558 ; 1888.

Gore. — On hydrofluoric acid. *Phil. Trans.*, t. CLIX, p. 173 ; *Chem. News*, t. XIX, p. 74; *Chem. Soc.*, t. XXII, p. 368 ; *Journ. prak. Chem.*, t. CVI, p. 437, et t. CVIII, p. 220 ; 1869.

Ibid. — On fluoride of Silver. *Phil. Trans.*, t. CLX, p. 227, et t. CLXI, p. 321 ; *Roy. Soc. Proc.* t. XVIII, p. 157, t. XIX, p. 235, et t. XX, p. 70 ; *Phil. Mag.*, t. XLI, p. 309 ; *Chem. News*, t. XXIII, p. 13 ; *Zeit. Chem.*, t. XIII, p. 145 ; 1869, 1870 et 1871.

Ibid. — Electrolysis of fluoride, chlorate and perchlorate of Silver. *Chem. News*, t. L, p. 150 ; 1884.

Ibid. — Effect of heat on the fluochromates of ammonium and potassium. *Chem. News*, t. LII, p. 15 ; 1885.

Griess. — Neue Untersuchungen über Diazoverbindungen. Kurze Notizen vermischten Inhalts. *D. chem. G.*, t. XVIII, p. 960 ; 1885.

Guenez. — Sur la préparation et les propriétés du fluorure de benzoyle. *C. R.*, t. CXI, p. 681; 1890.

Guntz. — Chaleur de formation des fluorures de potassium. *C. R.*, t. XCVII, p. 256 ; *Bull. Soc. Chim.*, t. XXXIX, p. 265; 1883.

Ibid. — Étude thermique de la dissolution de l'acide fluorhydrique dans l'eau. *C. R.*, t. XCVI, p. 1659 ; *Bull. Soc. Chim.*, t. XL, p. 54 ; 1883.

Guntz. — Sur les fluorures de sodium. *C. R.*, t. XCVII, p. 1558; *Bull. Soc. Chim.*, t. XLI, p. 168 ; 1883 et 1884.

Ibid. — Sur le fluorure d'antimoine. *C. R.*, t. XCVIII, p. 300 ; 1884.

Ibid. — Recherches sur le fluorhydrate de fluorure de potassium et sur ses états d'équilibre dans les dissolutions. *C. R.*, t. XCVIII, p. 428; 1884.

Ibid. — Chaleur de formation des fluorures d'argent, de magnésium et de plomb. *C. R.*, t. XCVIII, p. 819 ; 1884.

Ibid. — Recherches thermiques sur les combinaisons du fluor avec les métaux. *Ann. Chim. Ph.*, (6), t. III, p. 5 ; 1884.

Ibid. — Chaleur de neutralisation par l'acide fluorhydrique des bases alcalines et alcalino-terreuses. *C. R.*, t. XCVII, p. 1483 ; *Bull. Soc. Chim.*, t. XLI, p. 110 ; 1884.

Ibid. — Sur les fluorures des métalloïdes. *C. R.*, t. CIII, p. 58 ; 1886.

Ibid. — Sur le sous-fluorure d'argent. *C. R.*, t. CX, p. 1337 ; 1890.

Ibid. — Observations sur un mémoire de M. Richards. *Bull. Soc. Chim.* (3), t. VI, p. 145 ; 1891.

Voyez aussi **Berthelot** et **Guntz**.

P. Guyot. — Dosage volumétrique des fluorures solubles. *C. R.*, t. LXXI, p. 274; 1870.

Ibid. — Dosage de l'acide fluorhydrique libre. *C. R.*, t. LXXIII, p. 273 ; 1871.

T. Haga and **Y. Osaka**. — The acidimetry of hydrogen fluoride. *Chem. Soc.*, t. LXVII, p. 251; *Chem. Soc. P.*, t. XI, p. 22; 1895.

Hagemann et **Jörgensen**. — De l'emploi des fluorures dans la fabrication du verre. *Bull. Soc. Chim.*, t. XXII, p. 570; *Ding. Polyt. J.*, t. CCXIII, p. 221 ; 1874.

Hagenbach. — Versuche über Fluorescenz (Flussspath). *Pogg. Ann.*, t. CXLVI, p. 391 ; 1872.

Hammerl. — Action de l'eau sur le fluorure de silicium et sur le fluorure de bore. *C. R.*, t. XC, p. 312 ; 1880.

Hankel. — Ueber die photo- und thermoelectrischen Eigenschaften des Flussspath. *Wied. Ann.*, t. XI, p. 269 ; 1880.

Hart. — Zum Gebrauch der Flusssaüre. *Zeit. an. Chem.*, t. XXIX, p. 444, 1890.

P. Hautefeuille. — De la reproduction du rutile, de la brookite et de leurs variétés; protofluorure de titane. *C. R.*, t. LVII, p. 148; *Rép. Chim.*, p. 558; *Lieb. Ann.*, t. CXXIX, p. 220; 1863 et 1864.

Ibid. — Étude sur la reproduction des minéraux titanifères (action de l'acide chlorhydrique sur un mélange de titanates et de fluotitanates). *Ann. Chim. Ph.*, (4), t. IV, p. 134; 1865.

Voyez aussi **Troost** et **Hautefeuille.**

Haüy. — Mémoire sur la double réfraction du spath d'Islande. *Acad. Roy. Sc.*, p. 34; 1788.

Ibid. — Exposition abrégée de la théorie de la structure des cristaux. *Ann. Chim. Ph.*, (1), t. III, p. 1; 1789.

Hayden. — Fluor-Spar in Tennessee. *Am. Jour. Sc.*, t. IV, p. 51; 1822.

Heintz. — Ueber die chemische Zusammensetzung der Knochen. *Pogg. Ann.*, t. LXXVII, p. 267; 1849.

Helmolt. — Ueber einige Doppelfluoride. *Zeit. anorg. Chem.*, t. III, p. 115; 1892.

Hempel. — Apparat zur Darstellung von Fluorwasserstoff und Kieselfluorwasserstoffsaüre. *D. chem. G.*, t. XVIII, p. 1438; 1885.

Hempel und **Schefler.** — Ueber eine Methode zur Bestimmung des Fluors neben Kohlensaüre und den Fluorgehalt von einigen Zähnen *Zeit. anorg. Chem.*, t. XX, p. 1; 1899.

Hermann. — Untersuchungen über die Zusammensetzung der Tantalerze (Fluochlor). *Journ. prak. Chim.*, t. L, p. 187; 1850.

Ibid. — Untersuchungen über Ilmenium, Niobium und Tantal (Fluopyrochlor). *Journ. prak. Chem.*, t. LXV, p. 77; 1855.

Ibid. — Untersuchungen über Niobium (Fluopyrochlor). *Journ. prak. Chem.*, t. LXVIII, p. 96; 1856.

Ibid. — Untersuchungen über Tantal (Fluortantal, Fluorkalium). *Journ. prak. Chem.*, t. LXX, p. 158; 1857.

Ibid. — Untersuchungen über Didym, Lanthan, Cerit, und Lanthanocerit (Fluorlanthan). *Journ. prak. Chem.*, t. LXXXII, p. 400; 1861.

Higgins. — Influence de la présence du spath fluor sur les qualités des mortiers. *Ann. Chim. Ph.*, (1), t. IV, p. 268 ; 1790.

Hintz und **Weber.** — Zur Analyse von technischem Fluornatrium. *Zeit. an. Chem.*, t. XXX, p. 30 ; 1891.

Hithcock. — Fluor-Spar and Oxide of Titanium. *Am. Journ. Sc.*, t. V, p. 405 ; 1822.

Hoffmann. — Aufschliessung der Silicate mit Fluorammonium, in denen auf Alkalien Rücksicht genommen werden soll. *Zeit. an. Chem.*, t. VI, p. 366 ; 1867.

Hofmann. — Zersetzung von Gasen durch elektrisches Glühen (Fluorsilicium). *Journ. prak. Chem.*, t. LXXX, p, 322 ; 1860.

Högbom. — Sur les fluosels du tellure. *Bull. Soc. Chim.*, t. XXXV, p. 60 ; 1881.

Horsford. — Ueber den Fluorgehalt des menschlichen Gehirns. *Lieb. Ann.*, t. CXLIX, p. 202 ; 1869.

Horstmar. — Ueber das Fluor in der Asche von Lycopodium clavatum. *Pogg. Ann.*, t. CXI, p. 339 ; 1860.

Ibid. — Ueber die Notwendigkeit des Lithions und des Fluorkaliums zur Fruchtbildung der Gerste. *Journ. prak. Chem.*, t. LXXXIV, p. 140 ; 1861.

C. Jackson und **M. Comey.** — Ueber die Einwirkung des Fluorsiliciums auf organische Basen. *D. chem. G.*, t. XIX, p. 3194 ; 1886.

Jannasch und **Röttgein.** — Ueber die quantitative Bestimmung des Fluors durch Austreiben desselben als Fluorwasserstoffgas. *Zeit. anorg. Chem.*, t. IX, p. 267 ; 1895.

Jean. — Note sur la fabrication du phosphate de soude et du fluorure de sodium. *C. R.*, t. LXVI, p. 801 et 918 ; 1868.

Jenzsch. — Fluor in Kalkspath und Aragonit. *Pogg. Ann.*, t. XCVI, p. 145 ; 1855.

Jessup. — Fetid fluor-spar. *Am. Journ. Sc.*, t. II, p. 176 ; 1820.

S. Jolin. — Sur les combinaisons du cérium (fluorure). *Bull. Soc. Chim.*, t. XXI, p. 534 ; 1874.

Joly. — Sur les oxyfluorures de niobium et de tantale. *C. R.*, t. LXXXI, p. 1266 ; 1875.

Joy. — Ueber die Beryllerde (Zersetzung durch Fluorammonium). *Journ. prak. Chem.*, t. XCII, p. 230; 1864.

Juptner. — Die Fluormineralien. *Chem. Zeit.*, t. VIII, p. 755 ; 1884.

Kammerer — Ueber Brom- und Jodsaüre, sowie über Fluor. *Zeit. Chem.* t. V, p. 435 ; *Journ. prak. Chem.*, t. LXXXV, p. 452 ; *Rép. Chim.*, p. 3 ; 1862 et 1863.

Ibid. — Ueber die Auffindung des Bors als Fluorbor. *Zeit. an. Chem.*, t. XII, p. 376 ; 1873.

Kenngott. — Mineralogische Notizen. *Wien. Sitz. Ber.*, t. XI, p. 16 ; 1853.

Ibid. — Ueber die Zusammensetzung des Apophyllit. *Journ. prak. Chem.*, t. LXXXIX, p. 449 ; 1863.

Ibid. — Ueber die alkalische Reaction einiger Minerale (Fluorit). *Journ. prak. Chem.*, t. CIII, p. 304 ; 1868.

Kentmann. — Nomenclaturæ rerum fossilium quæ in Misniâ, etc., publié en tête du recueil intitulé : *De omni rerum fossilium genere*, Conradi Gesneri, Zurich, p. 39 ; 1565.

Kern. — On the nature and reactions of some silver compounds (silver silicofluoride). *Chem. News*, t. XXXIII, p. 35 ; 1876.

Kessler. — Hydrate hydrofluosilicique cristallisé. *C. R.*, t. XC, p. 1285 ; 1880.

Ibid. — Sur un procédé de durcissement des pierres calcaires tendres au moyen des fluosilicates à base d'oxydes insolubles. *C. R.*, t. XCVI, p. 1317 ; 1883.

Kinmann. — Anmerkungen vom leuchtenden Spat von Carspenberg. *Crells ch. Arch.*, t. V, p. 58 ; 1786.

H. Klang. — Die Elasticitätsconstanten des Flussspathes. *Wied. Ann.*, t. XII, p. 321 ; 1881.

Klaproth. — Chemische Untersuchung des Kryoliths. *Berlin. Gesellschaft Naturforschender Freunde*, t. III, p. 307; *Journ. Phys.*, t. II, p. 403 ; 1800 et 1801.

Klatzo. — Recherches sur la glucine. *Arch. Sc. Ph. Nat.*, t. XXXIV, p. 354 ; *Bull. Soc. Chim.*, t. XII, p. 131 ; *Zeit. Chem.*, t. V, p. 129 ; *Journ. prak. Chem.*, t. CVI, p. 227 ; 1869.

Klein. — Sur l'isomorphisme de masse (fluosels). *Bull. Soc. Chim.*, t. XXXIX, p. 11 ; 1883.

Klippert. — Ueber die Einwirkung von Fluorsilicium auf Natriumäthylat. *D. chem. G.*, t. VIII, p. 713 ; 1875.

Knop. — Ueber einige neue Verbindungen des Fluorkiesels. *Journ. prak. Chem.*, t. LXXIV, p. 41 ; 1858.

Knop et **Wolf**. — Nouveaux réactifs applicables à l'analyse des métaux alcalins. Le fluosilicate de cuivre. Le fluosilicate d'aniline. *Journ. Ph.*, (3), t. XLII, p. 169 ; *Chem. News*, t. VI, p. 301 ; 1862.

J. Knox. — Researches on fluorine. *Phil. Mag.*, (3), t. XVI, p. 192 ; *Journ. prak. Chem.*, t. XX, p. 172 ; 1840.

J. Knox and **Th. Knox**. — On Fluorine. *Phil. Mag.*, (3), t. IX, p. 107 ; *Journ. prak. Chem.*, t. IX, p. 119 ; 1836.

Ibid. — On fluorine. *Phil. Mag.*, (3), t. XII, p. 105 ; 1838.

Kobell. — Ueber die quantitative Bestimmung des Fluors in Eisen-Mangan-Phosphaten und Analyse des Triplit von Schlaggenwald in Böhmen. *Journ. prak. Chem.*, t. XCII, p. 385 ; t. III, p. 70 ; 1864 et 1865.

H. Kopp. — Ueber die Ausdehnung einiger festen Körper durch die Wärme (Flussspath). *Pogg. Ann.*, t. LXXXVI, p. 157 ; *Lieb. Ann.*, t. LXXXI, p. 46 ; 1852.

Ibid. — Investigations of the specific heat of solid bodies. *Chem. Soc.*, t. XIX, p. 197 et 225 ; 1866.

Kopp et **Bruère**. — Sur un fluorure double d'antimoine et de sodium. *Bulletin de la Société industrielle de Rouen*, p. 69 ; 1889.

Krüfs und **Moraht**. — Untersuchungen über das Beryllium (Berylliumkaliumfluorid). *Lieb. Ann.*, t. CCLX, p. 190 ; 1890.

Krüss und **Nilson**. — Ueber das Product der Reduction von Niobfluorkalium mit Natrium. *D. chem. G.*, t. XX, p. 1691 ; 1887.

Ibid. — Ueber Kalium-Germanfluorid. *D. chem. G.*, t. XX, p. 1696 ; 1887.

Kuhlmann. — Ueber das Verhalten des Flussspaths gegen wasserfreie Schwefelsaüre und Chlorwasserstoffsaüre. *Pogg. Ann.*, t. X, p. 618 ; 1827.

Kuhlmann. — Ueber verschiedene Stickstoffverbindungen. *Lieb Ann.*, t. XXXIX, p. 320 ; 1841.

Ibid. — Sur le fluorure de thallium. *C. R.*, t. 58, p. 1037; *Bull. Soc. Chim.*, t. III, p. 57; *Chem. News*, t. X, p. 37 ; 1864 et 1865.

Landolph. — Action du fluorure de bore sur certaines classes de composés. *C. R.*, t. LXXXV, p. 39, t. LXXXVI, p. 539, 601, 671 et 1463, et t. LXXXIX, p. 173; *Journ. Ph.*, (4), t. XXIX, p. 28; *D. chem. G.*, t. XII, p. 1578, 1583 et 1586 ; 1877, 1878 et 1879.

Landolt Ostwald und **Seubert.** — Bericht der Commission für die Festsetzung der Atomgewichte. *D. chem. G.*, t. XXXI, p. 2762 ; 1898.

H. Lasne. — Sur l'analyse des phosphates. *Bull. Soc. Chim.*, (3), t. II, p. 313; *Zeit. an. Chem.*, t. XXVIII, p. 348 ; 1889.

Ibid. — Identité de composition de quelques phosphates sédimentaires avec l'apatite. *C. R.*, t. CX, p. 1376; 1890.

Lassaigne. — Dépose un pli cacheté portant pour suscription : Observations sur quelques composés du fluor. *C. R.*, t. IV, p. 913 ; 1837.

Laurent. — Sur la chlorocyanilide. *C. R.*, t. XXII, p. 695 ; *Journ. prak. Chem.*, t. XLIV, p. 160; 1846 et 1848.

Laurent et **Delbos.** — Sur la fluosilicanilide. *C. R.*, t. XXII, p. 697; 1846.

T. Lawson and **N. Collie.** — The action of heat on the salts of tetramethylammonium (fluoride). *Chem. Soc.*, t. LIII, p. 626 ; 1888.

Lebeau. — Sur l'analyse de l'émeraude. *C. R.*, t. CXXI, p. 601 ; 1895.

Ibid. — Sur la préparation et les propriétés du fluorure de glucinium anhydre et de l'oxyfluorure de glucinium. *C. R.*, t. CXXVI, p. 1418 ; 1898.

Leeson. — Abstract of a Letter from M. B. Leeson on the preparation of fluoride of iodine. *Chem. Soc.*, t. II, p. 162 ; 1844.

Lenz. — Ueber Jodbenzol sulfonsaüre. *D. chem. G.*, t. X, p. 1137; 1877.

Ibid. — Ueber Fluorbenzol sulfonsaüre und Schmelztemperaturen substituirter Benzolsulfonverbindungen. *D. chem. G.*, t. XIII, p. 580 ; *Bull. Soc. Chim.*, t. XXXIII, p. 307; 1879 et 1880.

Ch. Lepierre. — Fluor dans quelques eaux minérales. Eaux fluorées. *C. R.*, t. CXXVIII, p. 1289 ; 1899.

J. van Loon und **N. Meyer**. — Das Fluor und die Esterregel. *D. chem. G.*, t. XXIX, p. 839 ; 1896.

Louyet. — Dépose un pli cacheté renfermant le résultat de ses recherches sur le fluor et ses combinaisons. *Bull. Acad. Sc. Brux.*, (1), t. VII, p. 6 ; 1840.

Ibid. — Démonstration expérimentale de l'oxygène des acide silicique et borique (action du fluorure d'argent) *C. R.*, t. XXII, p. 962 ; 1846.

Ibid. — Nouvelles recherches sur l'isolement du fluor, la composition des fluorures et le poids atomique du fluor, *C. R.*, t. XXIII, p. 960 ; *Journ. Ph.*, (3), t. XI, p. 300 ; *Lieb. Ann.*, t. LXIV, p. 239 ; 1846 et 1847.

Ibid. — Écrit qu'il a, au cours de ses recherches, regardé comme pur un gaz mélangé de gaz nitreux. *C. R.*, t. XXIII, p. 1118 ; 1846.

Ibid. — De la véritable nature de l'acide fluorhydrique. *C. R.*, t. XXIV, p. 434 ; 1847.

Ibid. — Recherches sur l'équivalent du fluor. *C. R.*, t, XXVIII, p. 20 ; *Ann. Chim. Ph.*, (3), t. XXV, p. 291 ; *Journ. prak. Chem.*, t. XLVII, p. 104 ; *Lieb. Ann.*, t. LXX, p. 234 ; 1849.

Löw. — Freies Fluor im Flussspath von Wölsendorf. *D. chem. G.*, t. XIV, p. 1144 ; 1881.

Ibid. — Zur Frage über das Vorkommen und die Bildungsweise des freien Fluors. *D. chem. G.*, t. XIV, p. 2441 ; 1881.

Luboldt. — Darstellung der Fluorwasserstoffsäure aus Kryolith. *Journ. prak. Chem.*, t. LXXVII, p. 330 ; 1859.

De Luca. — Recherches sur le fluorure de calcium de la Toscane et sur l'équivalent du fluor. *C. R*, t. LI, p. 299 ; *Journ. Ph.*, t. XXXIX, p. 193 ; 1860 et 1861.

Mac-Ivor. — On arsenic fluoride. *Chem. News*, t. XXX, p. 169, et t. XXXII, p. 258 ; *Journ. Ph.*, (4), t. XXIV, p. 272 ; 1875 et 1876.

Mackintosh. — The action of hydrofluoric acid on silica and silicates. *Chem. News*, t. LIV, p. 102 ; 1886.

Macquer. — Action d'un feu violent de charbon sur le spath. *Acad. Roy. Sc.*, p. 298 ; 1767.

Mallet. — Note on the fluid contained in a cavity in fluor-spar. *Chem. Soc.*, t. XXXII, p. 144 ; 1877.

Ibid. — On the molecular weight of hydrofluoric acid. *Chem. News*, t. XLIV, p. 164 ; *Am. Chem. Journ.*, t. III, p. 189 ; 1881.

Marchand. — Sur la présence du fluor dans les eaux. *Journ. Ph.*, (3), t. XXXVIII, p. 130 ; 1860.

Margraff. — Sur une volatilisation remarquable d'une partie de l'espèce de pierre nommée fluss-spath. *Mémoires de Berlin*, p. 3, 1768.

Ibid. — Sommaire des expériences sur deux espèces de spath fusibles. *Journ. Phys.*, t. II, p. 247 et 476 ; 1773.

Marignac. — Sur l'isomorphisme des fluosilicates et des fluostannates et sur le poids atomique du silicium. *C. R.*, t. XLVI, p. 854 ; *Journ. prak. Chem.*, t. LXXIV, p. 161 ; 1858.

Ibid. — Recherches sur les fluozirconates et sur la formule de la zircone. *C. R.*, t. L, p. 252 ; *Journ. prak. Chem.*, t. LXXX, p. 139 ; 1860 et 1861.

Ibid. — Ueber das Fluorzirkon und seine Verbindungen. *Journ. prak. Chem.*, t. LXXXIII, p. 201 ; 1861.

Ibid. — Recherches sur les tungstates, les fluotungstates et les silicotungstates. *C. R.*, t. LV, p. 888 ; *Rép. Chim.*, p. 83 ; 1862 et 1863.

Ibid. — Ueber die Analyse der borsauren Salze und der Fluorborverbindungen. *Zeit. anorg. Chem.*, t. I, p. 405 ; *Chem. News*, t. VIII, p. 75 ; 1862.

Ibid. — Recherches sur les acides silicotungstiques et note sur la constitution de l'acide tungstique. *Ann. Chim. Ph.*, (4), t. III, p. 5 ; *Arch. Sc. Ph. Nat.*, t. XX, p. 5 ; *Journ. prak. Chem.*, t. XCIV, p. 356 ; *C. R.*, t. LVIII, p. 809 ; *Lieb. Ann.*, t. CXXV, p. 362 ; 1863, 1864 et 1865.

Ibid. — Recherches sur les combinaisons du niobium (fluoxyniobates). *Arch. Sc. Ph. Nat.*, t. XXIII, p. 167 ; *Ann. Chim. Ph.*, (4), t. VIII, p. 24 ; *Journ. prak. Chem.*, t. XCVII, p. 449 ; *Lieb. Ann. Sup.*, t. IV, p. 273 ; 1865 et 1866.

Ibid. — Recherches sur les combinaisons du tantale. *Arch. Sc. Ph. Nat.*, t. XXVI, p. 89 ; *C. R.*, t. LXIII p. 85 ; *Ann. Chim. Ph.*, (4), t. IX, p. 249 ; *Bull. Soc. Chim.*, t. VI, p. 118 ; 1866.

Ibid. — Sur quelques fluosels de l'antimoine et de l'arsenic. *Arch. Sc. Ph. Nat.*, t. XXVIII, p. 5 ; *Ann. Chim. Ph.*, (4). t. X, p. 371 ; *Bull. Soc. Chim.*, t. VIII, p. 323 ; *Lieb. Ann.*, t. CXLV, p. 237 ; *Journ. prak. Chem.*, t. C, p. 398 ; *Zeit. Chem.* t. X, p. 111 ; 1867.

Marignac. — Notices chimiques et cristallographiques sur quelques sels de glucine et des métaux de la cérite (fluorure). *Arch. Sc. Ph. Nat.*, t. XLVI, p. 193 ; *Ann. Chim. Ph.*, (4), t. XXX, p. 45 ; *Bull. Soc. Chim.*, t. XX, p. 81 ; 1893.

Maumené. — Expérience pour déterminer l'action des fluorures sur l'économie animale. *C. R.*, t. XXXIX, p. 538 ; 1854.

Ibid. — Recherches expérimentales sur les causes du goître. *C. R.*, t. LXII, p. 381 ; 1866.

Mauro. — Ancora dei fluossimolibdati ammonici. *Gazz. Chim. Ital.*, t. XX, p. 109 ; 1890.

Mauzelius. — Ueber die 1-5 Fluornaphtalinsulfonsäure. *D. chem. G.*, t. XXII, p. 1844 ; 1889.

Ch. Mène. — Note sur la présence du fluor dans les eaux et le moyen d'en constater sûrement la présence. *C. R.*, t. L, p. 731 ; *Journ. Ph.*, (3). t. XXXVII, p. 431 ; 1860.

Merz. — Beiträge zur Kenntniss der Titansäure (Fluortitankalium). *Journ. prak. Chem.*, t. XCIX, p. 158 ; 1866.

Meslans. — Préparation et propriétés du fluorure de propyle et du fluorure d'isopropyle. *C. R.*, t, CVIII, p. 352 ; 1889.

Ibid. — Sur le fluoroforme. *C. R.*, t. CX, p. 717 ; *Bull. Soc. Chim.*, (3), t. III, p. 243 ; 1890.

Ibid. — Sur le fluorure d'allyle. *C. R.*, t. CXI, p. 882 ; 1890.

Ibid. — Sur les deux fluorhydrines de la glycérine. *C. R.*, t. CXIV, p. 763 ; 1892.

Ibid. — Sur la préparation et les propriétés du fluorure d'acétyle. *C. R.*, t. CXIV, p. 1020 et 1069 ; 1892.

Ibid. — Action de l'acide fluorhydrique anhydre sur les alcools. *C. R.*, t. CXV, p. 1080 ; 1892.

Ibid. — Recherches sur quelques fluorures organiques de la série grasse. *Ann. Chim. Ph.*, (7), t. I, p. 346 ; *Chem. News*, t. LXVII, p. 188, et t. LXX, p. 225 ; 1894.

Ibid. — Fluorure de soufre. *Bull. Soc. Chim.*, (3), t. XV, p. 391 ; 1896.

Ibid. — Sur les vitesses d'éthérification de l'acide fluorhydrique. *Ann. Chim. Ph.*, (7), t. VII, p. 94 ; 1896.

Meslans et **Girardet**. — Sur les fluorures d'acide. *C. R.*, t. CXXII, p. 230 ; *Bull. Soc. Chim.*, (3), t. XV, p. 343 ; 1896.
Voyez aussi **Moissan** et **Meslans**.

Metzner. — Étude des combinaisons de l'anhydride fluorhydrique avec l'eau. *C. R.*, t. CXIX, p. 682 ; 1894.

St. Meunier. — Observations sur le rôle du fluor dans les synthèses minéralogiques. *C. R.*, t. CXI, p. 509 ; 1890.

Ibid. — Reproduction du spinelle ou rubis balais. *C. R.*, t. CIV, p. 1111 ; 1887.

Meyer. — Beitrag zur Kenntniss der Flussspathsäure. *Schrift. Gesells. Berl.*, 1781.

Michaelis. — Die Thionylamine der aromatischen Reihe (Thionylfluorxylidin). *Lieb. Ann.*, t. CCLXXIV, p. 236 ; 1893.

Middleton. — Fluorine in Bones. *Phil. Mag.*, t. XXV, p. 119 ; *Chem., Soc.*, t. II, p. 134 ; 1844.

Minet. — Électrolyse par fusion ignée du fluorure d'aluminium. *C. R.*, t. CX, p. 1190, et t. CXI, p. 603 ; 1890.

Mohr. — Ueber das Aufschliessen der Silicate durch Fluorverbindungen. *Zeit. anorg. Chem.*, t. VII, p. 291 ; 1868.

Moissan. — Sur le trifluorure de phosphore. *C. R.*, t. XCIX, p. 655 et 970 ; *Journ. Ph.*, (5), t. X, p. 187 ; *Journ. prak. Chem.* (n. f.), t. XXX, p. 142 ; 1884.

Ibid. — Sur le trifluorure d'arsenic, *C. R.*, t. XCIX, p. 874 ; *Journ. prak. Chem.* (n. f.), t. XXX, p. 317 , 1884.

Ibid. — Sur une nouvelle préparation du trifluorure de phosphore et sur l'analyse de ce gaz. *C. R.*, t. C., p. 272 ; 1885.

Ibid. — Sur le produit d'addition PF^3Br^2, obtenu par l'action du brome sur le trifluorure de phosphore. *C. R.*, t. C., p. 1348 ; 1885.

Ibid. — Sur la préparation et les propriétés physiques du pentafluorure de phosphore. *C. R.*, t. CI, p. 1490; *Journ. Ph.*, t. XIII, p. 301 ; 1885.

Ibid. — Action du platine au rouge sur les fluorures de phosphore. *C. R.*, t. CII, p. 763 ; 1886.

Ibid. — Sur un nouveau corps gazeux, l'oxyfluorure de phosphore. *C. R.*, t. CII, p. 1245 ; *Journ. Ph.*, (5), t. XIV, p. 143 ; 1886.

Moissan. — Sur quelques propriétés nouvelles et sur l'analyse du gaz pentafluorure de phosphore. *C. R.*, t. CIII, p. 1257 ; 1886.

Ibid. — Recherches sur l'isolement du fluor. *C. R.*, t. CII, p. 1543, et t. CIII, p. 202 et 256 ; *Ann. Chim. Ph.*, (6), t. XII, p. 472 ; *Chem. News*, t. LIV, p. 51 et 80 ; 1886 et 1887.

Ibid. — Préparation et propriétés d'un bifluorhydrate et d'un trifluorhydrate de fluorure de potassium. *C. R.*, t. CVI, p. 547 ; 1888.

Ibid. — Préparation et propriétés du fluorure d'éthyle. *C. R.*, t. CVII, p. 260 ; 1888.

Ibid. — Sur quelques propriétés nouvelles et sur l'analyse du fluorure d'éthyle. *C. R.*, t. CVII, p. 992 ; 1888.

Ibid. — Action du chlore sur le fluorure de mercure. *Journ. Ph.*, (5), t. XX, p. 433 ; 1889.

Ibid. — Préparation et propriétés du fluorure de platine anhydre. *C. R.*, t. CIX, p. 807 ; 1889.

Ibid. — Nouvelles recherches sur la préparation et sur la densité du fluor. *C. R.*, t. CIX, p. 861 ; 1889.

Ibid. — Sur la couleur et sur le spectre du fluor. *C. R.*, t. CIX, p. 937 ; 1889.

Ibid. — Action du fluor sur les différentes variétés de carbone. *C. R.*, t. CX, p. 276 ; 1890.

Ibid. — Sur la préparation et les propriétés du tétrafluorure de carbone. *C. R.*, t. CX, p. 951 ; 1890.

Ibid. — Recherches sur l'équivalent du fluor. *C. R.*, t. CXI, p. 570 ; *Bull. Soc. Chim.*, (3), t. V, p. 152 ; *Zeit. Chem.*, t. XXX, p. 399 ; 1890 et 1891.

Ibid. — Recherches sur les propriétés anesthésiques des fluorures d'éthyle et de méthyle. *Bulletin de l'Académie de médecine de Paris*, (3), t. XXIII, p. 296 ; 1890.

Ibid. — Recherches sur les propriétés et la préparation du fluorure d'éthyle. *Ann. Chim. Ph.*, (6), t. XIX, p. 266 ; 1890.

Ibid. — Recherches sur le fluorure d'arsenic. *Ann. Chim. Ph.*, (6), t. XIX, p. 280 ; 1890.

Ibid. — Préparation des fluorures de baryum et de calcium cristallisés. *Bull. Soc. Chim.*, (3), t. V, p. 152 ; 1891.

Moissan. — Action de l'acide fluorhydrique sur l'anhydride phosphorique. *Bull. Soc. Chim.*, (3), t. V, p. 458 ; 1891.

Ibid. — Action du pentafluorure de phosphore sur la mousse de platine au rouge. *Bull. Soc. Chim.*, (3), t. V, p. 454 ; 1891.

Ibid. — Sur la préparation et les propriétes du fluorure d'argent. *Bull. Soc. Chim.*, (3), t. V, p. 456 ; *Journ. Ph.*, (5), t. XXIII, p. 329 ; 1891.

Ibid. — Sur la place du fluor dans la classification des corps simples. *Bull. Soc. Chim.*, (3), t. V, p. 880 ; *Journ. Ph.*, (5), t. XXIII, p. 489 ; 1891.

Ibid. — Nouvelles recherches sur le fluor. *Ann. Chim. Ph.*, (6), t. XXIV, p. 224 ; 1891.

Ibid. — Déterminations de quelques constantes physiques du fluor. *Ann. Chim. Ph.*, (6), t. XXV, p. 125 ; 1892.

Ibid. — Action du fluor sur l'argon. *Bull. Soc. Chim.*, (3), t. XIII, p. 973 ; *Chem. News*, t. LXXI, p. 297 ; 1895.

Ibid. — Préparation du fluor par électrolyse dans un appareil en cuivre. *C. R.*, t. CXXVIII, p. 1543 ; 1899.

Ibid. — Production d'ozone par la décomposition de l'eau au moyen du fluor. *C. R.*, t. CXXIX, p. 570 ; 1899.

Ibid. — Action de l'acide fluorhydrique et du fluor sur le verre. *C. R.*, t. CXXIX, p. 799 ; 1899.

Moissan et **Dewar**. — Sur la liquéfaction du fluor. *C. R.*, t. CXXIV, p. 1202, et t. CXXV, p. 505 ; *Journ. Ph.*, (6), t. VI, p. 401 ; *Rev. Ch. Ph.*, t. II, p. 14 ; *Chem. News*, t. LXXV, p. 277 et t. LXXVI, p. 197 ; *Chem. Soc. P.*, t. XIII, p. 175 ; 1897.

Moissan et **Meslans**. — Préparation et propriétés du fluorure de méthyle et du fluorure d'isobutyle. *C. R.*, t. CVII, p. 1155 ; 1888.

Voyez aussi **Becquerel** et **Moissan**.

Voyez aussi **Berthelot** et **Moissan**.

Moissenet. — Sur une nouvelle espèce minérale rencontrée dans le gîte d'étain de Montebras (fluophosphate d'alumine, de soude et de lithine). *C. R.*, t. LXXIII, p. 327 ; 1871.

Monnet. — Sur la nature du spath pesant. *Journ. Phys.*, t. VI, p. 214 ; 1775.

Monnet. — Mémoire sur la nature de la terre du spath fusible. *Mémoires de Turin*, t. III, p. 317 ; 1775.

Ibid. — Recherches sur le spath. *Journ. Phys.*, t. X, p. 106 ; 1777.

Ibid. — Réponse à une lettre de M. Boulanger. *Journ. Phys.*, t. XII, p. 408 ; 1778.

Ibid. — Sur la nature du spath vitreux nommé improprement spath fusible. *Journ. Phys.*, t. XXX, p. 253 ; 1787.

Ibid. — Dissertations et expériences relatives aux principes de la chimie pneumatique pour servir de supplément au traité de la dissolution des métaux (identité de l'acide sulfurique et de l'acide fluorique). *Ann. Chim. Ph.*, (1), t. X, p. 42 ; 1789.

Morveau — Lettre de M. de Morveau à M. Bergmann sur la dissolution du spath pesant. *Journ. Phys.*, t. XVII, p. 299 ; 1781.

Mougez. — Mémoire sur la distinction des spaths phosphoriques et pesants. *Journ. Phys.*, t. XIV, p. 350 ; 1779.

Müller. — Ueber die Palladiamine (Fluor-Palladiamin). *Lieb. Ann.*, t. LXXXVI, p. 364 ; 1853.

Ibid. — Chemische Mittheilungen (Flusssaüreapparat zur Silicataufschliessung). *Journ. prak. Chem.*, t. XCV, p. 51; 1865.

Müller-Erzbach. — Die nach dem Grundsatz der kleinsten Raumerfüllung abgeleitete chemische Verwandtschaft des Fluors zu den Metallen. *D. chem. G.*, t. XIV, p. 2212 ; 1881.

Mylius. — Chlorine, Bromine, Iodine and Fluorine. *Chem. News*, t. XXXIII, p. 244 ; 1876.

Nesbit. — On the phosphoric acid and fluorine contained in different geological strata. *Chem. Soc.*, t. I, p. 233 ; 1848.

Nicklès. — Présence du fluor dans le sang. *C. R.*, t. XLIII, p. 885 ; 1856.

Ibid. — Recherche du fluor. Action des acides sur le verre. *C. R.*, t. XLIV, p. 679 ; 1857.

Ibid. — Présence du fluor dans les eaux minérales de Plombières, de Vichy et de Contrexéville. *C. R.*, t. XLIV, p. 783 ; *Journ. Ph.*, (3), t. XXXII, p. 50 et 269 ; 1857.

Ibid. — Sur l'acide sulfurique fluorifère et sur sa purification. *C. R.*, t. XLV, p. 250 ; 1857.

Nicklès. — Recherches sur la diffusion du fluor. *C. R.*, t. XLV, p. 331, et t. XLVIII, p. 637; *Journ. Ph.*, (3), t. XXXIV, p. 113 et 185; *Ann. Chim. Ph.*, (3), t. LIII, p. 433; 1858.

Ibid. — Sur la recherche du fluor. *Journ. Ph.*, (3), t. XXXI, p. 334 et t. XXXVIII, p. 382 ; 1857 et 1860.

Ibid. — Sur de nouvelles combinaisons manganiques. *C. R.*, t. LXV, p. 107 et t. LXVII, p. 448 ; *Bull. Soc. Chim.*, t. VIII, p. 408 ; *Journ. prak. Chem.*, t. CV, p. 10 ; 1867 et 1868.

Ibid. — Les nouveaux fluosels et leurs usages. *Rev. Sc.*, t. V, p. 390 ; 1868.

Ibid. — Sur quelques réactions particulières aux fluorures alcalins. *Journ. Ph.*, (4), t. IX, p. 273 ; 1869.

Ibid. — Fluorure double à base de fer et de sodium. *Journ. Ph.*, (4), t. X, p. 14 ; 1869.

Nordenskiöld. — Crystallography and chemical investigation of some minerals containing fluorine from Ivitule, Greenland. *Chem. Soc.*, t. XXX, p. 384 ; 1876.

Oeberg. — Chaleur spécifique de la cryolithe. *Svens. vetens. acad.*, t. XLII, p. 45 ; 1885.

F. Oettel. — Ueber eine neue Methode zur Bestimmung des Fluors auf volumetrischem Wege. *Zeit. an. Chem.*, t. XXV, p. 505 ; 1886.

Olszewski. — Bestimmung der Erstarrungstemperatur einiger Gase und Flüssigkeiten (Fluorsilicium). *Monat. Chem.*, t. V, p. 127 ; 1884.

Ibid. — Erstarrung des Fluorwasserstoffs, Verflüssigung und Erstarrung des Antimonwasserstoffs. *Monat. Chem.*, t. VII, p. 371 ; *Bull. Soc. Chim.*, t. XLVI, p. 643 ; 1886.

H. Ost. — Die Bestimmung des Fluors in Pflanzenaschen. *D. chem. G.*, t. XXVI, p. 151 ; 1893.

Pallas. — Sur le spath fluor de Catherinenbourg. *Nova acta Academiæ scientiarum petropolitanæ*, t. I, p. 157 ; 1787,

Parmentier. — Sur les eaux minérales fluorées. *C. R.*, t. CXXVIII, p. 1100 et 1409 ; 1899.

Paschen. — Ueber die Dispersion des Fluorits. *Wied. Ann.*, t. LIII, p. 301 ; 1894.

Patein. — Action du fluorure de bore sur les nitriles. *C. R.*, t. CXIII, p. 85; 1891.

Paterno. — Sopra taluni composti organici fluorurati. *Gazz. Chim. Ital.*, t. XI, p. 90; 1881.

Paterno e Alvisi. — Interno adalcune reazioni di fluoruri metallici. *Gazz. Chim. Ital.*, t. XXVIII, p. 18; 1898.

Paterno e Oliveri. — Ricerche sui tre acidi fluobenzoici isomeri e sugli acidi fluotoluico e fluoanisico. *Gazz. Chim. Ital.*, t. XII, p. 85; *Bull. Soc. Chim.*, t. XXXIX, p. 83; 1882 et 1883.

Ibid. — Fluorobenzina e fluorotoluene. *Gazz. Chim. Ital.*, t. XIII, p. 533; 1883.

Paterno e Peratoner. — Sulla formula dell'acido fluoridrico. *Gazz. Chim. Ital.*, t. XXI, p. 149; 1891.

Pearsall. — Ueber die Wirkungder Elektricität auf die bei Erwärmung phosphorescirenden Mineralien. *Pogg. Ann.*, t. XX, p. 252; 1830.

Penfield. — On a new volumetric method of determining fluorine. *Amer. Chem. Journ.*, t. I, p. 27; *Chem. News*, t. XXXIX, p. 179; 1879.

Petersen. — Fluorverbindungen des Vanadiums und seiner nächsten Analoga. *D. chem. G.*, t. XXI, p. 3257; *Journ. prak. Chem.* (n. f.), t. XL, p. 193 et 271; *Bull. Soc. Chim.*, (3), t. I, p. 364; 1889.

Pfaff. — Untersuchungen über die Ausdehnung der Krystalle durch die Wärme (Flussspath). *Pogg. Ann.*, t. CIV, p. 182; 1858.

Pfaundler. — Beiträge zur Kenntniss einiger Fluor-Verbindungen. *Wied. Ann.*, t. XLVI, p. 258; *Journ. prak. Chem.*, t. LXXXIX, p. 135; *Zeit. Chem.*, t. V, p. 698 et 725; 1862 et 1863.

Phipson. — Note on fluorine. *Chem. News*, t. IV, p. 215; 1861.

Ibid. — Sur un bois fossile contenant du fluor. *C. R.*, t. CXV, p. 473; *Chem. News*, t. LXVI, p. 181; 1892.

Piccini. — Einwirkung von Wasserstoffsuperoxyd auf einige Fluoride und Oxyfluoride. *Zeit. anorg. Chem.*, t. I, p. 51, t. II, p. 21 et t. X, p. 438; 1892 et 1895.

Pictet. — Sur un spath fluor rose octaèdre de Chamouni. *Journ. Phys.*, t. XL, p. 155; 1792.

Pisani. — Analyse de l'amblygonite de Montebras (Creuse). *C. R.*, t. LXXIII, p. 1479; 1871.

Ibid. — Analyse de l'amblygonite d'Hébron (Maine). *C. R.*, t. LXXV, p. 79 ; 1872.

Pitheki. — Adresse une note sur les résultats auxquels il est arrivé en répétant les expériences de M. Fremy sur les fluorures. *C. R.*, t. XLII, p. 1175 ; 1856.

Popp. — Untersuchung über die Yttererde (Yttriumfluorür). *Lieb. Ann.*, t. CXXXI, p. 190 ; 1864.

Poulenc. — Sur un nouveau corps gazeux, le pentafluochlorure de phosphore. *C. R.*, t. CXIII, p. 75 ; *Ann. Chim. Ph.*, (6), t. XXIV, p. 548 ; 1891.

Ibid. — Action du fluorure de potassium sur les chlorures anhydres. Préparation des fluorures anhydres de nickel et de potassium, de cobalt et de potassium. *C. R.*, t. CXIV, p. 746 ; *Journ. Ph.*, (5), t. XXVI, p. 200 ; 1892.

Ibid. — Sur les fluorures de nickel et de cobalt anhydres et cristallisés. *C. R.*, t. CXIV, p. 1426 ; *Journ. Ph.*, (5), t. XXVI, p. 251 ; 1892.

Ibid. — Sur les fluorures de fer anhydres et cristallisés. *C. R.*, t. CXV, p. 941 ; 1892.

Ibid. — Sur les fluorures alcalino-terreux. *C. R.*, t. CXVI, p. 987 et 1086 ; 1893.

Ibid. — Étude des fluorures de chrome. *C. R.*, t. CXVI, p. 253 ; 1893.

Ibid. — Sur les fluorures de zinc et de cadmium. *C. R.*, t. CXVI, p. 581 ; 1893.

Ibid. — Sur les fluorures de cuivre. *C. R.*, t. CXVI, p. 1446 ; *Journ. Ph.*, (5), t. XXVIII, p. 215 ; 1893.

Ibid. — Contribution à l'étude des fluorures anhydres et cristallisés *Ann. Chim. Ph.*, (7), t. II, p. 5 ; 1894.

Prat. — Recherches sur la constitution chimique des composés fluorés et sur l'isolement du fluor. *C. R.*, t. LXV, p. 345 et 511 ; *Journ. Ph.*, (4), t. VI, p. 253 ; *Chem. News*, t. XVII, p. 20 ; *Zeit. Chem.*, t. X, p. 698 ; 1867 et 1868.

Preis. — Ueber das Kieselfluorcäsium. *Journ. prak. Chem.*, t. CIII, p. 410 ; 1868.

Proust. — Lettre sur l'acide fluorique des os fossiles. *Journ. Phys.*, t. LXII, p. 24 ; 1806.

Punmaurin. — Von der Wirkung der Flussspathsäure auf die Kieselerde. *Crells ch. Ann.*, t. III, p. 467 ; 1788.

Quet et **Colin**. — Recherches sur le fluor. *C. R.*, t. XXIII, p. 1067 ; 1846.

Radominskf. — Sur un phosphate de cérium renfermant du fluor. *C. R.*, t. LXXVIII, p. 764 ; *Bull. Soc. Chim.*, t. XXI, p. 3 et 293 ; 1874.

Rammelsberg. — Ueber die Verbindungen des Tantals und Niobs (Tantalfluorid und Doppelfluorüre). *Journ. prak. Chem.*, t. CVII, p. 340 et t. CVIII, p. 80 ; 1869.

Ibid. — Ueber die chemische Zusammensetzung der Turmaline. *Journ. prak. Chem.*, t. CVIII, p. 174 ; 1869.

Ibid. — Ueber den Amblygonit von Montebras. *D. chem. G.*, t. V, p. 78 ; 1872.

Rees. — On the supposed existence of fluoric acid in animal matter. *Phil. Mag.*, (3), t. XV, p. 558 ; *Journ. prak. Chem.*, t. XIX, p. 446 ; 1839 et 1840.

Regnault. — Recherches sur la chaleur spécifique des corps simples et composés. *C. R.*, t. XII, p. 56 ; *Ann. Chim. Ph.*, (3), t. I, p. 126 ; *Lieb. Ann.*, t. XL, p. 165 ; 1841.

Reich. — Einwirkung von Fluorsilicium auf ein Gemisch von Thonerde und Kieselsaüre. *Monat. Chem.*, t. XVII, p. 152 ; 1896.

Reinsch. — Einige Versuche über die Wirkung der Flussspathsäure auf Alkohol und Terpentinöl. *Journ. prak. Chem.*, t. XIX, p. 314 ; 1840.

Renault. — Action de la lumière sur quelques sels haloïdes de cuivre (fluorures). *C. R.*, t. LIX, p. 558 ; *Bull. Soc. Chim.*, t. III, p. 157 ; 1865.

Richters. — Sur l'emploi du fluorure de calcium à la place de la chaux dans la fabrication du verre. *Bull. Soc. Chim.*, t. XII, p. 78 ; *Ding. Polyt. J.*, t. CXCI, p. 301 ; 1869.

Robson. — Sur l'emploi du fluosilicate de soude comme antiseptique. *Journ. Ph.*, (5), t. XIX, p. 66 ; 1889.

Rogers. — Fluoride of calcium in cannel coal. *Am. Journ. Sc.*, (2), t. II, p. 124 ; 1846.

Roscoe. — On the composition of the aquéous acids of constant boiling point. *Chem. Soc.*, t. XIII, p. 162 ; 1860.

H. Rose. — Des combinaisons du chrome avec le fluor et le chlore. *Ann. Chim. Ph.*, (2), t. LXI, p. 94 ; *Phil. Mag.*, (3), t. IX, p. 151 ; *Lieb. Ann.*, t. VIII, p. 168 ; 1833 et 1836.

Ibid. — Ueber die Einwirkung des Wassers auf die alkalischen Schwefelmetalle und auf die Haloïdsalze. *Pogg. Ann.*, t. LV, p. 537 ; *Lieb. Ann.*, t. XLIV, p. 246 ; 1842.

Ibid. — Ueber die Anwendung des Salmiaks in der analytischen Chemie. *Journ. prak. Chem.*, t. XLV, p. 119 ; 1848.

Ibid. — Ueber die quantitative Bestimmung des Fluors. *Pogg. Ann.*, t. LXXIX, p. 112 ; *Lieb. Ann.*, t. LXXII, p. 343 ; *Journ. prak. Chem.*, t. XLIX, p. 309 ; *Journ. Ph.*, (3), t. XVIII, p. 227 ; 1849 et 1850.

Ibid. — Ueber die Verbindungen des Tantal mit Fluor. *Journ. prak. Chem.*, t. LXIX, p. 468 ; 1856.

Ibid. — Ueber die Verbindungen des Unterniobs mit Chlor und Fluor. *Journ. prak. Chem.*, t. LXXVIII, p. 183 ; 1859.

Ibid. — Nouveau procédé pour l'attaque des silicates. *Rep. Chim.*, p. 16. ; *Pogg. Ann.*, t. CVIII, p. 20 ; 1860.

G. Rose. — Ueber die chemische Zusammensetzung des Apatit. *Pogg. Ann.*, t. IX, p. 212 ; 1827.

Ibid. — Ueber einige neue Formen des regulären Krystallisations-systems. *Pogg. Ann.*, t. XII, p. 383, 1828.

Rubens und **Snow.** — Ueber die Brechung der Strahlen von grosser Wellenlänge in Steinsalz, Sylvin und Fluorit. *Wied. Ann.*, t. XLVI, p. 529 ; 1892.

Rulandus Martinus. — *Lexicon Alchemiæ* (article Fluores), p. 216 ; Francfort, 1661.

Sage. — Analyse d'un spath pesant vert. *Acad. Roy. Sc.*, p. 238 ; 1785.

Ibid. — Analyse du spath pesant, aéré, transparent et strié d'Alstonswoor. *Acad. Roy. Sc.*, p. 143 ; *Journ. Phys.*, t. XXXII, p. 256 ; 1788.

Sage. — Observations sur le spath calcaire rhomboïdal trouvé dans les carrières de grès de Fontainebleau. *Acad. Roy. Sc.*, p. 399; *Journ. Phys.*, t. XXXVII, p. 156 ; 1790.

H. Sainte-Claire Deville. — Préparation et propriétés du fluorure d'aluminium. *C. R.*, t. XLII, p. 49 ; *Journ. prak. Chem.*, t. LXVII, p. 364 ; 1856.

Ibid. — Mémoire sur des faits nouveaux concernant l'iodure d'argent et les fluorures métalliques. *C. R.*, t. XLIII, p. 970 ; *Journ. prak. Chem.*, t. LXXI, p. 293 ; 1856 et 1857.

Ibid. — Analyse de quelques minerais argileux. *Ann. Chim. Ph.*, (3), t. LXI, p. 241 ; *Chem. News*, t. IV, p. 255 ; 1861.

H. Sainte-Claire Deville et Caron. — Nouveau mode de production à l'état cristallisé d'un certain nombre d'espèces chimiques et minéralogiques. *Ann. Chim. Ph.*, (4), t. V, p. 104 ; 1865.

Ibid. — Mémoire sur l'apatite et la wagnérite. *C. R.*, t. XLVII, p. 985 ; 1858.

H. Sainte-Claire Deville et Fouqué. — Mémoire sur les pertes qu'éprouvent les minéraux par la chaleur. Détermination de leur nature et de leur quantité, principalement en ce qui concerne le fluor. *C. R.*, t. XXXVIII, p. 317 ; *Journ. prak. Chem.*, t. LXII, p. 78 ; 1854.

G. Salet. — Sur les spectres des métalloïdes. *Ann. Chim. Ph.*, (4), t. XXVIII, p. 34 ; 1873.

Sapper. — Ueber die Einwirkung der Halogenwasserstoffe auf zusammengesetzte Aether. *Lieb. Ann.*, t. CCXI, p. 178; 1882.

Sarasin. — Indice de réfraction du spath fluor. *C. R.*, t. XCVII, p. 850. *Arch. Sc. Ph. Nat.*, t. X, p. 303; 1883.

Savaresi. — Lettre à M. Fourcroy, action du carbone sur le fluate de chaux. *Ann. Chim. Ph.*, (1), t. VIII, p. 9 ; 1791.

Schafhaütl. — Chemisch-mineralogische Untersuchungen. *Lieb. Ann.*, t. XLVI, p. 344 ; 1843.

Ibid. — Ueber den blauen Stinkfluss von Wölsendorf in der Oberpfalz. *Journ. prak. Chem.*, t. LXXVI, p. 129 ; 1859.

Scheele. — Undersökning om fluss-spath och dess syra. *Svens. vetens. Acad.*, p. 120, 1771.

Scheele. — Suite d'expériences par lesquelles M. Scheele a découvert les principes des spaths fluors et leurs propriétés. *Journ. Phys.*, t. II, p. 473 ; 1773.

Ibid. — Anmerkungen über den Flussspath. *Crells ch. Arch.*, t. VIII, p. 117 ; *Journ. Phys.*, t. XXII, p. 264 ; 1782 et 1783.

Ibid. — Examen du spath fluor et de son acide. *Mémoires de Chymie*, t. I, p. 1 ; 1785.

Ibid. — Neue Beweise von der Eigenthümlichkeit der Flussspath-säure. *Crells ch. Ann.*, t. I, p. 3 ; 1786.

Scheerer. — Beiträge zur Kenntniss norwegischer Mineralien (Flussspath). *Pogg. Ann.*, t. LXV, p. 286 ; 1845.

Scheerer und **Drechsel.** — Künstliche Darstellung von Flussspath und Schwerspath. *Journ. prak. Chem.* (n. f.), t. VII, p. 63 ; *Gazz. Chim. Ital.*, t. III, p. 318 ; 1873.

Scheurer-Kestner. — Note sur l'industrie de la soude (Présence du fluor dans les lessives de soude brutes). *Bull. Soc. Chim.*, t. XXXIX, p. 413 ; 1883.

Schiff. — Untersuchungen über die Borsäureäther. *Lieb. Ann. Sup.*, t. V, p. 172 ; 1867.

Schmitt und **Gehren.** — Ueber Fluorbenzoësäure und Fluorbenzol. *Journ. prak. Chem.* (n. f.), t. I, p. 394 ; *Ann. Chim. Ph.*, (4), t. XXIII, p. 113 ; *Bull. Soc. Chim.*, t. XIV, p. 307 ; *Chem. Soc.*, t. XXIV, p. 368 ; 1870 et 1871.

Schönbein. — Ueber den riechenden Flussspath von Wölsendorf in Bayern. *Journ. prak. Chem.*, t. LXXIV, p. 325 ; 1858.

Ibid. — Fortsetzung der Beiträge zur nähern Kenntniss des Sauerstoffes. *Journ. prak. Chem.*, t. LXXX, p. 280 ; 1860.

Ibid. — Ueber das Vorkommen des freien positiv-activen Sauerstoffes in dem Wölsendorfer Flussspath. *Journ. prak. Chem.*, t. LXXXIII, p. 95 ; 1861.

Ibid. — Ueber den muthmasslichen Zusammenhang der Antozonhaltigheit des Wölsendorfer Flussspathes mit dem darin enthaltenen blauen Farbstoffe. *Journ. prak. Chem.*, t. LXXXIX, p. 7 ; *Rép. Chim.*, p. 547 ; 1863.

Schrötter. — Ueber das Vorkommen des Ozons in Mineralreiche (Flussspath). *Pogg. Ann.*, t. CXI, p. 562; *Wien. Sitz. Ber.*, t. XLI, p. 725; 1860.

Schulze. — Sur l'oxydation des sels haloïdes. *Bull. Soc. Chim.*, t. XXXV, p. 173; *Journ. prak. Chem.* (n. f.), t. XXI, p. 407; 1881.

Schultz-Sellack. — Verbindungen der haloïdsalze und salpetersäure. *D. chem. G.*, t. IV, p. 113; 1871.

Seguin. — Sur le spectre de l'étincelle électrique dans les gaz composés, en particulier dans le fluorure de silicium. *C. R.*, t. LIV, p. 933; *Chem. News*, t. VI, p. 282; 1862.

de Sénarmont. — Remarque au sujet du mémoire de H. Sainte-Claire Deville. *C. R.*, t. XLII, p. 52; 1856.

Siegwart. — On the application of certain fluoric-compounds for the preparation of frosted-glass for photographic purposes. *Chem. Soc.*, t. XXIV, p. 166; 1871.

Smith. — Source of fluorine in Fossil Bones. *Amer. Journ. Sc.*, t. XLVIII, p. 99; 1845.

Smith. — Minerals from Lehigh county. *Amer. Chem. Journ.*, t. V, p. 272; 1884.

Smithells. — On some fluorine compounds of uranium. *Chem. Soc.*, t. XLIII, p. 125; 1883.

Sping et **Henry**. — Rapport sur les mémoires de M. Swarts. *Mém. Belg.*, (3), t. XXXIV, p. 321; 1897.

Städeler. — Gefässe zur Aufbewahrung der Flusssäure. *Lieb. Ann.*, t. LXXXVII, p. 137; 1853.

Stahl. — Hydrofluoric acid. *Chem. News*, t. LXXIV, p. 45; 1896.

Stein. — Ueber Fluorantimondoppelsalze. *Chem. Zeit.*, t. XIII, p. 131 et 357; 1889.

Stolba. — Faits pour servir à l'histoire de l'acide hydrofluosilicique et de ses sels de potasse et de soude. *Bull. Soc. Chim.*, t. I, p. 177; *Journ. Ph.*, (3), t. XLV, p. 276; *Journ. prak. Chem.*, t. XC, p. 193; 1864.

Ibid. — Ueber das Kieselfluorlithium. *Journ. prak. Chem.*, t. XCI, p. 456; *Journ. Ph.*, (3), t. XLVI, p. 75; 1864.

Ibid. — Ueber die Bedeutung der Kieselflussäure für die chemische Analyse. *Journ. prak. Chem.*, t. XCIV, p. 24; 1865.

Stolba. — Zur maassanalytischen Bestimmung der Kieselerde. *Journ. prak. Chem.*, t. XCVI, p. 175; 1865.

Ibid. — Einige Beiträge zur Kenntniss des Kieselfluorbaryum. *Journ. prak. Chem.*, t. XCVI, p. 22; *Bull. Soc. Chim.*, t. VI, p. 198; 1865 et 1866.

Ibid. — Bestimmung des Wassergehaltes krystallisirter Kieselfluorverbindungen. *Journ. prak. Chem.*, t. CI, p. 157; 1867.

Ibid. — Ueber das Kieselfluorrubidium. *Journ. prak. Chem.*, t. CII, p. 1; 1867.

Ibid. — Ueber das krystallisirte Kieselfluorkupfer. *Journ. prak. Chem.*, t. CII, p. 7; 1867.

Ibid. — Ueber das Kieselfluorkalium. *Journ. prak. Chem.*, t. CIII, p. 396; 1868.

Ibid. — Sur le fluoborate de potassium. *Bull. Soc. Chim.*, t. XVIII, p. 309; 1872.

Ibid. — Sur l'emploi du fluosilicate de sodium dans l'analyse. *Bull. Soc. Chim.*, t XVIII, p. 452; *Zeit. an. Chem.*, t. XI, p. 199; 1872.

G. Streit und **B. Franz.** — Ueber Gewinnung reiner Titansäure, sowie über ihre Trennung von Zirkon und Eisen. *Journ. prak. Chem.*, t. CVII, p. 66; 1869.

Streng. — Ueber das fluorchromsaure Kali, eine neue Fluorverbindung. *Lieb. Ann.*, t. CXXIX, p. 225; *Journ. Ph.*, (3), t. XLV, p. 359; 1864.

Stromeyer. — Ueber die quantitative Bestimmung der Borsäure. *Lieb. Ann.*, t. C, p. 92; 1856.

Swarts. — Sur un nouveau dérivé fluoré du carbone. *Mém. Belg.*, (3), t. XXIV, p. 309; 1892.

Ibid. — Sur le fluochloroforme. *Mém. Belg.*, (3), t. XXIV, p. 474; 1892.

Ibid. — Sur le fluorchlorbrométhane. *Mém. Belg.*, (3), t. XXVI, p. 162; 1893.

Ibid. — Sur le fluochlorure d'antimoine. *Mém. Belg.*, (3), t. XXIX, p. 874; 1895.

Ibid. — Sur l'acide fluoracétique. *Mém. Belg.*, (3), t. XXXI, p. 675; 1896.

Swarts. — Sur quelques dérivés fluobromés en C^2. *Mém. Belg.*, (3), t. XXXIII, p. 439, et t. XXXIV, p. 307 ; 1897.

Ibid. — Sur l'indice de réfraction atomique du fluor. *Mém. Belg.*, (3), t. XXXIV, p. 293 ; 1897.

Ibid. — Sur l'acide dibromfluoracétique, (3), t. XXXV, p. 849 ; 1898.

Tammann. — Ueber den Nachweis und die Bestimmung des Fluors. *Zeit. an. Chem.*, t. XXIV, p. 328 ; 1885.

Ibid. — Sur la présence du fluor dans l'organisme. *Journ. Ph.*, (5), t. XXII, p. 109 ; 1888.

Tassel. — Sur la combinaison du pentafluorure de phosphore avec l'acide hypoazotique. *C. R.*, t. CX, p. 1264 ; 1890.

Tessié du Mothay et **Maréchal**. — Production chimique de gravures mates sur cristal et sur verre. *C. R.*, t. LXII, p. 301 ; 1866.

Thenard et **Gay-Lussac**. — Mémoire sur l'acide fluorique. *Ann. Chim. Ph.*, (1), t. LXIX, p. 204, et Recherches physico-chimiques, t. II, p. 1 ; 1809 et 1811.

Thomsen. — Thermochemische Untersuchungen (Fluorwasserstoffsäure). *Pogg. Ann.*, t. CXXXVIII, p. 201, et t. CXXXIX, p. 217 ; 1869 et 1870.

Ibid. — Ueber die Constitution der Kieselsäure und der Flusssäure in wässriger Lösung. *D. chem. G.*, t. III, p. 593 ; 1870.

Thomson. — On the antiseptic properties of some of the fluorure compounds. *Chem. News*, t. LVI, p. 132 ; *Journ. Ph.*, (5), t. XIX, p. 65, 1887 et 1889.

Thorpe. — On Phosphorus pentafluoride. *Roy. Soc. Proc.*, t. XXV, p. 122; *Lieb. Ann.*, t. CLXXXII, p. 201 ; 1876.

Ibid. — On the relation between the molecular weights of substances and their specific gravities when in the liquid state. *Chem. Soc.*, t. XXXVII, p. 385 ; 1880.

Thorpe and **Hambly**. — The vapour density of hydrofluoric acid. *Chem. Soc.*, t. LIII, p. 765, et t. LV, p. 163 ; *Chem. Soc. P.*, t. V, p. 27 ; *Bull. Soc. Chim.*, (3), t. I, p. 713 et 780 ; 1888 et 1889.

Ibid. — Phosphoryl trifluoride. *Chem. Soc.*, t. LV, p. 759 ; *Chem. Soc. P.*, t. V, p. 213 ; 1889.

Thorpe and **Kirman**. — Fluosulphonic acid. *Chem. Soc.*, t. LXI, p. 921 ; *Chem. Soc. P.*, t. VIII, p. 160; *Zeit. anorg. Chem.*, t. III, p. 63; 1892.

Thorpe and **Rodger**. — Thiophosphoryl fluoride. *Chem. Soc.*, t. LIII, p. 766, et t. LV, p. 306 ; *Chem. Soc. P.*, t. V, p. 77 ; 1888 et 1889.

Tissier. — Note sur la transformation du fluorure double d'aluminium et de sodium en aluminate de soude. *C. R.*, t. XLIII, p. 102 ; 1856.

Ibid. — Recherche sur la composition des aluminates déduite de celle des fluorures. *C. R.*, t. XLVIII, p. 627 ; *Rép. Chim.*, t. I, p. 289 ; *Journ. prak. Chem.*, t. LXXXV, p. 429; 1858, 1859 et 1862.

Ibid. — Action de la magnésie sur les fluorures alcalins. *C. R.*, t. LVI, p. 848 ; *Chem. News*, t. VII, p. 245 ; 1863.

Töhl. — Ueber einige Halogenderivate methylirter Benzole. *D. chem. G.*, t. XXV, p. 1525 ; 1892.

Töhl und **Müller**. — Ueber das Verhalten einiger Halogenderivate des Pseudocumols gegen Schwefelsäure. *D. chem. G.*, t. XXV, p. 1108 ; 1893.

Tommasi. — Sur la chaleur de formation de quelques composés solubles et sur la loi des constantes thermiques. *C. R.*, t. XCVIII, p. 44. *Bull. Soc. Chim.*, t. XLI, p. 537 ; 1884.

H. Topsoe et **Christiansen**. — Recherches optiques sur quelques séries de substances isomorphes (fluosilicates d'ammoniaque, cuivre, nickel, etc.). *Ann. Chim. Ph.*, (5), t. I, p. 22 ; 1874.

Troost et **Hautefeuille**. — Sur quelques réactions des chlorures de bore et de silicium (analogie avec les fluorures). *C. R.*, t. LXXV, p. 1819 ; *Lieb. Ann.*, t. CLXII, p. 292; 1872.

Ibid. — Recherches sur le silicium, ses sous-fluorures, ses sous-chlorures et ses oxychlorures. *Ann. Chim. Ph.*, (5). t. VII, p. 452; 1876.

Truchot. — Étude thermique des fluosilicates alcalins. *C. R.*, t. XCVIII, p. 1330. ; 1884.

Ibid. — Étude thermochimique, du fluosilicate d'ammoniaque. *C. R.*, t. C, p. 794; 1885.

Unverdorben. — Sur le fluorure d'arsenic. *Ann. Min.*, (2), t. I, p. 112 ; 1827.

Ibid. — Sur le fluorure de chrome. *Ann. Min.*, (2), t. I. p. 135 ; 1827.

L. Varenne. — Sur une combinaison de l'acide chromique avec le fluorure de potassium. *C. R.*, t. LXXXIX, p. 358; 1879.

Ibid. — Action de l'acide fluorhydrique sur le bichromate d'ammoniaque. *C. R.*, t. XCI, p. 989; 1880.

Verneuil. — Voyez **Fremy** et **Verneuil.**

Wagner. — Ueber die Verbindungen der Schwermetallfluoride mit den Fluoriden des Ammoniums, Kaliums und Natriums. *D. chem. G.*, t. XIX, p. 896; 1886.

Wallach. — Ueber einen Weg zur leichten Gewinnung organischer Fluorverbindungen. *Lieb. Ann.*, t. CCXXXV, p. 255; 1886.

Wallach und **Heusler.** — Ueber organische Fluorverbindungen. *Lieb. Ann.*, t. CCXLIII, p. 219; 1887.

Wallerant. — Sur le polymorphisme de la fluorine. *C. R*, t. CXXVI., p. 494; 1898.

Webb. — Notice on fluor spar. *Am. Journ. Sc.*, t. VII, p. 54; 1824.

Weber. — Sur quelques nouvelles combinaisons du titane. *Bull. Soc. Chim.*, t. I, p. 184; *Journ. prak. Chem.*, t. XC, p. 212; 1864.

Weinland und **Koppen.** — Einige Doppelfluoride des Eisens und Aluminiums und zweiwertiger Metalle. *Zeit. anorg. Chem.*, t. XXII, p. 266; 1894.

Weinland und **Lauenstein.** — Ueber Fluorjodate. *D. chem. G.*, t. XXX, p. 866; *Zeit. anorg. Chim.*, t. XX, p. 30; 1897 et 1899.

Ibid. — Ueber die Einwirkung der Fluorwasserstoffsäure auf Wismuthsäure bezw. Kaliumbismuthat. *Zeit. anorg. Chim.*, t. XX, p. 46; 1899.

Weinland und **Alfa.** — Ueber ein Fluorsulfat und ein Fluorphosphat des Kaliums bezw. Rubidiums. *D. chem. G.*, t. XXXI, p. 123; 1898.

Ibid. — Ueber fluorierte Phosphate, Sulfate, Seleniate, Tellurate und Dithionate. *Zeit. anorg. Chem.*, t. XXI, p. 43; 1899.

Werner. — Beiträge zur Konstitution anorganischer Verbindungen (Doppelfluoride). *Zeit. anorg. Chem.*, t. IX, p. 405; 1895.

Vivier. — Analyse de l'apatite de Lograzan. *C. R.* t, XCIX, p. 109; 1884.

Werther. — Ueber Silicatanalysen. *Journ. prak. Chem.*, t. XCI, p. 322; 1864.

Wiegleb. — Ueber Flussspathsäure. *Crells. Entdeck.*, t. I, p. 3; 1781.

Wilber. — Zur Reinigung des Fluorammoniums. *Zeit. an. Chem.*, t. XXIII, p. 537; *Am. Chem. Journ.*, t. V, p. 389 : 1884.

Wilmm. — Recherches sur le thallium (fluorure). *Ann. Chim. Ph.*, (4), t. V, p. 48 ; 1865.

Wilson. — On the solubility of fluoride of calcium in water and its relations to the occurrence of Fluorine in Minerals and in Recent and Fossil Plants and Animals. *Am. Journ. Sc.*, (2), t. II, p. 114; *Lieb. Ann.*, t. IX, p. 233 ; *Journ. prak. Chem.*, t. XLVI, p. 114; *Journ. Ph.*, t. XII, p. 444 ; 1846, 1847 et 1849.

Ibid. — On the presence of Fluorine in the Waters of the Firth of Forth, etc. *Am. Journ. Sc.*, (2), t. IX, p. 118 ; 1850.

Ibid. — On a new process for the detection of fluorine when accompanied by silica. *Chem. Soc.*, t. V, p. 151 ; *Ann. Chim. Ph.*, (3), t. XXXII, p. 354 ; 1852.

Ibid. — Ueber die Gegenwart von Fluor in den Stengeln der Gramineen, etc. *Journ. prak. Chem.*, t. LVII, p. 246 ; 1852.

Ibid. — On M. Nicklès claim to be the discoverer of fluorine in blood. *Phil. Mag.*, (4), t. XIII, p. 162 ; 1857.

Wingard. — Vesuvische Humite von nyakopparbergund Ladugrufvan. *Zeit. an. Chem.*, t. XXIV, p. 344 ; 1885.

Wöhler. — Sur un fluorure de manganèse gazeux. *Ann. Chim. Ph.*, (2), t. XXXVII, p. 101; *Ann. Min.*, (2), t. III, p. 163 ; 1828.

Ibid. — Analyse des Pyrochlors. *Pogg. Ann.*, t. XLVIII, p. 83 ; 1839.

Wolff. — Chemisch-mineralogische Notizen (Flussspath). *Journ. prak. Chem.*, t. XXXIV, p. 237 ; 1845.

Wollaston. — Method of examining refractive and dispersive powers, *Phil. Trans.*, t. XCII, p. 371; *Ann. Chim. Ph.*, (1), t. XLVI, p. 50; 1802 et 1803.

Wyrouboff. — Sur les substances colorantes des fluorines. *Bull. Soc. Chim.*, t. V, p. 334 ; 1866.

Young. — Note on the formation of an Alcoholic fluoride. *Chem. Soc.*, t. XXXIX, p. 489; 1881.

Zellner. — Ueber die Gehaltsbestimmung der Fluorwasserstoffsäure. *Monat. Chem.*, t. XVIII, p. 749 ; 1897.

ORDRE CHRONOLOGIQUE.

1558.

Agricola. — Bermannus sine de re metallica, publié dans le recueil intitulé : *De ortu et causis subterraneorum*, etc., p. 458. Bâle, 1558.

1565.

Kentmann. — *Nomenclaturæ rerum fossilium* (Fluores candidi et pellucidi), p. 39. Concadi Gesneri. Zurich, 1565.

1661.

Rulandus Martinus. — *Lexicon Alchemiæ* (article Fluores), p. 216. Francfort, 1661.

1767.

Macquer. — Action d'un feu violent de charbon sur le spath. *Acad. Roy. Sc.*, p. 298.

1768.

Margraff. — Sur une volatilisation remarquable d'une partie de l'espèce de pierre nommée flussspath. *Mémoires de Berlin*, p. 3.

1771.

Scheele. — Undersökning om fluss-spath och dess syra. *Svens vetens. Acad.*; p. 120.

1773.

Margraff. — Sommaire des expériences sur deux espèces de spath fusibles. *Journ. Phys.*, t. II, p. 247.

Scheele. — Suite d'expériences par lesquelles M. Scheele a découvert les principes des spaths fluors et leurs propriétés. *Journ. Phys.*, t. II, p. 473.

1775.

Monnet. — Mémoire sur la nature de la terre du spath fusible. *Mémoires de Turin*, t. III, p. 317; *Journ. Phys.*, t. VI, p. 214.

1776.

F. M. — Garçon fondeur à Sainte-Marie-aux-Mines. Examen critique des expériences de quelques chymistes sur les spaths séléniteux et vitreux. *Mémoires critiques, littéraires, etc., pour servir à l'histoire de la médecine*, p. 5, Paris.

1777.

Abildgaard. — Nogle fortog med fluss-spath og flussspath-Syre. *Skr. det. Kiobenhavnske Selskab.*, t. XII, p. 285.

Monnet. — Recherches sur le spath. *Journ. Phys.*, t. X, p. 106.

1778.

Boulanger. — Lettre relative aux recherches de M. Monnet sur les spaths. *Journ. Phys.*, t. XII, p. 379.

Monnet. — Réponse à M. Boulanger. *Journ. Phys.*, t. XII, p. 408.

1779.

Mougez. — Mémoire sur la distinction des spaths phosphoriques et pesants. *Journ. Phys.*, t. XIV, p. 350.

1781.

Bucholz. — Ueber Flussspathsäure. *Crells Entdeck.*, t. III, p. 50.

Meyer. — Beitrag zur kenntniss des Flussspathsäure. *Schrift. Gesells.* Berlin.

Morveau. — Lettre à M. Bergmann sur la dissolution du spath pesant. *Journ. Phys.*, t. XVII, p. 299.

Wiegleb. — Ueber Flussspathsäure. *Crells Entdeck.*, t. I, p. 3.

1782.

Scheele. — Anmerkungen über den Flussspath. *Crells ch. An.*, t. VIII, p. 117.

1783.

Frederici Delü. — *Curæ posteriores nonnullæ circa acidum spathi*, t. IV, p. 16.

Scheele. — Remarques sur le spath fluor. *Journ. Phys.*, t. XXII, p. 264.

1784.

Klaproth. — Flussspathsäure ist keine selbständige Säure. *Crells ch. An.*, t. V, p. 397.

1785.

Achard. — Ueber Flussspathsäure. *Crells ch. An.*, t. VI, p. 145.

Sage. — Analyse d'un spath pesant vert. *Acad. Roy. Sc.*, p. 238.

Scheele. — Examen du spath-fluor et de son acide. *Mémoires de Chymie*, t. I, p. 1.

1786.

Geijer. — Ron och Anmärk ningar om flussspatsoch blygans anledninger vid Cimbrishamm i Skäne. *Vetensk. Acad. Nya Handlingar*, p. 34.

Kinmann. — Anmerkungen vom leuchtenden Spath von Carspenberg. *Crells ch. Arch.*, t. V, p. 58.

Scheele. — Neue Beweise von der Eigenthümlichkeit der Flussspathsäure. *Crells ch. An.*, t. I, p. 3.

1787.

Geijer. — Versuche über Flussspath. *Crells ch. An.*, t. II, p. 169.

Monnet. — Sur la nature du spath vitreux nommé improprement spath fusible. *Journ. Phys.*, t. XXX, p. 253.

Pallas. — Sur le spath fluor de Catherinenbourg. *Nova acta Academiæ scientiarum petropolitanæ*, t. I, p. 157.

1788.

Monnet. — Dissertations et expériences relatives aux principes de la chimie pneumatique, pour servir de supplément au traité de la dissolution des métaux (identité de l'acide sulfurique et de l'acide fluorique). *Ann. Chim. Ph.*, (1), t. X, p. 42.

Punmaurin. — Von der Wirkung der Flussspathsäure auf die Kieselerde. *Crells ch. An.*, t. III, p. 407.

Sage. — Analyse du spath pesant, aéré, transparent et strié d'Alstonswoor. *Acad. Roy. Sc.*, p. 143; *Jour. Phys.*, t. XXXII, p. 256.

1789.

Haüy. — Exposition abrégée de la théorie de la structure des cristaux. *Ann. Chim. Ph.*, (1), t. III, p. 1.

1790.

Higgins. — Influence de la présence du spath fluor sur les qualités des mortiers. *Ann. Chim. Ph.*, (1), t. IV, p. 268.

G. Sage. — Observations sur le spath calcaire rhomboïdal trouvé dans les carrières de grès de Fontainebleau. *Acad. Roy. Sc.*, p. 399; *Journ. Phys.*, t. XXXVII, p. 156.

1791.

Savaresi. — Lettre à Fourcroy. Action du carbone sur le fluate de chaux. *Ann. Chim. Ph.*, (1), t. VIII, p. 9.

1792.

Bergmann. — De la forme des cristaux et principalement de ceux qui viennent du spath. *Journ. Phys.*, t. XL, p. 258.

Pictet. — Sur un spath fluor rose octaèdre de Chamouni. *Journ. Phys.*, t. XL, p. 155.

1800.

Klaproth. — Sur l'analyse de la cryolithe. *Journ. Phys.*, t. LI, p. 403.

Ibid. — Chemische Untersuchung des Kryoliths. *Berlin. Gesellschaft Naturforschender Freunde*, t. III, p. 307.

1802.

Wollaston. — Method of examining refractive and dispersive power. *Phil. Trans.*, t. XCII, p. 371.

1803.

Wollaston. — Nouvelle méthode d'examen du pouvoir des corps pour la réfraction et la dispersion de la lumière. *Ann. Chim. Ph.*, (1), t. XLVI, p. 50.

1806.

Delamethérie. — Note sur la présence de l'acide fluorique dans les os fossiles. *Journ. Phys.*, t. LXII, p. 225.

Proust. — Lettre sur l'acide fluorique des os fossiles. *Journ. Phys.*, t. LXII, p. 224.

1808.

Davy. — On the decomposition and composition of the fixed alkalies (fluoric acid non conductor in gaseous state). *Phil. Trans.*, t. XCVIII, p. 43.

1809.

Thenard et **Gay-Lussac.** — Mémoire sur l'acide fluorique. *Ann. Chim. Ph.*, (1), t. LXIX, p. 204.

1812.

J. Davy. — An account of some experiments on different combinations of Fluoric acid. *Phil. Trans.*, t. CIII, p. 352.

1813.

Davy. — Some experiments and observations on the substances produced in different chemical processes on Fluor-spar. *Phil. Trans.*, t. CIII, p. 263.

Ibid. — De quelques expériences sur différentes combinaisons de l'acide fluorique. *Ann. Chim. Ph.*, (1), t. LXXXVI, p. 178.

1814.

Davy. — An account of some new experiments on the Fluoric compounds with some observations on other subjects of chemical inquiry. *Phil. Trans.*, t. CIV, p. 62.

1816.

Davy. — Lettres à Ampère sur le fluor. *Ann. Chim. Phys.*, (2), t. II, p. 21.

Berzelius. — Supplément pour l'éclaircissement de plusieurs objets dans la dissertation de M. Berzelius. Analyse de quelques minéraux trouvés dans les environs de Fahlun. *Ann. Chim. Ph.*, (2), t. III, p. 34.

1817.

Berzelius. — Nouveaux minéraux trouvés en Suède. *Ann. Chim. Ph.*, (2), t. IV, p. 243.

Ghan, Berzelius, Wallman, Eggertz. — Examen de quelques minéraux trouvés dans les environs de Fahlun et de leurs gisements. *Ann. Chim. Ph.*, (2), t. V, p. 5.

1819.

Berzelius. — Suite des expériences pour déterminer la composition de plusieurs combinaisons inorganiques qui servent de base aux calculs relatifs à la théorie des proportions chimiques. *Ann. Chim. Ph.*, (2), t. XI, p. 120.

1820.

Jessup. — Fetid Fluor-spar. *Am. Journ. Sc.*, t. II, p. 176.

1821.

Barton. — Virginia and Illinois Fluor-spar. *Am. Journ. Sc.*, t. III, p. 243.

Boyd. — Fluor-spar on the Genesee River. *Am. Journ. Sc.*, t. III, p. 235.

1822.

Barton. — On the Virginia Fluor-spar. *Am. Journ. Sc.*, t. IV, p. 277.

Cooley. — Fluate of lime in Deerfield. *Am. Journ. Sc.*, t. V, p. 407.

Hayden. — Fluor-spar in Tennessee. *Am. Journ. Sc.*, t. IV, p. 51.

Hitchcock. — Fluor-spar and oxide of Titanium. *Am. Journ. Sc.*, t. V, p. 405.

1824.

Berzelius. — Untersuchungen über die Flussspathsäure und deren merkwürdigste Verbindungen. *Pogg. Ann.*, t. I, p. 169 et t. II, p. 113; *Ann. Chim. Ph.*, (2), t. XXVII, p. 53, 167 et 287.

Ibid. — Note sur l'urane, le silicium, le zirconium, etc. (fluosilicates). *Journ. Ph.*, (2), t. X, p. 461.

Ibid. — Extrait d'une lettre à Dulong. *Ann. Chim. Ph.*, (2), t. XXVI, p. 39.

Webb. — Notice on Fluor-spar. *Am. Journ. Sc.*, t. VII, p. 54.

1825.

Berzelius. — Untersuchungen über die Flussspathsäure und deren merkwürdigste Verbindungen. *Pogg. Ann.*, t. IV, p. 1; *Ann. Chim. Ph.*, (2), t. XXIX, p. 295 et 337.

1826.

Berzelius. — Ueber das Gewicht der Atome der einfachen Körper (Fluor). *Pogg. Ann.*, t. VIII, p. 18.

Dumas. — Lettre à Arago. Note sur quelques composés nouveaux (fluorures). *Ann. Chim. Ph.*, (2), t. XXXI, p. 433; *Journ. Ph.*, (2), t. XII, p. 297.

1827.

Berzelius. — Tafel der Atomgewichte der einfachen Körper und deren Oxyde. *Pogg. Ann.*, t. X, p. 339.

Ibid. — Sur le fluorure de chrome. *Ann. Chim. Ph.*, (2), t. I, p. 137.

Breithaupt. — Flusssäure im Periklin, Petalit, Tetartin, Orthoklas, etc. *Pogg. Ann.*, t. IX, p. 179.

Dumas. — Ueber einige Punkte in der Atomtheorie. *Pogg. Ann.*, t. IX, p. 418.

Ibid. — Note sur quelques fluorures. *Ann. Min.*, (2), t. I, p. 112.

Kuhlmann. — Ueber das Verhalten des Flussspaths gegen wasserfreie Schwefelsäure und Chlorwasserstoffsäure. *Pogg. Ann.*, t. X, p. 618.

G. Rose. — Ueber die chemische Zusammensetzung der Apatite (Fluor isomorph mit Chlor). *Pogg. Ann.*, t. IX, p. 212.

1828.

Unverdorben. — Sur le fluorure d'arsenic. *Ann. Min.*, (2), t. I. p. 112.

Ibid. — Sur le fluorure de chrome. *Ann. Min.*, (2), t. I, p. 135.

Bonsdorf. — Lettre à Gay-Lussac sur les fluorures. *Ann. Min.*, (2), t. III, p. 135.

G. Rose. — Ueber einige neue Formen des regulären Krystallisations-systems (Flussspath). *Pogg. Ann.*, t. XII, p. 483.

Wöhler. — Sur un fluorure de manganèse gazeux. *Ann. Chim. Ph.*, (2), t. XXXVII, p. 105 ; *Ann. Min.*, (2), t. III, p. 163.

1830.

Pearsall. — Ueber die Wirkung der Elektricität auf die bei Erwärmung phosphorescirenden Mineralien. *Pogg. Ann.*, t. XX, p. 252.

1833.

Ferrari. — Nouveau gaz désinfectant (gaz fluoborique). *Journ. Ph.*, (2), t. XIX, p. 48.

H. Rose. — Chromfluorid. *Lieb. Ann.*, t. VII, p. 168.

1834.

Aimé. — Notiz über Fluor. *Journ. prak. Chem.*, t. II, p. 469.

1835.

Berzelius. — Untersuchung über die Eigenschaften des Tellurs (Fluortellur). *Pogg. Ann.*, t. XXXII, p. 623.

Aimé. — Note sur le fluor. *Ann. Chim. Ph.*, (2), t. LV, p. 443; *Ann. Min.*, (3), t. VII, p. 373.

Dumas et Péligot. — Fluorwasserstoffsaures Methylen. *Lieb. Ann.*, t. XV, p. 59.

1836.

Baudrimont. — Annonce de l'isolement du fluor. *C. R.*, t. II, p. 421 ; *Phil. Mag.*, (3), t. IX, p. 149; *Journ. prak. Chem.*, t. VII, p. 447.

Dumas et Péligot. — Nouvelles combinaisons du méthylène. *Ann. Chim. Ph.*, (2), t. LXI, p. 193.

J. Knox and **Th. Knox.** — On Fluorine. *Phil. Mag.*, (3), t. IX, p. 107; *Journ. prak. Chem.*, t. IX, p. 119.

H. Rose. — Des combinaisons du chrome avec le fluor et le chlore. *Ann. Chim. Ph.*, (2), t. LXI, p. 94; *Phil. Mag.*, (3), t. IX, p. 151.

1837.

Lassaigne. — Dépose un pli cacheté portant pour suscription : observations sur quelques composés du fluor. *C. R.*, t. IV, p. 913.

1838.

J. Knox and **Th. Knox.** — On fluorine. *Phil. Mag.*, (3), t. XII, p. 105.

1839.

Brewster. — On a new phenomenon of color in certains specimens of Fluor-spar. *Am. Journ. Sc.*, t. XXXV, p. 295.

Bunsen. — Ueber das Alkarsin und einige daraus entstehende Verbindungen (Fluorarsin). *Lieb. Ann.*, t. XXXI, p. 178.

Rees. — On the supposed existence of fluoric acid in animal matter. *Phil. Mag.*, (3), t. XV, p. 558.

Wöhler. — Analyse des Pyrochlors. *Pogg. Ann.*, t. XLVIII, p. 83.

1840.

J. Knox. — Researches on fluorine. *Phil. Mag.*, (3), t. XX, p. 175; *Journ. prak. Chem.*, t. XX, p. 172.

Louyet. — Dépose un pli cacheté renfermant le résultat de ses recherches sur le fluor et ses combinaisons. *Bl. Acad. Sc. Brux.*, (1), t. VII, p. 5.

Rees. — Ueber das Vorkommen des Fluors in thierischen Körpern. *Journ. prak. Chem.*, t. XIX, p. 446.

Reinsch. — Einige Versuche über die Wirkung der Flussspathsäure auf Alkohol und Terpentinöl. *Journ. prak. Chem.*, t. XIX, p. 314.

1841.

Bunsen. — Untersuchungen über die Kakodylreihe (Kakodylfluoride). *Lieb. Ann.*, t. XXXVII, p. 38.

Daubrée. — Sur les gisements, la composition et l'origine des amas de minerai d'étain. *C. R.*, t. XII, p. 854.

Kuhlmann. — Ueber verschiedene Stickstoffverbindungen. *Lieb. Ann.*, t. XXXIX, p. 320.

Regnault. — Specifische Wärme zusammengesetzter Körper. *Lieb. Ann.*, t. XL, p. 165.

1842

H. Rose. — Ueber die Einwirkung des Wassers auf die alkalischen Schwefelmetalle und auf die Haloïdsalze. *Pogg. Ann.*, t. LV, p. 537 ; *Lieb. Ann.*, t. XLIV, p. 246.

1843.

Berzelius. — Einige Versuche, die Verchiedenheit in der chemischen Natur der Fluorborsäure und der Borfluorwasserstoffsäure zu bestimmen. *Pogg. Ann.*, t. LVIII, p. 503; *Lieb. Ann.*, t. XVI, p. 48.

Bineau. — Recherches sur les combinaisons de l'eau avec les acides (acide fluorhydrique). *Ann. Chim. Ph.*, (3), t. VII, p. 272.

Bunsen. — Untersuchungen über die Kakodylreihe (Kakodylsuperfluoride). *Lieb. Ann.*, t. XLVI, p. 45.

Schafhaütl.— Chemisch-mineralogische Untersuchungen. *Lieb. Ann.*, t. XLVI, p. 344.

1844.

Daubeny. — On the occurrence of fluorine in recent as well as in fossil bones. *Phil. Mag.*, t. XXV, p. 122; *Chem. Soc. M.*, t. II, p. 97.

H. B. Leeson. — Abstract of a letter on the preparation of fluoride of iodine. *Chem. Soc.*, t. II, p. 162.

Middleton. — On fluorine in recent and fossil bones, and the source whence it is derived. *Phil. Mag.*, t. XXV, p. 119; *Chem. Soc.*, t. II, p. 134.

1845.

Faraday. — On the liquefaction and solidification of gases. *Phil. Trans.*, t. CXXXV, p. 155; *Pogg. Ann.*, t. LXIV, p. 467; *Lieb. Ann.*, t. LVI, p. 155.

Scheerer. — Beiträge zur Kenntniss norwegischer Mineralien (Flussspath). *Pogg. Ann.*, t. LXV, p. 286.

Smith. — Source of fluorine in fossil bones. *Am. Journ. Sc.*, t. XLVIII, p. 99.

Wolff. — Chemisch-mineralogische Notizen (Flussspath). *Journ. prak. Chem.*, t. XXXIV, p. 237.

1846.

Dana. — On the occurrence of fluor-spar, apatite and chondrodite in Limestone. *Am. Journ. Sc.*, (2), t. II, p. 88.

Fresenius. — Ueber die Loslichkeitsverhältnisse von einigen bei der quantitativen Analyse als Bestimmungsformen, etc. dienenden Niederschläge. *Lieb. Ann.*, t. LIX, p. 117.

A. Laurent et **J. Delbos.** — Sur la fluosilicanilide. *C. R.*, t. XXII, p. 697.

Louyet. — Démonstration expérimentale de l'oxygène des acides silicique et borique (action du fluorure d'argent). *C. R.*, t. XXII, p. 962.

Ibid. — Nouvelles recherches sur l'isolement du fluor, la composition des fluorures et le poids atomique du fluor. *C. R.*, t. XXIII, p. 960.

Ibid. — Écrit qu'il a au cours de ses recherches regardé comme pur un gaz mélangé de gaz nitreux. *C. R.*, t. XXIII, p. 1118.

Quet et **Colin.** — Recherches sur le fluor. *C. R.*, t. XXIII, p. 1067.

Rogers. — Fluoride of calcium in cannel coal. *Am. Journ. Sc.*, (2), t. II, p. 124.

Wilson. — On the solubility of fluoride of calcium in water, and its relation to the occurrence of fluorine in minerals and in recent and fossil plants and animals. *Am. Journ. Sc.*, (2), t. II, p. 114; *Am. Journ. Sc.*, t. XX, p. 233.

1847.

Louyet. — De la véritable nature de l'acide fluorhydrique. *C. R.*, t. XXIV, p. 434.

Ibid. — Recherches sur le fluor. *Journ. Ph.*, (3), t. XI, p. 300; *Lieb. Ann.*, t. LXIV, p. 239.

Wilson. — Sur la solubilité du fluorure de calcium. *Journ. Ph.*, (3), t. XII, p. 444.

1848.

Brewster. — Ueber die Zerlegung und Zerstreuung des Lichts innerhalb starrer und flüssiger Körper (Dispersion des Flussspaths). *Pogg. Ann.*, t. LXXIII, p. 533.

Laurent. — Ueber das Chlorcyanilid und einige andere Aniline (Fluosilicanilid). *Journ. prak. Chem.*, t. XLIV, p. 160.

Nesbit. — On the phosphoric acid and fluorine contained in different geological strata. *Chem. Soc.*, t. I, p. 233.

H. Rose. — Ueber die Anwendung des Salmiaks in der analytischen Chemie (Fluormetalle). *Journ. prak. Chem.*, t. XLV, p. 119.

1849.

Daubrée. — Recherches sur la production artificielle de quelques espèces minérales cristallines. *C. R.*, t. XXIX, p. 227 ; *Ann. Min.*, (5), t. XVI, p. 129.

Louyet. — Recherches sur l'équivalent du fluor. *C. R.*, t. XXVIII, p. 20 ; *Ann. Chim. Ph.*, (3), t. XXV, p. 291 ; *Journ. prak. Chem.*, t. XLVII, p. 104 ; *Lieb. Ann.*, t. LXX, p. 234.

H. Rose. — Ueber die quantitative Bestimmung des Fluors. *Lieb. Ann.*, t. LXXII, p. 343.

Heintz. — Ueber die chemische Zusammensetzung der Knochen. *Pogg. Ann.*, t. LXXVII, p. 267.

Wilson. — Ueber die Löslichkeit des Fluorcalciums in Wasser bei 15°. *Journ. prak. Chem.*, t. XLVI, p. 114.

1850.

Hermann. — Untersuchungen über die Zusammensetzung der Tantalerze (Fluochlor). *Journ. prak. Chem.*, t. L, p. 187.

H. Rose. — Ueber die quantitative Bestimmung des Fluors. *Pogg. Ann.*, t. LXXIX, p. 112; *Journ. prak. Chem.*, t. XLIX, p. 389 ; *Journ. Ph.*, (3), t. XVIII, p. 227.

Wilson. — On the presence of Fluorine in the Waters of the Firth of Forth, etc. *Am. Journ. Sc.*, (2), t. IX, p. 118.

1851.

De Senarmont. — Künstliche Nachbildung krystallisirter Mineralien *Lieb. Ann.*, t. LXXX, p. 217.

Aubrée, Millet et **Leborgne.** — Présentent deux photographies obtenues rapidement à la lumière électrique au moyen du fluorure de brome comme accélérateur. *C. R.*, t. XXXIII. p. 501.

1852.

Flückiger. — Ueber die Fluorsalze des Antimons. *Lieb. Ann.*, t. LXXXIV, p. 248.

Fresenius. — Notizen über Auffindung des Fluors bei Gegenwart von Kieselsäure. *Journ. prak. Chem.*, t. LVII, p. 315.

H. Kopp. — Ueber die Ausdehnung einiger fester Körper durch die Wärme (Flussspath). *Lieb. Ann.*, t. LXXXI, p. 46; *Pogg. Ann.*, t. LXXXVI, p. 157.

Wilson. — Ueber die Gegenwart von Fluor in den Stengeln der Gramineen, etc. *Journ. prak. Chem.*, t. LVII, p. 246.

Ibid. — On a new process for the detection of fluorine when accompanied by silica. *Chem. Soc.*, t. V, p. 151; *Ann. Chim. Ph.*, (3), t. XXXVI, p. 364.

1853.

Kenngott. — Mineralogische Notizen. *Wien. Sitz. Ber.*, t. II, p. 16.

Müller. — Ueber die Palladiamine (Fluor-palladiamine). *Lieb. Ann.*, t. LXXXVI, p. 364.

Städeler. — Gefässe zur Aufbewahrung der Flusssäure. *Lieb. Ann.*, t. LXXXVI, p. 137.

1854.

Bouquet. — Étude chimique des eaux minérales et thermales de Vichy, Cusset, Vaisse, Hauterive, etc. (Présence du fluor dans l'eau de Vichy). *Ann. Chim. Ph.*, (3), t. XLII, p. 300.

Forchhammer. — Ueber die Einwirkung des Kochsalzes bei der Bildung der Mineralien. *Pogg. Ann.*, t. XCI, p. 568.

Fremy. — Recherches sur les fluorures. *C. R.*, t. XXXVIII, p. 393. *Journ. Ph.*, (3), t. XXV, p. 241; *Journ. prak. Chem.*, t. LXII, p. 65. *Lieb. Ann.*, t. XCII, p. 246.

Maumené. — Expérience pour déterminer l'action des fluorures sur l'économie animale. *C. R.*, t. XXXIX, p. 538 et 600.

Sainte-Claire Deville et **Fouqué**. — Mémoire sur les pertes qu'éprouvent les minéraux par la chaleur. Détermination de leur nature et de leur quantité principalement en ce qui concerne le fluor. *C. R.*, t. XXXVIII, p. 317; *Journ. prak. Chem.*, t. LXII, p. 78.

1855.

Depart. — Reexamination of American Minerals (fluor-spar). *Am. Journ. Sc.*, (2), t. XX, p. 251.

Fremy. — Décomposition des fluorures au moyen de la pile. *C. R.*, t. XL, p. 966; *Journ. Ph.*, t. XXVII, p. 401; *Journ. prak. Chem.*, t. LXVI, p. 118.

Hermann. — Untersuchungen über Ilmenium, Niobium und Tantal (Fluopyrochlor). *Journ. prak. Chem.*, t. LXV, p. 77.

Jenzsch. — Fluor in Kalkspath und Aragonit. *Pogg. Ann.*, t. XCVI, p. 145.

1856.

Briegleb. — Ueber die Einwirkung des phosphorsauren Natrons auf Flussspath in der Glühhitze. *Lieb. Ann.*, t. XCVII, p. 95; *Journ. prak. Chem.*, t. LXVIII, p. 307.

Fremy. — Recherches sur les fluorures. *Ann. Chim. Ph.*, (3), t. XLVII, p. 5.

Hermann. — Untersuchungen über Niobium (Fluopyrochlor). *Journ. prak. Chem.*, t. LXVIII, p. 96.

Nicklès. — Présence du fluor dans le sang. *C. R.*, t. XLIII, p. 885.

Pitheki. — Adresse une note sur les résultats auxquels il est arrivé en répétant les expériences de M. Fremy sur les fluorures. *C. R.*, t. XLII, p. 1175.

H. Rose. — Ueber die Verbindungen des Tantals mit Fluor. *Journ. prak. Chem.*, t. LXIX, p. 468.

De Senarmont. — Remarques au sujet du mémoire de H. Sainte-Claire Deville. *C. R.*, t. XLII, p. 52.

H. Sainte-Claire Deville. — Préparation et propriétés du fluorure d'aluminium. *C. R.*, t. XLII, p. 49; *Journ. prak. Chem.*, t. LXVII, p. 364.

Ibid. — De quelques affinités spéciales. Mémoire sur des faits nouveaux concernant l'iodure d'argent et les fluorures métalliques. *C. R.*, t. XLIII, p. 970.

Stromeyer. — Ueber die quantitative Bestimmung der Borsäure. *Lieb. Ann.*, t. C, p. 92.

Tissier. — Note sur la transformation du fluorure double d'aluminium et de sodium en aluminate de soude. *C. R.*, t. XLIII, p. 102.

1857.

Hermann. — Untersuchungen über Tantal (Fluortantal-Fluorkalium). *Journ. prak. Chem.*, t. LXX, p. 158.

Nicklès. — Recherche du fluor. Action des acides sur le verre. *C. R.*, t. XLIV, p. 679; *Journ. Ph.*, (3), t. XXXI, p. 334.

Ibid. — Présence du fluor dans les eaux minérales de Plombières, de Vichy et de Contrexéville. *C. R.*, t. XLIV, p. 783; *Journ. Ph.*, (3), t. XXXII, p. 50 et 269.

Ibid. — Sur l'acide sulfurique fluorifère et sur sa purification. *C. R.*, t. XLV, p. 250.

Ibid. — Recherches sur la diffusion du fluor. *C. R.*, t. XLV, p. 331.

Sainte-Claire Deville. — Ueber das Jodsilber und die Fluormetalle. *Journ. prak. Chem.*, t. XXXI, p. 293.

Wilson. — On M. Nicklès claim to be the discoverer of Fluorine in the blood. *Phil. Mag.*, (4), t. XIII, p. 162.

1858.

Knop. — Ueber einige neue Verbindungen des Fluorkiesels. *Journ. prak. Chem.*, t. LXXIV, p. 41.

Marignac. — Sur l'isomorphisme des fluosilicates et des fluostannates et sur le poids atomique du silicium. *C. R.*, t. XLVI, p. 854; *Journ. prak. Chem.*, t. LXXIV, p. 161.

Nicklès. — Recherches sur la diffusion du fluor. *Ann. Chim. Ph.*, (3), t. LIII, p. 433 ; *Journ. Ph.*, (3), t. XXXIV, p. 113 et 185.

Pfaff. — Untersuchungen über die Ausdehnung der Krystalle durch die Wärme (Flussspath). *Pogg. Ann.*, t. CIV, p. 182.

Sainte-Claire Deville et Caron. — Mémoire sur l'apatite et la wagnérite. *C. R.*, t. XLVII, p. 985.

Schönbein. — Ueber den riechenden Flussspath von Wölsendorf in Bayern. *Journ. prak. Chem.*, t. LXXIV, p. 325.

Tissier. — Recherches sur la composition des aluminates déduite de celle des fluorures. *Rép. Chim.*, t. I, p. 289.

1859.

Briegleb. — Verbesserter Apparat zur Darstellung von chemisch-reiner Fluorwasserstoffsäure. *Lieb. Ann.*, t. CXI, p. 380.

Dumas. — Mémoire sur les équivalents (fluor). *Ann. Chim. Ph.*, (3), t. LV, p. 129.

Luboldt. — Darstellung der Fluorwasserstoffsäure aus Kryolith. *Journ. prak. Chem.*, t. LXXVI, p. 330.

Nicklès. — Adresse un opuscule intitulé : Recherches sur la diffusion du fluor. *C. R.*, t. XLVIII, p. 637.

M. Rose. — Ueber die Verbindungen des Unterniobs mit Chlor und Fluor. *Journ. prak. Chem.*, t. LXXVIII, p. 183.

Schafhaütl. — Ueber den blauen Stinkfluss von Wölsendorf in der Oberpfalz. *Journ. prak. Chem.*, t. LXXVI, p. 129.

Tissier. — Recherche sur la composition des aluminates déduite de celle des fluorures. *C. R.*, t. XLVIII, p. 627.

1860.

Finkener. — Sur le fluorure de mercure. *Journ. Ph.*, (3), t. XXXVIII, p. 158.

Hofmann. — Zersetzung von Gasen durch elektrisches Glühen (Fluorsilicium). *Journ. prak. Chem.*, t. LXXX, p. 322.

Horstmar. — Ueber das Fluor in der Asche von Lycopodium clavatum. *Pogg. Ann.*, t. CXI, p. 339.

De Luca. — Recherches sur le fluorure de calcium de la Toscane et sur l'équivalent du fluor. *C. R.*, t. L, p. 299.

Marchand. — Sur la présence du fluor dans les eaux. *Journ. Ph.*, (3), t. XXXVIII, p. 130.

Marignac. — Recherches sur les fluozirconates et sur la formule de la zircone. *C. R.*, t. L, p. 952; *Journ. prak. Chem.*, t. LXXX, p. 426.

Méne. — Note sur la présence du fluor dans les eaux et le moyen d'en constater sûrement la présence. *C. R.*, t. L, p. 731; *Journ.*, *Ph.*, (3), t. XXXVII, p. 431.

Nicklès. — Sur la recherche du fluor. *Journ. Ph.*, (3), t. XXXVIII, p. 182.

Roscoe. — On the composition of the aqueous acids of constant boiling point. *Chem. Soc.*, t. XIII, p. 162.

H. Rose. — Nouveau procédé pour l'attaque des silicates. *Rép. Chim.*, p. 16.

Schönbein. — Fortsetzung der Beiträge zur nähern Kenntniss des Sauerstoffes. *Journ. prak. Chem.*, t. LXXX, p. 280.

Schrötter. — Ueber das Vorkommen des Ozons im Mineralreiche (Flussspath). *Pogg. Ann.*, t. CXI, p. 562.

1861.

Finkener. — Ueber Quecksilberoxyfluorid und Quecksilberfluorid. *Zeit. Chem.*, t. IV, p. 21.

Hermann. — Untersuchungen über Didym-, Lanthan-Cerit und Lanthano-Cerit (Fluorlanthan). *Journ. prak. Chem.*, t. XXXII, p. 400.

Horstmar. — Ueber die Notwendigkeit des Lithions und des Fluorkaliums zur Fruchtbildung der Gerste. *Journ. prak. Chem.*, t. LXXXIV, p. 140.

De Luca. — Recherches sur le fluorure de calcium de la Toscane et sur l'équivalent du fluor. *Journ. Ph.*, t. XXXIX, p. 193.

Marignac. — Ueber das Fluorzirkon und seine Verbindungen. *Journ. prak. Chem.*, t. LXXXIII, p. 201.

Ibid. — Recherches chimiques et cristallographiques sur les fluozirconates (formule de la zircone). *Rép. Chim.*, p. 39.

Phipson. — Note on fluorine. *Chem. News*, t. IV, p. 215.

Sainte-Claire Deville. — Sur l'analyse de quelques minerais argileux. *Ann. Chim. Ph.*, (3), t. LXI, p. 241 ; *Chem. News*, t. IV, p. 255.

Schönbein. — Ueber das Vorkommen des freien positiv-activen Sauerstoffes in dem Wölsendorfer Flussspath. *Journ. prak. Chem.*, t. LXXXIII, p. 95.

1862.

Borodine. — Faits pour servir à l'histoire des fluorures et préparation du fluorure de benzoyle. *C. R.*, t. LV, p. 553 ; *Rép. Chim.*, p. 334 ; *Zeit. Chem.*, t. V, p. 577 ; *Chem. News*, t. VI, p. 267.

Kammerer. — Ueber Brom- und Jodsäure, sowie über Fluor. *Zeit. Chem.*, t. V, p. 435 ; *Journ. prak. Chem.*, t. LXXXV, p. 452.

Knop et **Wolf.** — Nouveaux réactifs applicables à l'analyse des métaux alcalins. *Journ. Ph.*, (3), t. XLII, p. 169; *Chem. News*, t. VI, p. 301.

Marignac. — Recherches sur les tungstates, les fluotungstates et les silicotungstates. *C. R.*, t. LV, p. 888.

Pfaundler. — Beiträge zur Kenntniss einiger Fluorverbindungen. *Zeit. Chem.*, t. V, p. 698 et 725.

Seguin. — Sur le spectre de l'étincelle électrique dans les gaz composés, en particulier dans le fluorure de silicium. *C. R.*, t. LIV, p. 933 ; *Chem. News*, t. VI, p. 282.

Tissier. — Ueber Aluminate und Fluorüre. *Journ. prak. Chem.*, t. LXXXV, p. 429.

1863.

Borodine. — Zur Geschichte der Fluorverbindungen und über das Fluorbenzoyl. *Lieb. Ann.*, t. CXXVI, p. 58.

Chydenius. — Ueber die Thorerde und deren Verbindungen (Fluorthorium). *Journ. prak. Chem.*, t. LXXXIX, p. 467.

Fresenius. — Chemische Analyse anorganischer Körper (Fluorthorium). *Zeit. an. Chem.*, t. II, p. 366.

P. Hautefeuille. — De la reproduction du rutile, de la brookite et de leurs variétés; protofluorure de titane. *C. R.*, t. LVII, p. 148; *Rép. Chim.*, p. 558.

Kammerer. — Note sur les acides bromique et iodique et sur le fluor. *Rép. Chim.*, p. 3.

Kenngott. — Ueber die Zusammensetzung des Apophyllit. *Journ. prak. Chem.*, t. LXXXIX, p. 449.

Marignac. — Recherches sur les tungstates, les fluotungstates et les silicotungstates. *Journ. prak. Chem.*, p. 83.

Ibid. — Recherches sur les acides silicotungstiques et sur la constitution de l'acide tungstique. *Arch. Sc. Ph. Nat.*, t. XX, p. 5; *Lieb. Ann.*, t. CXXV, p. 362.

Pfaundler. — Beiträge zur Kenntniss einiger Fluorverbindungen. *Journ. prak. Chem.*, t. LXXXIX, p. 135.

Schönbein. — Ueber den muthmasslichen Zusammenhang der Antozonhaltigkeit des Wölsendorfer Flussspathes, etc. *Journ. prak. Chem.*, t. LXXXIX, p. 7; *Rép. Chim.*, p. 547.

Tissier. — Action de la magnésie sur les fluorures alcalins. *C. R.*, t. LVI, p. 848; *Chem. News*, t. VII, p. 245.

1864.

Gibbs. — Ueber die Anwendung des Fluorwassertoff-Fluorkaliums in der Analyse. *Zeit. an. Chem.*, t. III, p. 399; *Chem. News*, t. X, p. 37 et 49.

Hautefeuille. — Ueber die Nachbildung des Rutils und Brookits. *Lieb. Ann.*, t. CXXIX, p. 220.

Joy. — Ueber die Beryllerde (Zersetzung durch Fluorammonium). *Journ. prak. Chem.*, t. XCII, p. 230.

Kobell. — Ueber die quantitative Bestimmung des Fluors in Eisen-Mangan-Phospháten, etc. *Journ. prak. Chem.*, t. XCII, p. 385.

Kuhlmann. — Sur le fluorure de thallium. *C. R.*, t. LVIII, p. 1037; *Chem. News*, t. X, p. 37.

Popp. — Untersuchung über die Yttererde (Yttriumfluoride). *Lieb. Ann.*, t. CXXXI, p. 190.

Stolba. — Sur les fluosilicates. Action de l'acide fluorhydrique sur le cristal de roche. *Journ. prak. Chem.*, t. XC, p. 193; *Journ. Ph.*, (3), p. 276; *Bull. Soc. Chim.*, t. I, p. 177.

Stolba. — Ueber das Kieselfluorlithium. *Journ. prak. Chem.*, t. XCI, p. 456 ; *Journ. Ph.*, (3), t. XLVI, p. 75.

Streng. — Ueber das fluorchromsaure Kali, eine neue Fluorverbindung. *Lieb. Ann.*, t. CXXIX, p. 225 ; *Journ. Ph.*, (3), t. XLV, p. 359.

Weber. — Sur quelques nouvelles combinaisons du titane. *Journ. prak. Chem.*, t. XC, p. 212 ; *Bull. Soc. Chim.*, t. I, p. 184.

Werther. — Ueber Silicatanalysen. *Journ. prak. Chem.*, t. XCI, p. 322.

1865.

Arnot. — On the estimation of phosphates and the detection of fluorine in coprolites. *Chem. News*, t. XI, p. 49.

Buchner. — Ueber das Fluorthallium. *Journ. prak. Chem.*, t. XCVI, p. 404.

Delafontaine. — Sur la composition des molybdates alcalins (fluoxymolybdates). *Arch. Sc. Ph. Nat.*, t. XXIII, p. 5 ; *Bull. Soc. Chim.*, t. IV, p. 261 ; *Journ. Ph.*, t. XCV, p. 145.

Diacon. — Recherches sur l'influence des éléments électronégatifs sur le spectre des métaux (spectre des fluorures). *Ann. Chim. Ph.*, (4), t. VI, p. 19.

Gibbs. — Ueber die Anwendung des Fluorwasserstoff-Fluorkalium in der Analyse. *Zeit. Chem.*, t. VIII, p. 16.

P. Hautefeuille. — Étude sur la reproduction des minéraux titanifères. Action de l'acide chlorhydrique sur un mélange de titanates et de fluotitanates. *Ann. Chim. Ph.*, (4), t. IV, p. 134.

Kobell. — Sur le dosage du fluor dans les phosphates de fer et de manganèse. *Bull. Soc. Chim.*, t. III, p. 70.

Kuhlmann. — Sur le fluorure de thallium. *Bull. Soc. Chim.*, t. III, p. 57.

Marignac. — Ueber Wolframsäure, Fluorwolframsäure und Kieselwolframsäure. *Journ. prak. Chem.*, t. XCIV, p. 356.

Müller. — Chemische Mittheilungen (Flusssäureapparat, etc.). *Journ. prak. Chem.*, t. XCV, p. 51.

Renault. — Action de la lumière sur quelques sels haloïdes de cuivre (fluorures). *C. R.*, t. LIX, p. 558 ; *Bull. Soc. Chim.*, t. III, p. 157.

Sainte-Claire Deville et Caron. — Nouveau mode de production à l'état cristallisé d'un certain nombre d'espèces chimiques et minéralogiques. *Ann. Chim. Ph.*, (4), t. V, 104.

Stolba. — Einige Beiträge zur Kenntniss des Kieselfluorbaryum. *Journ. prak. Chem.*, t. XCVI, p. 22.

Ibid. — Zur maassanalytischen Bestimmung der Kieselerde. *Journ. prak. Chem.*, t. XCVI, p. 175.

Willm. — Recherches sur le thallium (fluorure). *Ann. Chim. Ph.*, (4), t. V, p. 48.

1866.

Belohoubek. — Beitrag zur spectralanalytischen Nachweisung der Alkalien. *Journ. prak. Chem.*, t. XCIX, p. 236.

Bolton. — Zur Kenntniss der Fluorverbindungen. *Journ. prak. Chem.*, t. XCIX, p. 289; *Bull. Soc. Chim.*, t. VI, p. 450.

Chevreul. — Note sur la proportion de fluorure de chaux qu'il a trouvée dans des os fossiles. *C. R.*, t. LXIII, p. 402.

Dexter. — Apparat zur Darstellung der Flusssäure. *Zeit. Chem.*, t. IX, p. 512.

Fresenius. — Ueber ein neues Verfahren zur Bestimmung des Fluors, namentlich auch in Silicaten. *Zeit. Chem.*, t. IX, p. 623; *Zeit. an. Chem.*, t. V, p. 190.

Kopp. — Investigations of the specific heat of solid bodies. *Chem. Soc.*, t. XIX, p. 197 et 225.

Marignac. — Recherches sur les combinaisons du niobium (fluoxyniobates. *Ann. Chim. Ph.*, (4), t. VIII, p. 24; *Journ. prak. Chem.*, t. XCVII, p. 449; *Lieb. Ann. Sup.*, t. IV, p. 273.

Ibid. — Recherche sur les combinaisons du tantale (fluotantalates). *Arch. Sc. Ph. Nat.*, t. XXVI, p. 89; *Ann. Chim. Ph.*, (4), t. IX, p. 249; *Bull. Soc. Chim.*, t. VI, p. 118.

Maumené. — Recherches expérimentales sur les causes du goître. *C. R.*, t. LXII, p. 381.

Merz. — Beiträge zur Kenntniss der Titansäure (Fluortitankalium). *Journ. prak. Chem.*, t. XCI, p. 158.

Stolba. — Sur le fluosilicate de baryum. *Bull. Soc. Chim.*, t. VI, p. 198.

Tessié du Mothay et **Maréchal**. — Production chimique de gravures mates sur cristal et sur verre. *C. R.*, t. LXII, p. 301.

Wyrouboff. — Sur les substances colorantes des fluorines. *Bull. Soc. Chim.*, t. V, p. 334.

1867.

Hoffmann. — Aufschliessung der Silicate mit Fluorammonium, etc. *Zeit. an. Chem.*, t. VI, p. 366.

Marignac. — Sur quelques fluosels de l'antimoine et de l'arsenic. *Arch. Sc. Ph. Nat.*, t. XXVIII, p. 5; *Ann. Chim. Ph.*, (4), t. X, p. 371; *Bull. Soc. Chim.*, t. VIII, p. 323; *Journ. prak. Chem*, t. C, p. 398; *Zeit. Chem.*, t. X, p. 111.

Nicklès. — Sur de nouvelles combinaisons manganiques (fluorure). *C. R.*, t. LXV, p. 107; *Bull. Soc. Chim.*, t. VIII, p. 408.

Prat. — Recherches sur la constitution chimique des composés fluorés et sur l'isolement du fluor. *C. R.*, t. LXV, p. 345 et 511; *Journ. Ph.*, (4), t. VI, p. 253; *Zeit. Chem.*, t. X, p. 698.

Schiff. — Untersuchungen über die Borsäureäther. *Lieb. Ann. Sup.*, t. V, p. 172.

Stolba. — Bestimmung des Wassergehaltes krystallisirter Kieselfluorverbindungen. *Journ. prak. Chem.*, t. CI, p. 157.

Ibid. — Ueber das Kieselfluorrubidium. *Journ. prak. Chem.*, t. CII, p. 1.

Ibid. — Ueberdas krystallisirte Kieselfluorkupfer. *Jour. prak. Chem.* t. CII, p. 7.

1868.

H. Caron. — De l'emploi du fluorure de calcium pour l'épuration des minerais de fer phosphoreux. *C. R.*, t. LXVI, p. 744.

H. Chance. — On the manufacture of glass (employment of neutral fluorides of the alkalies for etching upon glass). *Chem. Soc.*, t. XXI, p. 256.

Clarke. — Neues Verfahren bei Mineralanalysen (Fluornatrium). *Journ. prak. Chem.*, t. CV, p. 246.

Cillis. — Ueber Prat's angebliche Zerlegung des Fluors. *Zeit. Chem.*, t. XI, p. 660.

Delafontaine. — Ueber die Fluoroxymolybdän-Verbindungen. *Zeit. Chem.*, t. XI, p. 106.

Jean. — Note sur la fabrication du phosphate de soude et du fluorure de sodium. *C. R.*, t. LXVI, p. 801 et 918.

Kenngott. — Ueber die alkalische Reaction einiger Minerale (Fluorit). *Journ. prak. Chem.*, t. CIII, p. 304.

Marignac — Ueber einige Fluordoppelsalze des Antimons und des Arsens. *Lieb. Ann.*, t. CXLV, p. 237.

Mohr. — Ueber das Aufschliessen der Silicate durch Fluorverbindungen. *Zeit. an. Chem.*, t. VII, p. 291.

Nicklès. — Fluorure manganosomanganique. *C. R.*, t. LXVII, p. 448; *Journ. prak. Chem.*, t. CV, p. 10.

Ibid. — Les nouveaux fluosels et leurs usages. *Rev. Sc.*, t. V, p. 390.

Prat. — On the chemical Constitution of fluorine compounds and on the isolation of fluorine. *Chem. News*, t. XVII, p. 20.

Preis. — Ueber das Kieselfluorcäsium. *Journ. prak. Chem.*, t. CIII, p. 410.

Stolba. — Studien über das Kieselfluorkalium. *Journ. prak. Chem.*, t. CIII, p. 396.

1869.

Avery. — Decomposition of refractory silicates by fluorides in the wet way. *Chem. News*, t. XIX, p. 270.

Gore. — On hydrofluoric acid. *Phil. Trans.*, t. CLIX, p. 173; *Proc. Roy. Soc.*, t. XVII, p. 256; *Chem. Soc.*, t. XXII, p. 368; *Chem. News*, t. XIX, p. 74; *Journ. prak. Chem.*, t. CVI, p. 437 et t. CVII, p. 220.

Ibid. — On silver fluoride. *Roy. Soc. Proc.*, t. XVIII, p. 157.

Horsford. — Ueber den Fluorgehalt des menschlichen Gehirns. *Lieb. Ann.*, t. CXLIX, p. 202.

Klatzo. — Recherches sur la glucine. *Arch. Sc. Ph. Nat.*, t. XXXIV, p. 354; *Bull. Soc. Chim.*, t. XII, p. 131; *Journ. prak. Chem.*, t. CVI, p. 227.

Nicklès. — Sur quelques réactions particulières aux fluorures alcalins. *Journ. Ph.*, (4), t. IX, p. 273.

Ibid. — Fluorure double à base de fer et sodium. *Jour. Ph.*, (4), t. XI, p. 14.

Rammelsberg. — Ueber die Verbindungen des Tantals und Niobs (Tantalfluorid-und Doppelfluorür). *Journ. prak. Chem.*, t. CVII, p. 340, et t. CVIII, p. 80.

Ibid. — Ueber die chemische Zusammensetzung der Turmaline. *Journ. prak. Chem.*, t. CVIII, p. 174.

Richters. — Sur l'emploi du fluorure de calcium à la place de la chaux dans la fabrication du verre. *Bull. Soc. Chim.*, t. XII, p. 78; *Ding. polyt. J.*, t. CXCI, p. 301.

Streit und **Frantz.** — Ueber Gewinnung reiner Titansäure, sowie über ihre Trennung von Zirkon und Eisen. *Journ. prak. Chem.*, t. CVIII, p. 66.

Thomsen. — Thermochemische Untersuchungen (Fluorwasserstoff-säure). *Pogg. Ann.*, t. CXXXVIII, p. 201.

1870.

Gore. — On fluorides of silver. *Phil. Trans.*, t. CLX, p. 227; *Phil. Mag.*, (4), t. XXXIX, p. 374; *Roy. Soc. Proc.*, t. XIX, p. 235; *Zeit. Chem.*, t. XIII, p. 145.

P. Guyot. — Dosage volumétrique des fluorures solubles. *C. R.*, t. LXXI, p. 274.

Schmitt und **Gehren.** — Ueber Fluorbenzoësäure und Fluorbenzol. *Journ. prak. Chem.*, (n. f), t. I, p. 394; *Bull. Soc. Chim.*, t. XIV, p. 307.

Thomsen. — Thermochemische Untersuchungen (Fluorkieselsäure). *Pogg. Ann.*, t. CXXXIX, p. 217.

Ibid. — Ueber die Constitution der Kieselsäure und der Flusssäure in wässriger Lösung. *D. chem. G.*, t. III, p. 593.

1871.

Ditte. — Sur les spectres de métalloïdes des familles du soufre, du chlore et de l'azote. *C. R.*, t. LXXIII, p. 623 et 738; *Bull. Soc. Chim.*, t. XVI, p. 229.

Forster. — Notiz zur Kenntniss der Phosphorescenz durch Temperaturerhöhung (Fluorcalcium). *Pogg. Ann.*, t. CXLIII, p. 658.

Gore. — On Silver fluoride. *Ph. Trans.*, t. CLXI, p. 321; *Phil. Mag.*, (4), t. XLI, p. 309 ; *Roy. Soc. Proc.*, t. XX, p. 70 ; *Chem. News*, t. XXIII, p. 13.

P. Guyot. — Dosage de l'acide phosphorique. *C. R.*, t. LXXIII, p. 273.

Moissenet. — Sur une nouvelle espèce minérale rencontrée dans le gîte d'étain de Montebras (fluophosphate d'alumine, soude et lithine). *C. R.*, t. LXXIII, p. 327.

Pisani. — Analyse de l'amblygonite de Montebras (Creuse). *C. R.*, t. LXXIII, p. 1479.

Schmitt und **Gehren**. — Sur l'acide fluobenzoïque et la fluobenzine *Ann. Chim. Ph.*, (4), t. XXIII, p. 113; *Chem. Soc.*, t. XXIV, p. 368.

Schultz-Sellack. — Verbindungen der Haloïdsalze und Salpetersäuresalze. *D. chem. G.*, t. IV, p. 113.

1872.

Atterberg. — Sur les combinaisons bromées du molybdène. *Bull. Soc. Chim.*, t. XVIII, p. 22.

Becquerel. — Mémoire sur l'analyse de la lumière émise par les composés d'uranium phosphorescents (fluorure). *Ann. Chim. Ph.*, (4), t. XXVII, p. 553.

Cleve et **Hœgland**. — Sur les combinaisons de l'yttrium et de l'erbium. *Bull. Soc. Chim.*, t. XVIII, p. 193.

Hagenbach. — Versuche über Fluorescenz (Flussspath). *Pogg. Ann.*, t. CXLVI, p. 391.

Pisani. — Analyse de l'amblygonite d'Hébron (Maine). *C. R.*, t. LXXV, p. 79.

Rammelsberg. — Ueber den Amblygonit von Montebras. *D. chem. G.*, t. V, p. 78.

Stolba. — Sur le fluoborate de potassium. *Bull. Soc. Chim.*, t. XVIII, p. 309.

Ibid. — Sur l'emploi du fluosilicate de sodium dans l'analyse. *Bull. Soc. Chim.*, t. XVIII, p. 452 ; *Zeit. an. Chem.*, t. XI, p. 199.

Troost et **Hautefeuille.** — Sur quelques réactions des chlorures de bore et de silicium (analogie avec les fluorures). *C. R.*, t. LXXV, p, 1819; *Lieb. Ann.*, t. CLXII, p. 292.

1873.

Marignac. — Notice chimique et cristallographique sur quelques sels de glucine et des métaux de la cérite (fluorure). *Arch. Sc. Ph. Nat.*, t. XLVI, p. 193 ; *Ann. Chim. Ph.*, (4), t. XXX, p. 45 ; *Bull. Soc. Chim.*, t. XX, p. 81.

G. Salet. — Sur les spectres des métalloïdes. *Ann. Chim. Ph.*, (4), t. XXVIII, p. 34.

Scheerer und **Drechsel.** — Künstliche Darstellung von Flussspath. *Journ. prak. Chem.*, (n. f.), t. VII, p. 63 ; *Gazz. Chim. Ital.*, t. III, p. 318.

1874.

Atterberg. — Sur les combinaisons du glucinium (fluosilicate). *Bull. Soc. Chim.*, t. XXI, p. 160.

Basarow. — Sur l'acide fluoxyborique et ses sels. *C. R.*, t. LXXVIII, p. 1698, et t. LXXIX, p. 483; *D. chem. G.*, t. VII, p. 1121.

Cleve. — Recherches sur le didyme, le thorium et le lanthane (fluorures, fluocarbonates). *Bull. Soc. Chim.*, t. XXI, p. 118, 201 et 246.

Friedel. — Action du sulfate d'aluminium sur le fluorure de calcium. *Bull. Soc. Chim.*, t. XXI, p. 241.

Hagemann et **Jörgensen.** — De l'emploi des fluorures dans la fabrication du verre. *Bull. Soc. Chim.*, t. XXII, p. 570; *Ding. polyt. J.*, t. CCXIII, p. 221.

Jolin. — Sur les combinaisons du cérium (fluorure). *Bull. Soc. Chim.*, t. XXI, p. 344.

Mac-Ivor. — On arsenic fluoride. *Chem. News*, t. XXX, p. 169.

Marignac. — Recherches sur la diffusion simultanée de quelques sels. *Ann. Chim. Ph.*, (5), t. II, p. 567.

Radominski. — Sur un phosphate de cérium renfermant du fluor. *C. R.*, t. 78, p. 764; *Bull. Soc. Chim.*, t. XXI, p. 3 et 293.

Topsoe et **Christiansen.** — Recherches optiques sur quelques séries de substances isomorphes (fluosilicates d'ammoniaque, cuivre, nickel, etc.). *Ann. Chim. Ph.*, (5), t. I, p. 22.

1875.

Bischof. — The clear etching of glass with hydrofluoric acid, etc. *Chem. Soc.*, t. XXVIII, p. 1299 ; *Ding. polyt. J.*, t. CCXV, p. 129.

Ditte. — Dosage de l'acide borique. Sa séparation d'avec la silice et le fluor. *C. R.*, t. LXXX, p. 561.

Joly. — Sur les oxyfluorures de niobium et de tantale. *C. R.* t. LXXXI, p. 1266.

Klippert. — Ueber die Einwirkung von Fluorsilicium auf Natriumäthylat. *D. chem. G.*, t. VIII, p. 713.

Mac-Ivor. — On the fluorides of arsenic and phosphorus. *Chem. News*, t. XXXII, p. 258.

1876.

Glatzel. — Ueber die bei der Lösung des Titanmetalls in Säuren entstehende Oxydationsstufe und einige neue Verbindungen des Titans (Fluortitan). *D. chem. G.*, t. IX, p. 1835.

Kern. — On the nature and reactions of some silver compounds (silver silicofluoride). *Chem. News*, t. XXXIII, p. 35.

Mylius. — Chlorine, Bromine, Iodine and Fluorine. *Chem. News*, t. XXXIII, p. 244.

Nordenskiold. — Crystallographic and chemical investigation of some minerals containing fluorine From Ivitule, Greenland. *Chem. Soc.*, t. XXX, p. 384.

Thorpe. — On Phosphorus pentafluoride. *Roy. Soc. Proc.*, t. XXV, p. 122; *Lieb. Ann.*, t. CLXXII, p. 201.

Troost et **Hautefeuille.** — Recherches sur le silicium, ses sous-fluorures, ses sous-chlorures et ses oxychlorures. *Ann. Chim. Ph.*, (5), t. VII, p. 452.

1877.

Berthelot. — Sur la formation et la décomposition des composés binaires par l'électrolyse (fluorures de bore et de silicium). *Ann. Chim. Ph.*, (5), t. X, p. 71.

Clarke. — Note upon some Fluorides. *Amer. Journ. Sc.*, (3), t. XIII, p. 291.

Cossa. — Sul fluoro di magnesio. *Gazz. Chim. Ital.*, t. VII, p. 212; *D. chem. G.*, t. X, p. 294; *Bull. Soc. Chim.*, t. XXVIII, p. 166.

Glatzel. — Sur de nouvelles combinaisons du titane (fluorure). *Bull. Soc. Chim.*, t. XXVIII, p. 252.

Landolph. — Sur l'emploi du fluorure de bore comme agent déshydratant. *C. R.*, t. LXXXV, p. 39.

Leng. — Ueber Jodbenzolsulfonsäure. *D. chem. G.*, t. X, p. 1137.

Mallet. — Note on the fluid contained in a cavity in fluor-spar. *Chem. Soc.*, t. XXXII, p. 144.

1878.

Baker. — On some fluorine compounds. *Chem. Soc.*, t. XXXIII, p. 388.

Ditte. — Recherches relatives à la décomposition des sels métalliques et à certaines réactions inverses qui s'accomplissent en présence de l'eau (fluorure de potassium et sulfate de plomb). *Ann. Chim. Ph.*, (5), t. XIV, p. 228.

Landolph. — De l'action du fluorure de bore sur les matières organiques. Fluorhydrate de fluorure de bore. *C. R.*, t. LXXXVI, p. 539, 601, 671 et 1463.

1879.

Baker. — Sur quelques combinaisons fluorées du vanadium. *Bull. Soc. Chim.*, t. XXXII, p. 401; *D. chem. G.*, t. XI, p. 1722.

Landolph. — Action du fluorure de bore sur certaines classes de composés. *Journ. Ph.*, (4), t. XXIX, p. 28; *D. chem. G.*, t. XII, p. 1583 et 1586.

Ibid. — De l'action du fluorure de bore sur l'acétone. *C. R.*, t. LXXXIX, p. 173; *D. chem. G.*, t. XII, p. 1578.

Lenz. — Ueber Fluorbenzolsulfonsäure und Schmelztemperaturen substituierter Benzolsulfonverbindungen. *D. chem. G.*, t. XII, p. 580.

Penfield. — On a new volumetric method of determining fluorine. *Amer. chem. Journ.*, t. I, p. 27; *Chem. News*, t. XXXIX, p. 179.

1880.

Baker. — Studium gewisser Fälle von Isomorphismus (Isomorphismus von Doppel-und Oxyfluoriden). *Lieb. Ann.*, t. CCII, p. 329.

Brauner. — Zur Frage über das Vorkommen und die Bildungsweise des freien Fluors. *D. chem. G.*, t. XIV, p. 1944.

Ditte. — Sur les composés fluorés de l'uranium. *C. R.*, t. XCI, p. 115 et 166 ; *Chem. Soc.*, t. XXXVIII, p. 853.

Hammerl. — Action de l'eau sur le fluorure de silicium et sur le fluorure de bore. *C. R.*, t. XC, p. 312.

Hankel. — Ueber die photo-und thermoelektrischen Eigenschaften des Flussspathes. *Wied. Ann.*, t. XI, p. 269.

Kessler. — Hydrate hydrofluosilicique cristallisé. *C. R.*, t. XC, p. 1285.

Lenz. — Sur l'acide fluorobenzine sulfoné et les températures de fusion d'acides benzine sulfonés substitués. *Bull. Soc. Chim.*, t. XXXIII, p. 307.

Thorpe. — On the relation between the molecular weights of substances and their specific gravities when in the liquid state. *Chem. Soc.*, t. XXXVII, p. 385.

Varenne. — Action de l'acide fluorhydrique sur le bichromate d'ammoniaque. *C. R.*, t. XCI, p. 989.

1881.

Högbom.— Sur les fluosels du tellure. *Bull. Soc. Chim.*, t. XXXV, p. 60.

Klang. — Die Elasticitätsconstanten des Flussspathes. *Wied. Ann.*, t. XII, p. 321.

Löw. — Freies Fluor im Flussspath von Wölsendorf. *D. chem. G.*, t. XIV, p. 1144.

Ibid. — Zur Frage über das Vorkommen und die Bildungsweise des freiens Fluors. *D. chem. G.*, t. XIV, p. 2441.

Mallet. — On the molecular weight of hydrofluoric acid. *Amer. Chem. Journ.*, t. III, p. 189 ; *Chem. News*, t. XLIV, p. 164.

Müller-Erzbach. — Die nach dem Grundsatz der kleinsten Raumerfüllung abgeleitete chemische Verwandtschaft des Fluors zu den Metallen. *D. chem. G.*, t. XIV, p. 2212.

Paterno. — Sopra taluni composti organici fluorurati. *Gazz. Chim. Ital.*, t. XI, p. 90.

Schulze. — Sur l'oxydation des sels haloïdes. *Bull. Soc. Chim.*, t. XXXV, p. 173; *Journ. prak. Chem.*, (n. f.), t. XXI, p. 407.

Young. — Note on the formation of an Alcoholic fluoride. *Chem. Soc.*, t. XXXIX, p. 489.

1882.

Berthelot. — Sur les limites de l'électrolyse (fluorure de potassium). *Ann. Chim. Ph.*, (5), t. XXVII, p. 98.

Paterno e Oliveri. — Ricerche sui tre acidi fluobenzoici isomeri e sugli acidi fluotoluico e fluoanisico. *Gazz. Chim. Ital.*, t XII, p. 85; *Chem. Soc.*, t. XLII, p. 613.

Sapper. — Ueber die Einwirkung der Halogenwasserstoffe auf zusammengesetzte Aether. *Lieb. Ann.*, t. CCXI, p. 178.

1883.

Guntz. — Chaleur de formation des fluorures de potassium. *C. R.*, t. XCVII, p. 256; *Bull. Soc. Chim.*, t. XXXIX, p. 265.

Ibid. — Étude thermique de la dissolution de l'acide fluorhydrique dans l'eau. *C. R.*, t. XCVI, p. 1659; *Bull. Soc. Chim.*, t. XL, p. 54.

Ibid. — Chaleur de neutralisation par l'acide fluorhydrique des bases alcalines et alcalino-terreuses. *C. R.*, t. XCVII, p. 1483.

Ibid. — Sur les fluorures de sodium. *C. R.*, t. XCVII, p. 1558.

Kessler. — Sur un procédé de durcissement des pierres calcaires tendres au moyen des fluosilicates à base d'oxydes insolubles. *C. R.*, t. XCVI, p. 1317.

Klein. — Sur l'isomorphisme de masse (fluosels). *Bull. Soc. Chim.*, t. XXXIX, p. 11.

Paterno e Oliveri. — Fluorobenzina e fluorotoluene. *Gazz. Chim. Ital.*, t. XIII, p. 533 ; *Bull. Soc. Chim.*, t. XXXIX, p. 83.

Sarasin. — Indice de réfraction du spath fluor. *C. R.*, t. XCVII, p. 850.

Scheurer-Kestner. — Note sur l'industrie de la soude (présence du fluor dans les lessives de soude brutes). *Bull. Soc. Chim.*, t XXXIX, p. 413.

Smithells. — On some fluorine compounds of uranium. *Chem. Soc.*, t. XLIII, p. 125.

1884.

Balbiano. — Sopra alcuni fluorati del rame ed un ossifluorure cuprammonico. *Gazz. Chim. Ital.*, t. XIV, p. 74.

Berthelot. — Sur la chaleur de formation des fluorures. *C. R.*, t. XCVIII, p. 61.

Berthelot et **Guntz**. — Sur les déplacements réciproques entre l'acide fluorhydrique et les autres acides. *C. R.*, t. XCVIII, p. 395.

Ibid. — Équilibre entre les acides chlorhydrique et fluorhydrique. *C. R.*, t. XCVIII, p. 463.

Coppola. — Transformazione degli acidi fluobenzoici nell'organismo animale. *Gazz. Chim. Ital*, t. VIII, p. 521 ; *Bull. Soc. Chim.*, t. XLII, p. 489.

Ditte. — Recherches sur l'uranium. Action de l'acide fluorhydrique sur l'oxyde d'uranium. *Ann. Chim. Ph.*, (6), t. I, p. 338.

Ibid. — Sur les apatites fluorées. *C. R.*, t. XCIX, p. 792 et 967.

Gonnard. — Sur un phénomène de cristallogénie à propos de la fluorine de la roche Cornet, près de Pontgibaud (Puy-de-Dôme). *C. R.*, t. XCIX, p. 1136.

Gore. — Electrolysis of fluoride, chlorate and perchlorate of silver. *Chem. News*, t. I, p. 150.

Guntz. — Sur le fluorure d'antimoine. *C. R.*, t. XCVIII, p. 300.

Ibid. — Recherches sur le fluorhydrate de fluorure de potassium et sur ses états d'équilibre dans les dissolutions. *C. R.*, t. XCVIII, p. 428.

Ibid. — Chaleur de formation des fluorures d'argent, de magnésium et de plomb. *C. R.*, t. XCVIII, p. 819.

Ibid. — Recherches thermiques sur les combinaisons du fluor avec les métaux. *Ann. Chim. Ph.*, (6), t. III, p. 5 ; *Bull. Soc. Chim.*, t. XLI, p. 110 et 168.

Juptner. — Die Fluormineralien. *Chem. Zeit.*, t. VIII, p. 755.

Moissan. — Sur le trifluorure de phosphore. *C. R.*, t. XCIX, p. 655 ; *Journ. Ph.*, t. X, p. 187; *Journ. prak.*, (n. f.), t. XXX, p. 142.

Moissan. — Sur le trifluorure d'arsenic. *C. R.*, t. XCIX, p. 874; *Journ. prak. Chem.*, (n. f.), t. XXX, p. 317.

Ibid. — Action de l'étincelle d'induction sur le trifluorure de phosphore. *C. R.*, t. XCIX, p. 970.

Olszewski. — Bestimmung der Erstarrungstemperatur einiger Gase und Flüssigkeiten (Fluorsilicium). *Monat. Chem.*, t. V, p. 127.

Smith. —Minerals from Lehigh county (fluorite). *Amer. Chem. Journ.*, t V, p. 272.

Tommasi. — Sur la chaleur de formation de quelques composés solubles et sur la loi des constantes thermiques. *C. R.*, t. XCVIII, p. 44; *Bull. Soc. Chim.*, t. XLI, p. 537.

Truchot. — Étude thermique des fluosilicates alcalins. *C. R.*, t. XCVIII, p. 1330.

Vilber. — Zur Reinigung des Fluorammoniums. *Zeit. an. Chem.*, t. XXIII, p. 537 ; *Amer. chem. Journ.*, t. V, p. 389.

Vivier. — Analyse de l'apatite de Lograzan. *C. R.*, t. XCIX, p. 709.

1885.

Ampère. — Lettres d'Ampère à Davy sur le fluor (Publication posthume). *Ann. Chim. Ph.*, (6), t. IV, p. 5.

Balbiano. — Sur quelques composés fluorés du cuivre et sur l'oxyfluorure de cuprammonium. *Bull. Soc. Chim.*, t. XLIV, p. 264.

Berthelot. — Recherches sur le fluorure phosphoreux. *C. R.*, t. C., p. 81; *Ann. Chim. Ph.*, (6), t. VI, p. 358 ; *Bull. Soc. Chim.*, t. XLIII, p. 260.

Gore. — Effect of heat on the fluo-chromates of ammonium and potassium. *Chem. News*, t. LII, p. 15.

Griess. — Neue Untersuchungen über Diazoverbindungen. Kurze Notizen vermischten Inhalts. *D. chem. G.*, t. XVIII, p. 960.

Hempel. — Apparat zur Darstellung von Fluorwasserstoff-und Kieselfluorwasserstoffsäure. *D. chem. G.*, t. XVIII, p. 1438.

Moissan. — Sur une nouvelle préparation du trifluorure de phosphore et sur l'analyse de ce gaz. *C. R.*, t. C, p. 272.

Ibid. — Sur le produit d'addition $PF^3 Br^2$ obtenu par l'action du brome sur le trifluorure de phosphore. *C. R.*, t. C, p. 1348

Moissan. — Sur la préparation et les propriétés physiques du pentafluorure de phosphore. *C. R.*, t. CI, p. 1490.

Tammann. — Ueber den Nachweis und die Bestimmung des Fluors. *Zeit. an. Chem.*, t. XXIV, p. 328.

Truchot. — Étude thermochimique du fluosilicate d'ammoniaque. *C. R.*, t. C, p. 794.

Wingard. — Vesuvische Humite, Chondrodit von Nyakopparberg, etc. (Directe Fluorbestimmuug). *Zeit. an. Chem.*, t. XXIV, p. 344.

1886.

H. Behrens. — Microchemical analysis of minerals. Test for fluorine. *Chem. News*, t. LIV, p. 301.

Brühl. — Experimentelle Prüfung der älteren und der neueren Dispersionsformeln (Flussspath). *Lieb. Ann.*, t. CCXXXVI, p. 282.

Chapman. — A new and simple method for estimating fluorine, especially applicable to commercial phosphates. *Chem. News*, t. LIV, p. 287.

Christensen. — Beiträge zur Chemie des Mangans und des Fluors. *Journ. prak. Chem.*, (n. f.), t. XXXV, p. 41.

Debray. — Rapport fait au nom de la section de chimie sur les recherches de M. Moissan relatives à l'isolement du fluor. *C. R.*, t. CIII, p. 850; *Journ. Ph.*, (5), t. XIV, p. 499.

Ditte. — Recherches sur les apatites et les wagnérites. *Ann. Chim. Ph.*, (6), t. VIII, p. 502.

Guntz. — Sur les fluorures des métalloïdes. *C. R.*, t. CIII p. 58.

Jackson und **Comey.** — Ueber die Einwirkung des Fluorsiliciums auf organische Basen. *D. chem. G.*, t. XIX, p. 3194.

Mackintosh. — The action of hydrofluoric acid on silica and silicates. *Chem. News*, t. LIV, p. 102.

Moissan. — Action du platine au rouge sur les fluorures de phosphore. *C. R.*, t. CII, p. 763.

Ibid. — Sur un nouveau corps gazeux, l'oxyfluorure de phosphore. *C. R.*, t. CII, p. 1245; *Journ. Ph.*, (5), t. XIV, p. 143.

Ibid. — Sur la décomposition de l'acide fluorhydrique par un courant électrique. *C. R.*, t. CII, p. 1543, et t. CIII, p. 202 et 256.

Moissan. — Sur quelques propriétés nouvelles et sur l'analyse du gaz pentafluorure de phosphore. *C. R.*, t. CIII, p. 1257.

Oettel. — Ueber eine neue Methode zur Bestimmung des Fluors auf volumetrischem Wege. *Zeit. an. Chem.*, t. XXV, p. 505.

Olszewski. — Erstarrung des Fluorwasserstoffs und des Phosphorwasserstoffs, etc. *Monat. Chem.*, t. VII, p. 371; *Bull. Soc. Chim.*, t. XLVI, p. 643.

Wagner. — Ueber die Verbindungen der Schwermetallfluoride mit den Fluoriden des Ammoniums, Kaliums und Natriums. *D. chem. G.*, t. XIX, p. 896.

Wallach. — Ueber einen Weg zur leichten Gewinnung organischer Fluorverbindungen. *Lieb. Ann.*, t. CCXXXV, p. 255.

1887.

Cavazzi. — Azione del fluoruro di silico sulla china sciolta in liquidi diversi. *Gazz. Chim. Ital.*, t. XVII, p. 560.

Christensen. — Beiträge zur Chemie des Mangans und des Fluors. *Journ. prak. Chem.*, (n. f.), t. XXXV, p. 57, 161 et 541.

Fremy. — Production artificielle du rubis. *C. R.*, t. CIV, p. 737.

Fremy et **Verneuil.** — Action des fluorures sur l'alumine. *C. R.*, t. CIV, p. 738.

Krüss und **Nilson.** — Ueber das Product der Reduction von Niobfluorkalium mit Natrium. *D. chem. G.*, t. XX, p. 1696.

Ibid. — Ueber Kalium-Germanfluorid. *D. chem. G.*, t. XX, p. 1696.

St. Meunier. — Reproduction artificielle du spinelle ou rubis balais. *C. R.*, t. CIV, p. 1111.

Moissan. — Recherches sur l'isolement du fluor. *Ann. Chim. Ph.*, (6), t. XII, p. 472.

W. Thomson. — On the antiseptic properties of some of the fluorine compounds. *Chem. News*, t. LVI, p. 132.

Wallach und **Heulser.** — Ueber organische Fluorverbindungen. *Lieb. Ann.*, t. CCXLIII, p. 219.

1888.

Comey and **Jackson**. — The action of fluoride of silicon on organic bases. *Amer. Chem. Journ.*, t. X, p. 165.

Ditte. — Recherches sur le vanadium (action des fluorures sur l'acide vanadique). *Ann. Chim. Ph.*, (6), t. XIII, p. 190.

Fremy et **Verneuil**. — Production artificielle des cristaux de rubis rhomboédriques, *C. R.*, t. CVI. p. 565 ; 1888.

Fresenius. — Atom-und Aequivalentgewichte der Elemente (Fluor). *Zeit. an. Chem.*, t. XXVII, p. 129.

Gonnard. — Sur une association de fluorine et de Babelquartz de Villevieille. *C. R.*, t. CVI, p. 558.

Lawson and **Collie**. — The action of heat on the salts of tetramethylammonium (fluoride of tetramethylammonium). *Chem. Soc.*, t. LIII, p. 626.

Moissan. — Préparation et propriétés d'un bi et d'un trifluorhydrate de fluorure de potassium. *C. R.*, t. CVI, p. 547

Ibid. — Préparation et propriétés du fluorure d'éthyle. *C. R.*, t. CVII, p. 260 et 992.

Moissan et **Meslans**. — Préparation et propriétés du fluorure de méthyle et du fluorure d'isobutyle. *C. R.*, t. CVII, p. 1155.

Tammann. — Sur la présence du fluor dans l'organisme. *Journ. Ph.*, (5), t. XVIII, p. 109.

Thorpe and **Hambly**. — The vapour density of hydrofluoric acid (preliminary notice). *Chem. Soc.*, t. LIII, p. 765.

Thorpe and **Rodger**. — Thiophosphorylfluoride. *Chem. Soc.*, t. LIII, p. 766.

1889.

Berthelot et **Moissan**. — Chaleur de combinaison du fluor avec l'hydrogène. *C. R.*, t. CIX, p. 206 ; *Bull. Soc. Chim.*, (3), t. II, p. 647.

Carnot. — Sur une nouvelle méthode de dosage de la lithine au moyen des fluorures. *Bull. Soc. Chim.*, (3), t. I, p. 280.

Collie. — Note on methyl fluoride. *Chem. Soc.*, t. V, p. 16.

J. Curie. — Recherches sur le pouvoir inducteur spécifique et la conductibilité des corps cristallisés (fluorine). *Ann. Chim. Ph.*, (6), t. XVII, p. 429, et t. XVIII, p. 234.

Ekbom und **Manzelius**. — Ueber die Monofluornaphtaline. *D. chem. G.*, t. XXII, p. 1846.

Kopp et **Bruère**. — Sur un fluorure double d'antimoine et de sodium. *Bulletin de la Société Industrielle de Rouen*, p. 69.

Mauzelius. — Ueber die 1-5 Fluornaphtalinsulfonsäure. *D. chem. G.*, t. XXII (6), p. 1844.

Meslans. — Préparation et propriétés du fluorure de propyle et du fluorure d'isopropyle. *C. R.*, t. CVIII, p. 352.

Moissan. — Préparation et propriétés du fluorure de platine anhydre. *C. R.*, t. CIX, p. 807.

Ibid. — Nouvelles recherches sur la préparation et sur la densité du fluor. *C R.*, t. CIX, p. 861.

Ibid. — Sur la couleur et sur le spectre du fluor. *C. R*, t. CIX, p. 937.

Ibid. — Action du chlore sur le fluorure de mercure. *Journ. Ph.*, (5), t. XX, p. 433.

Petersen. — Fluorverbindungen des Vanadiums und seiner nächsten Analoga. *Journ. prak. Chem.*, (n. f.) t. XL, p. 44; *D. chem. G.*, t. XXI, p. 3257; *Bull. Soc. Chim.*, (3), t. I, p. 364.

Robson. — Sur l'emploi du fluosilicate de soude comme antiseptique. *Journ. Ph.*, (5), t. XIX, p. 66.

Stein. — Ueber Fluorantimondoppelsalze. *Chem. Zeit.*, t. XIII, p. 131 et 357.

Thorpe and **Hambly**. — The vapour density of hydrogen fluoride. *Chem. Soc.*, t. LV, p. 163; *Chem. Soc. P.*, t. V, p. 27; *Bull. Soc. Chim.*, (3), t. I, p. 713 et 780.

Ibid. — Phosphoryltrifluoride. *Chem. Soc.*, t. LV, p. 759; *Chem. Soc. P.*, t. V, p. 132.

Thorpe and **Rodger**. — Thiophosphorylfluoride. *Chem. Soc.*, t. LV, p. 306; *Chem. Soc. P.*, t. V, p. 77.

1890.

H. Becquerel et **Moissan**. — Étude de la fluorine de Quincié. *C. R.*, t. CXI, p. 669; *Bull. Soc. Chim.*, (3), t. V, p. 154.

Besson. — Sur les combinaisons de l'hydrogène phosphoré gazeux avec les fluorures de bore et de silicium. *C. R.*, t. CX, p. 80.

Chabrié. — Sur la synthèse des fluorures de carbone. *C. R.*, t. CX, p. 279 et 1202.

Frémy et Verneuil. — Nouvelles recherches sur la synthèse des rubis. *C. R.*, t. CXI, p. 667.

Guenez. — Sur la préparation et les propriétés du fluorure de benzoyle. *C. R.*, t. CXI, p. 681.

Guntz. — Sur le sous-fluorure d'argent. *C. R.*, t. CX, p. 1337.

Hart. — Zum Gebrauch der Flusssäure. *Zeit. an. Chem.*, t. XXIX, p. 444.

Krüfs und **Moraht.** — Untersuchung über das Beryllium (Beryllium-Kaliumfluoride. *Lieb. Ann.*, t. CCLX, p. 190.

H. Lasne. — Identité de composition de quelques phosphates sédimentaires avec l'apatite. *C. R.*, t. CX, p. 1376.

Mauro. — Aucora dei fluossimolibdati ammonici. *Gazz. Chim. Ital.*, t. XX, p. 109.

Meslans. — Sur la préparation et sur quelques propriétés du fluoroforme. *C. R.*, t. CX, p. 717. ; *Bull. Soc. Chim.*, (3), t. III, p. 243.

Ibid. — Sur le fluorure d' allyle. *C. R.*, t. CXI, p. 882.

St. Meunier. — Observations sur le rôle du fluor dans les synthèses minéralogiques. *C. R.*, t CXI, p. 509.

A. Minet. — Électrolyse par fusion ignée du fluorure d'aluminium. *C. R.*, t. CX, p. 1190, et t. CXI, p. 603.

Moissan. — Action du fluor sur les différentes variétés du carbone. *C. R.*, t. CX, p. 276.

Ibid. — Sur la préparation et les propriétés du tétrafluorure de carbone. *C. R.*, t., CX, p. 951.

Ibid. — Recherches sur l'équivalent du fluor. *C. R.*, t. CXI, p. 570.

Ibid. — Recherches sur les propriétés et la préparation du fluorure d'éthyle. *Ann. Chim. Ph.*, (6), t. XIX, p. 266.

Ibid. — Recherches sur le fluorure d'arsenic. *Ann. Chim. Ph.*, (6), t. XIX, p. 280.

Moissan. — Recherches sur les propriétés anesthésiques des fluorures d'éthyle et de méthyle. *Bulletin de l'Académie de médecine*, (3), t. XXIII, p. 296.

Tassel. — Sur la combinaison du pentafluorure de phosphore avec l'acide hypoazotique. *C. R.*, t. CX, p. 1264.

1891.

Benedikt. — Flusssäure. *Chem. Zeit.*, t. XV, p. 881.

Berthelot et **Moissan.** — Chaleur de combinaison du fluor avec l'hydrogène. *Ann. Chim. Ph* , (6), t. XXIII, p. 570.

Effront. — Action des fluorures solubles sur la diastase et sur la fermentation des matières amylacées. *Bull. Soc. Chim.*, (3), t. V, p. 149, 476, 731 et 734; *Journ. Ph.*, (5), t. XXIV, p. 224.

Guntz. — Observations sur un mémoire de M. Richards. *Bull. Soc. Chim.*, (3), t. VI, p. 145.

Hintz und **Weber.** — Zur Analyse von technischem Fluornatrium. *Zeit. an. Chem.*, t. XXX, p. 30.

Moissan. — Nouvelles recherches sur le fluor. *Ann. Chim. Ph.*, (6), t. XXIV, p. 224.

Ibid. — Sur la place du fluor dans la classification des corps simples. *Bull. Soc. Chim.*, (3), t. V, p. 880; *Journ. Ph.*, (5), t. XXIII, p. 489.

Ibid. — Préparation des fluorures de baryum et de calcium cristallisés. *Bull. Soc. Chim.*, (3), t. V, p. 152.

Ibid. — Action du pentafluorure de phosphore sur la mousse de platine au rouge. *Bull. Soc. Chim.*, (3), t. V, p. 454.

Ibid. — Sur la préparation et les propriétés du fluorure d'argent. *Bull. Soc. Chim.*, (3), t. V, p. 456 ; *Journ. Ph.*, (5), t. XXIII, p. 329.

Ibid. — Action de l'acide fluorhydrique sur l'anhydride phosphorique. Préparation de l'oxyfluorure de phosphore. *Bull. Soc. Chim.*, (3), t. V, p. 458.

Pateln. — Action du fluorure de bore sur les nitriles. *C. R.*, t. CXIII, p. 85.

Paterno e **Peratoner.** — Sulla formula dell'acidi fluoridrico. *Gazz. Chim. Ital.*, t. XXI, p. 149.

Poulenc. — Sur un nouveau corps gazeux, le pentafluochlorure de phosphore. *C. R.*, t. CXIII, p. 75 ; *Ann. Chim. Ph.*, (6), t. XXIV p. 548.

1892.

Ahrens. — Ueber einige Derivate des Metaxylols (Fluor-nitro-xylol). *Lieb. Ann.*, t. CCLXXI, p. 17.

Baekeland. — The use of fluorides in the manufacture of alcohol. *Chem. News*, t. LXVI, p. 203 et 219.

Carnot. — Recherche du fluor dans différentes variétés de phosphates naturels. Os modernes, os fossiles. *C. R.*, t. CXIV, p. 1003 et 1189 et t. CXV, p. 243 ; *Journ. Ph.*, (5), t. XXVI, p. 124.

Ibid. — Sur le dosage du fluor. *C. R.*, t. CXIV, p. 750 ; *Chem. News*, t. LXV, p. 198.

Chabrié. — Sur quelques dérivés organiques halogénés. *Bull. Soc. Chim.*, (3), t. VII, p. 24.

Duboin. — Fluorure double d'aluminium et de potassium. *Journ. Ph.*, (5), t. XXVI, p. 320.

Gabriel. — Zur Frage nach dem Fluorgehalt der Knochen und Zähne. *Zeit. an. Chem.*, t. XXXI, p. 522.

Helmolt. — Ueber einige Doppelfluoride. *Zeit. anorg. Chem.*, t. III, p. 115.

Meslans. — Sur les deux fluorhydrines de la glycérine. *C. R.*, t. CXIV, p. 763.

Ibid. — Sur la préparation, les propriétés chimiques et l'analyse du fluorure d'acétyle. *C. R.*, t. CXIV, p. 1020 et 1069.

Ibid. — Action de l'acide fluorhydrique anhydre sur les alcools. *C. R.*, t. CXV, p. 1080.

Ibid. — Determination of fluorine in combustible gases. *Chem. News*, t. LXVII, p. 188.

Michaelis. — Die Thionylamine der aromatischen Reihe (Thionylfluorxylidin). *Lieb. Ann.*, t. CCLXXIV, p. 236.

Moissan. — Détermination de quelques constantes physiques du fluor. *Ann. Chim. Ph.*, (6), t. XXV, p. 125.

H. Ost. — Die Bestimmung des Fluors in Pflanzenaschen. *D. chem. G.*, t. XXVI, p. 151.

Phipson. — Sur un bois fossile contenant du fluor. *C. R.*, t. CXV, p. 473; *Chem. News*, t. LXVI, p. 181.

Piccini. — Einwirkung von Wasserstoffsuperoxyd auf einige Fluoride und Oxyfluoride. *Zeit. an. Chem.*, t. I, p. 51, et t. II, p. 21.

Poulenc. — Action du fluorure de potassium sur les chlorures anhydres. Préparation des fluorures anhydres de nickel et de potassium, de cobalt et de potassium. *C. R.*, t. CXIV, p. 746.

Ibid. — Sur les fluorures de nickel et de cobalt anhydres et cristallisés. *C. R.*, t. CXIV, p. 1426.

Ibid. — Sur les fluorures de fer anhydres et cristallisés. *C. R.*, t. CXV, p. 941.

Rubens und **Snow.** — Ueber die Brechung der Strahlen von grosser Wellenlänge in Steinsalz, Sylvin und Fluorit. *Wied. Ann.* (3), t. XLVI, p. 529.

Swarts. — Sur un nouveau dérivé fluoré du carbone. *Mém. Ac. Sc. Belg.*, (3), t. XXIV, p. 309.

Ibid. — Sur le fluochloroforme. *Mém. Ac. Sc. Belg.*, (3), t. XXIV, p. 474.

Thorpe and **Kirman.** — Fluosulphonic acid. *Chem. Soc.*, t. LXI, p. 921; *Chem. Soc. P.*, t. VIII, p. 160; *Zeit. an. Chem.*, t. III, p. 63.

Töhl. — Ueber einige Halogenderivate methylirter Benzole. *D. chem. G.*, t. XXV, p. 1525.

1893.

Gibson. — The preparation of glucina from beryl (fluorides of aluminium, iron and glucinium, behaviour when heated of). *Chem. Soc. P.*, t. IX, p. 3.

Poulenc. — Étude des fluorures de chrome. *C. R.*, t. CXVI, p. 253.

Ibid. — Sur les fluorures de zinc et de cadmium. *C. R.*, t. CXVI, p. 581.

Ibid. — Sur les fluorures alcalino-terreux. *C. R.*, t. CXVI, p. 987 et 1086.

Ibid. — Sur les fluorures de cuivre. *C. R.*, t. CXVI, p. 1446.

Swarts. — Sur le fluochlorbrométhane. *Mém. Ac. Sc. Belg.*, (3), t. XXVI, p. 102.

Töhl und **Müller**. — Ueber das Verhalten einiger Halogenderivate des Pseudocumols gegen Schwefelsäure. *D. chem. G.*, t. XXV, p. 1108.

1894.

Brauner. — Fluorplumbates and free fluorine. *Chem. Soc.*, t. LXV, p. 393; *Chem. Soc. P.*, t. X, p. 58; *Zeit. an. Chem.*, t. VII, p. 1.

Gasselin. — Action du fluorure de bore sur quelques composés organiques. *Ann. Chim. Ph.*, (7), t. III, p. 5.

Meslans. — Recherches sur quelques fluorures organiques de la série grasse. *Ann. Chim. Ph.*, (7), t. I, p. 346.

Ibid. — Determination of fluorine in gaseous organic fluorides. *Chem. News*, t. LXX, p. 225.

Metzner. — Étude des combinaisons de l'anhydride fluorhydrique avec l'eau. *C. R.*, t. CXIX, p. 682.

Poulenc. — Contribution à l'étude des fluorures anhydres et cristallisés. *Ann. Chim. Ph.*, (7), t. II, p. 5.

Swarts. — Sur le fluochlorure d'antimoine. *Mém. Ac. Sc. Belg.*, (3), t. XXIX, p. 874.

1895.

Carvallo. — Spectres calorifiques (application à la fluorine). *Ann. Chim. Ph.*, (7), t. IV, p. 56.

J. Casares. — Ueber das Vorkommen einer beträchtlichen Menge Fluor in einigen Mineralwässern. *Zeit. an. Chem.*, t. XXXIV, p. 546.

J. Dewar. — The liquefaction of air and research at low temperatures. *Chem. Soc. P.*, t. XI, p. 231.

Haga and **Osaka**. — The acidimetry of hydrogen fluoride. *Chem. Soc. P.*, t. XI, p. 22.

Jannasch und **Röttgen**. — Ueber die quantitative Bestimmung des Fluors durch Austreiben desselben als Fluorwasserstoffgas. *Zeit. an. Chem.*, t. 9, p. 267.

Lebeau. — Sur l'analyse de l'émeraude. (présence du fluor). *C. R.*, t. CXXI, p. 601.

Moissan. — Action du fluor sur l'argon. *Bull. Soc. Chim.*, (3), t. XIII, p. 973; *Chem. News*, t. LXXI, p. 297.

Piccini. — Einwirkung von Wasserstoffsuperoxyd auf einige Fluoride und Oxyfluoride. *Zeit. an. Chem.*, t. X, p. 438.

Werner. — Beitrag zur Konstitution anorganischer Verbindungen (Doppelfluoride). *Zeit. an. Chem.*, t. IX, p. 405.

1896.

Carnot. — Sur les variations observées dans la composition des apatites. *C. R.*, t. CXXII, p. 1375.

Colson. — Mode de préparation des fluorures d'acide. *C. R.*, t. CXXII, p. 243.

J. Van Loon und **Victor Meyer.** — Das Fluor und die Esterregel. *D. chem. G.*, t. XXIX, p. 839.

Meslans. — Sur les vitesse d'éthérification de l'acide fluorhydrique. *Ann. Chim. Ph.*, (7), t. VII, p. 94.

Ibid. — Fluorure de soufre. *Bull. Soc. Chim.*, (3), t. XV, p. 391.

Meslans et **Girardet.** — Sur les fluorures d'acides. *C. R.*, t. CXXII, p. 239.; *Bull. Soc. Chim.*, (3), t. XV, p. 343.

Reich. — Einwirkung von Fluorsilicium auf ein Gemisch von Thonerde und Kieselsäure. *Monat. Chem.*, t. XVII, p. 152.

Stahl. — Hydrofluoric acid. *Chem. News*, t. LXXIV, p. 45.

Swarts. — Sur l'acide fluoracétique. *Mém. Ac. Sc. Belg.*, (3), t. XXXI, p. 675.

1897.

Colson. — Amides et fluorures d'acides synthétiques. *Bull. Soc. Chim.*, (3), t. XVII, p. 55.

Moissan et **Dewar.** — Sur la liquéfaction du fluor. *C. R.*, t. CXXIV, p. 1202; *Chem. News*, t. LXXV, p. 277.

Ibid. — Nouvelles expériences sur la liquéfaction du fluor. *C. R.*, t. CXXV, p. 505 ; *Journ. Ph.*, (6), t. VI, p. 401 ; *Rev. Phy. Ch.*, t. II, p. 14 ; *Chem. News*, t. LXXVI, p. 197.

Ibid.—On the properties of liquid fluorine. *Chem. Soc. P.*, t. XIII, p. 175.

Spring et **Henry**. — Rapport sur le mémoire de Swarts : indice de réfraction du fluor. *Mém. Ac. Sc. Belg.*, (3), t. XXXIV, p. 221.

Swarts. — Sur quelques dérivés fluobromés en C^2. *Mém. Ac. Sc. Belg.*, (3), t. XXXIII, p. 439, et t. XXXIV, p. 307.

Ibid. — Sur l'indice de réfraction atomique du fluor. *Mém. Ac. Sc. Belg.*, (3), t. XXXIV, p. 297.

Weinland und **Lauenstein**. — Ueber Fluoroxyjodate. *D. chem. G.*, t. XXX, p. 866.

Zellner. — Ueber die Gehaltsbestimmung der Fluorwasserstoffsäure. *Monat. Chem.*, t. XVIII, p. 749.

1898.

Carles. — Le fluor des eaux de Néris-les-Bains. *Journ. Ph.*, (6), t. VIII, p. 566.

Dulk. — Atomgewicht oder Atomgravitation. *D. chem. G.*, t. XXXI, p. 1867.

Landolt, Ostwald und **Seubert**. — Bericht der Commission für die Festsetzung der Atomgewichte. *D. chem. G.*, t. XXXI, p. 2762.

Lebeau. — Sur la préparation et les propriétes du fluorure de glucinium et de l'oxyfluorure de glucinium. *C. R.*, t. CXXVI, p. 1418.

Paterno e **Alvisi**. — Intorno ad alcune reazioni di fluoruri metallici. *Gazz. Chim. It.*, t. XXVIII, p. 18.

Swarts. — Sur l'acide dibromfluoracétique. *Mém. Ac. Sc. Belg.*, (3), t. XXXV, p. 849.

Wallerant. — Sur le polymorphisme de la fluorine. *C. R.*, t. CXXVI, p. 494.

Weinland und **Alfa**. — Ueber ein Fluorsulfat des Kaliums bezw. Rubidiums. *D. chem. G.*, t. XXXI, p. 123.

1899.

Hempel und **Scheffler**. — Ueber eine Methode zur Bestimmung des Fluors neben Kohlensäure und den Fluorgehalt von einigen Zähnen. *Zeit. an. Chem.*, t. XX, p. 1.

Lepierre. — Fluor dans quelques eaux minérales. Eaux fluorées. *C. R.*, t. CXXVIII, p. 1289.

Moissan. — Préparation du fluor par électrolyse dans un appareil en cuivre. *C. R.*, t. CXXVIII, p. 1543.

Ibid. — Production d'ozone par la décomposition de l'eau au moyen du fluor. *C. R.*, t. CXXIX, p. 570.

Ibid. — Action de l'acide fluorhydrique et du fluor sur le verre. *C. R.*, t. CXXIX, p. 799.

Parmentier. — Sur les eaux minérales fluorées. *C. R.*, t. CXXVIII, p. 1100 et 1409.

Weinland und **Alfa.** — Ueber fluorierte Phosphate, Sulfate, etc. *Zeit. an. Chem.*, t. XXI, p. 43.

Weinland und **Lauenstein.** — Ueber Fluorjodate. *Zeit. an. Chem.*, t. XX, p. 30.

Ibid. — Ueber die Einwirkung der Fluorwasserstoffsäure auf Wismuthsäure bezw. Kaliumwismuthat. *Zeit. an. Chem.*, t. XX, p. 46.

TABLE DES MATIÈRES.

Pages

PRÉFACE VII

CHAPITRE PREMIER.

ISOLEMENT DU FLUOR.

Généralités 1

Historique 4

Action de l'étincelle d'induction sur quelques gaz fluorés 13

Fluorure de silicium 13
Trifluorure de phosphore 14
Pentafluorure de phosphore 16
Fluorure de bore 18
Fluorure d'arsenic 19

Action du platine sur les fluorures de phosphore et le fluorure de silicium 21

Trifluorure de phosphore 24
Pentafluorure de phosphore 27
Fluorure de silicium 29

Électrolyse du fluorure d'arsenic 30

Électrolyse de l'acide fluorhydrique. — Préparation du fluor 36

Description de l'appareil 40
Préparation du fluorhydrate de fluorure de potassium et de l'acide fluorhydrique anhydre 42
Conduite de l'expérience 45
Propriétés du gaz recueilli au pôle positif 51
Discussion de l'expérience 57

CHAPITRE II.

NOUVEAUX APPAREILS PRODUCTEURS DE FLUOR.

Fluorhydrates de fluorure de potassium 68

Nouvel appareil en platine 71

Pages

Préparation du fluor par électrolyse dans un appareil en cuivre 79

Disposition des expériences 82

CHAPITRE III.

PROPRIÉTÉS PHYSIQUES DU FLUOR.

Densité du fluor 87

Couleur du fluor 93

Spectre du fluor 95

Liquéfaction du fluor 105

Essais de solidification 108

Densité approchée du fluor liquide 109

Spectre d'absorption 111

Magnétisme 111

Capillarité 112

Action de quelques substances sur le fluor liquide 112

Chaleur de combinaison du fluor avec l'hydrogène 116

CHAPITRE IV.

COMBINAISONS DU FLUOR AVEC LES MÉTALLOÏDES.

Action du fluor sur les métalloïdes :

Hydrogène 121

Oxygène et ozone 121

Soufre 122

Sélénium 123

Tellure 123

Chlore 123

Brome 123

Iode 124

Azote 124

Argon 124

Phosphore 125

Arsenic 126

Carbone 126

Bore 128

Silicium 128

Action du fluor sur quelques composés des métalloïdes :

Eau 129

Hydrogène sulfuré 132

Anhydride sulfureux 132

Acide sulfurique 133

Pages

Acide chlorhydrique gazeux........ 133
Acide fluorhydrique........ 133
Acide iodhydrique gazeux........ 133
Solution aqueuse d'acide iodhydrique........ 134
Acide bromhydrique gazeux........ 134
Acide azotique quadrihydraté........ 134
Gaz ammoniac........ 134
Anhydride phosphorique........ 134
Pentachlorure de phosphore........ 134
Trichlorure de phosphore........ 134
Pentafluorure de phosphore........ 135
Oxyfluorure de phosphore........ 135
Trifluorure de phosphore........ 135
Anhydride arsénieux........ 136
Chlorure d'arsenic........ 136
Fluorure d'arsenic........ 136
Oxyde de carbone........ 136
Anhydride carbonique........ 136
Sulfure de carbone........ 136
Tétrachlorure de carbone........ 137
Cyanogène........ 138
Anhydride borique........ 138
Chlorure de bore........ 138
Silice........ 138
Chlorure de silicium........ 139

ÉTUDE DE QUELQUES FLUORURES.

Historique........ 139

Trifluorure de phosphore........ 140

Préparation........ 140
Liquéfaction et solidification........ 148
Densité........ 149
Action de la chaleur........ 150
Action de l'étincelle d'induction........ 151
Action de l'eau........ 154
Action des métalloïdes........ 157
Hydrogène........ 157
Oxygène........ 157
Soufre........ 160
Brome. — Bromofluorure de phosphore........ 161
Chlore. — Chlorofluorure de phosphore........ 167
Iode........ 169
Phosphore........ 169
Arsenic........ 169
Bore........ 170
Silicium........ 170

Pages

Action des métaux.... 171
Sodium.... 171
Cuivre.... 171
Aluminium.... 171
Mercure.... 171
Action de divers composés.... 171
Corps oxydants.... 171
Acide chlorhydrique gazeux.... 172
Ammoniac.... 172
Alcool.... 172
Analyse du trifluorure de phosphore.... 172
Dosage du phosphore.... 172
Dosage du fluor.... 177
Conclusions.... 178
Pentafluorure de phosphore.... 180
Préparation.... 180
Densité.... 181
Liquéfaction et solidification.... 182
Propriétés.... 182
Analyse.... 183
Oxyfluorure de phosphore.... 185
Préparation.... 185
Propriétés.... 187
Analyse.... 189
Sulfofluorure de phosphore.... 189
Fluorure d'arsenic.... 190
Historique.... 190
Formation.... 190
Préparation.... 191
Propriétés physiques.... 192
Action de la chaleur.... 192
Action sur les chlorures de métalloïdes.... 193
Analyse.... 194
Tétrafluorure de carbone.... 196
Propriétés.... 199

CHAPITRE V.

COMBINAISONS DU FLUOR AVEC LES MÉTAUX.

Potassium.... 201
Sodium.... 201
Thallium.... 201
Calcium.... 201

Pages

Étude de la fluorine de Quincié 202

Magnésium 206
Aluminium 206
Glucinium 207
Fer 207
Chrome 207
Manganèse 207
Zinc 209
Étain 209
Antimoine 209
Bismuth 210
Plomb 210
Cuivre 210
Mercure 211
Argent 213

Étude du fluorure d'argent 213

Or 216
Palladium 216
Iridium 216
Ruthénium 216
Platine 216
Analyse du fluorure de platine 220

Action du fluor sur quelques composés des métaux :

Chlorures 222
Bromures 224
Iodures 225
Iodure de manganèse 225
Propriétés du sesquifluorure de manganèse 226
Cyanures 227
Oxydes 228
Sulfures 231
Azotures 232
Phosphures 232
Arséniures 233
Carbures 234
Borures 235
Siliciures 235
Sulfates 236
Azotates 237
Phosphates 237
Carbonates 238
Borates 239

CHAPITRE VI.

ACTION DU FLUOR SUR QUELQUES COMPOSÉS ORGANIQUES.

Pages

Carbures.... 240
Alcools.... 242
Éthers.... 243
Aldéhydes.... 243
Acides.... 244
Amines.... 245
Alcaloïdes.... 246

Étude des éthers fluorés.... 247

Historique.... 247

Fluorure d'éthyle.... 250

Préparation.... 251
Propriétés.... 253
Action toxique.... 256
Analyse.... 258

Fluorure de méthyle.... 261

Fluorure d'isobutyle.... 263

CHAPITRE VII.

SUR QUELQUES CONSTANTES DU FLUOR. — NOUVELLES PROPRIÉTÉS DE CE GAZ.

Détermination du poids atomique du fluor.... 267

Action de l'acide fluorhydrique et du fluor sur le verre.... 270

Action de l'acide fluorhydrique sur le verre.... 276
Action du fluor sur le verre.... 279

Sur la composition en volumes de l'acide fluorhydrique.... 286

Place du fluor dans la classification des corps simples.... 291

CONCLUSIONS.... 297

BIBLIOGRAPHIE.... 305

Abréviations.... 306
Ordre alphabétique.... 309
Ordre chronologique.... 347

ERRATA.

Page 12, note (2), *au lieu de* Iodsaüre, *lisez* Iodsäure.

Page 79, note (1), *au lieu de* 7e série, t. XI, p. 6 ; 1897, *lisez* 7e série, t. II, p. 5 ; 1894.

Page 202, note (4), *au lieu de* der Welsendorfer, *lisez* des Welsendorfer.

Page 349, ligne 5, *au lieu de* Frederici Delii, *lisez* Fredericus Delius.

IMPRIMERIE A.-G. LEMALE, HAVRE

IMPRIMERIE A.-G. LEMALE. — HAVRE.

www.ingramcontent.com/pod-product-compliance
Ingram Content Group UK Ltd.
Pitfield, Milton Keynes, MK11 3LW, UK
UKHW020607230726
13926UKWH00005B/2253